D1596801

Date: 03/15/21

SP 294.3443 YOU
Young, Shinzen,
La ciencia de la iluminación :
cómo funciona la meditación

La Ciencia
de la
Iluminación

Título original: THE SCIENCE OF ENLIGHTENMENT
Traducido del inglés por Vicente Merlo
Diseño de portada: Editorial Sirio, S.A.
Diseño y maquetación de interior: Toñi F. Castellón

© de la edición original
   2016, Shinzen Young

   Edición en español según acuerdo con Sounds True, Inc.

© de la presente edición
   EDITORIAL SIRIO, S.A.
   C/ Rosa de los Vientos, 64
   Pol. Ind. El Viso
   29006-Málaga
   España

www.editorialsirio.com
sirio@editorialsirio.com

I.S.B.N.: 978-84-7808-77-3
Depósito Legal: MA-724-2018

Impreso en Imagraf Impresores, S. A.
c/ Nabucco, 14 D - Pol. Alameda
29006 - Málaga

Impreso en España

Puedes seguirnos en Facebook, Twitter, YouTube e Instagram.

SHINZEN YOUNG

La Ciencia
de la
Iluminación

CÓMO FUNCIONA LA
MEDITACIÓN

EDITORIAL
SIRIO

ÍNDICE

Para mis maestros

No cesaremos de explorar
y el final de toda nuestra exploración
será llegar allí de donde salimos,
y conocer el lugar por primera vez.

T. S. ELIOT, «LITTLE GIDDING»

Prólogo
por Michael W. taft*

Conocí por primera vez a Shinzen Young cuando trabajaba como editor en Sounds True hace casi veinticinco años. Hicimos un par de programas de audio con él, y como parte de ello ayudé a crear el librito de tamaño casete que acompañaba a su grabación *Abrirse camino a través del sufrimiento*. Eso implicó trabajar bastante con él, repasando el texto, haciendo correcciones, etc.

El de Sounds True fue un trabajo de ensueño para mí debido a momentos como esos, en los que, entre otras cosas, lograba ver el mundo a través de los ojos de practicantes avanzados, hablaba con ellos cara a cara acerca de su manera de entender sus enseñanzas y su tradición y observaba cómo resolvían los problemas. En esa época era un buscador espiritual entusiasta; había realizado varios viajes a la India y a menudo había pagado bastante dinero para comprar un libro, escuchar una grabación o sentarme

_____

*Editor en Sounds True.

a los pies de un maestro espiritual. El hecho de que *me pagasen* por trabajar con ellos era casi demasiado bueno para ser cierto. Era como ser alumno en un Hogwarts* real o como ir a una universidad dedicada a la meditación. Puesto que la meditación y la práctica espiritual eran tanto mi interés personal más profundo como mi profesión, creía que lo había visto todo, por así decirlo. Pero Shinzen era algo muy diferente.

Esa impresión se confirmó un año o dos más tarde, cuando se me dio la tarea de revisar un programa de audio suyo mucho más extenso. Acudió a nuestro nuevo y espacioso estudio con cinco o seis estudiantes que durante toda una semana se sentaron en el suelo mientras él les hablaba y meditaba con ellos. Me senté con este grupo en varias sesiones de grabación, y lo que escuché despertó un gran interés en mí. Tami Simon le había pedido a Shinzen que ofreciera un «compendio de todo lo que sabía sobre la meditación», y fue fascinante. Cuando llegó el momento de publicar esa magna obra, el disco duro del ordenador contenía casi cincuenta horas de sus charlas. (Lo editamos digitalmente, aunque el programa lo publicamos en casetes). Mi trabajo consistía en sentarme en una habitación pequeña, oscura y muy silenciosa y editar esa enorme cantidad de material para resumirlo en una serie de doce cintas que se llamaría *La ciencia de la iluminación*. El proceso de edición me recordó algunas de las prácticas que había efectuado en los retiros.

El siguiente par de semanas fueron una revelación. La guía de Shinzen, sus conceptos, su perspectiva eran justamente los propios del tipo de maestro de meditación que yo sentía que tenía que existir. Mostraba una amplia comprensión de los idiomas de Asia —las lenguas originales de los libros, las escrituras y los términos que constituían el fundamento de muchas de las

---

* Hogwarts es el colegio de magia y hechicería de *Harry Potter*.

tradiciones meditativas–, además de una comprensión académica de la filosofía de la práctica espiritual, y se sentía cómodo
hablando no solo de los aspectos positivos de los varios puntos de
vista, sino también de los potenciales inconvenientes, con fran-
queza y mostrando erudición.

Pero no es que fuera un teórico a secas. Había efectuado
largos retiros para practicar en el seno de los tres vehículos del
budismo (es decir, de los tres tipos de budismo); en este sentido,
había pasado tres años como monje *shingon* en Japón y había realizado retiros durante décadas en el ámbito del zen tradicional
más rígido, tanto en Asia como en los Estados Unidos. Se había
sentado con maestros de *vipassana* en la India. Y había participado en numerosos temascales y danzas del sol con los siux lakotas
en un contexto nativo americano plenamente tradicional. Y está
dispuesto, a diferencia de muchos maestros del *dharma* estadounidenses, a hablar de la iluminación como un objetivo serio de la
práctica de la meditación, como algo que un ser humano normal
puede proponerse y lograr.

Pero hay más. Shinzen es un ratón de biblioteca, el tipo de
persona que quiere hablar sobre minucias arcanas de la etimolo-
gía de las palabras, y es un excelente conversador sobre ciencias y
matemáticas. Una charla sobre el *dharma* con él es probable que
incluya no solo una explicación de la práctica de la meditación
o de aspectos del camino espiritual sino también un análisis del
cálculo de tensores, una exploración de la física de la dinámica
de fluidos o una explicación detallada acerca de cómo la palabra
japonesa *zen* y el término *teoría* surgen de la misma raíz indoeuro-
pea. Es más, relaciona estos temas entre sí, los entrelaza y muestra cómo son aspectos interconectados de ideas y enseñanzas
más amplias y profundas.

Y, por encima de todo, Shinzen es un narrador cautivador. Cuenta los relatos más sorprendentes, desde las historias radicales y a menudo desconcertantes relativas a la práctica monástica en Asia hasta anécdotas divertidas y reveladoras acerca de centros de meditación estadounidenses.

En pocas palabras, quedé cautivado. Era exactamente el tipo de maestro que había estado buscando: brillante, divertido, culto y con toda una vida de práctica seria a sus espaldas. Me costó unas dos semanas de duro trabajo editar la serie de cintas hasta conseguir el resultado definitivo. La parte más difícil fue definir el límite del tamaño de nuestro conjunto de casetes, lo que quiere decir que tuve que dejar mucho material valioso en el suelo (virtual) del cuarto de edición.

Una década después, había dejado Sounds True, y esa caja de doce audiocasetes se había convertido en una especie de clásico de culto. Nunca había sido un éxito de ventas, pero no dejaba de venderse. *La ciencia de la iluminación* era uno de esos raros programas que hacían decir a la mayoría de las personas que los escuchaban: «Ha cambiado mi vida». Estaba resultando especialmente útil a meditadores que llevaban muchos años de práctica y que sentían que esta se había estancado o había perdido intensidad. Este modesto programa de un maestro de meditación que era un genio y de quien nadie había oído hablar contenía la salsa secreta que podía transformar una práctica de meditación sólida pero descolorida en algo realmente vivo, potente y capaz de cambiar la vida. En esos momentos, Tami se acercó a mí con una pregunta: «¿Estarías interesado en editar la serie de audios como libro para Sounds True?».

Mi respuesta fue instantánea e inequívoca: «Sí». Supusimos que se podría tardar unos cuantos meses en terminarlo. Shinzen, Tami y yo estábamos entusiasmados con las posibilidades del libro, y me puse en marcha.

Al principio, la idea había sido simplemente convertir la serie de cintas en un libro, pero pensé que era la oportunidad de rescatar todo ese excelente material que había tenido que recortar del audio. De modo que conseguí una transcripción de la grabación entera y trabajé a partir de eso. Convertir la palabra hablada en un texto para ser leído no es tan fácil como podría creerse. Hay muchas diferencias entre lo oral y lo escrito, y a veces expresiones que tienen sentido en el momento en que se dicen se vuelven ambiguas cuando el contexto, el tono y el énfasis del orador se han perdido. Además, los giros espontáneos de las charlas habladas no se traducen bien en la lógica lineal que esperamos de los libros. Es un proceso arduo, pero para mí también es divertido y fascinante. En poco menos de dos meses, tal como habíamos previsto, había elaborado un borrador de una gran parte de la obra.

Era un primer paso aceptable, pero había varias cuestiones de las que no estaba satisfecho. Por ejemplo, durante los años transcurridos, había pasado muchas horas en retiros de meditación con Shinzen, y me daba cuenta de que aunque *La ciencia de la iluminación* era un programa amplio y abarcaba muchos puntos, en realidad faltaba mucho de todo el conocimiento que Shinzen tenía acumulado. Además, me di cuenta de que sus enseñanzas habían evolucionado y se habían ajustado desde que se grabó la serie. Es un maestro muy creativo y siempre está perfeccionando y reelaborando sus lecciones. Así pues, me sentí obligado a complementar el material original tanto añadiendo algunos elementos como trabajándolo para que correspondiese con sus nuevas formulaciones.

Poco sabía hacia qué profundidades me conduciría eso. Shinzen tenía muchas otras grabaciones, algunas de las cuales pensé que sería útil añadir, de modo que las transcribí debidamente.

También mantuve interminables entrevistas con él por teléfono, en las que le pedí que aclarara algunas cuestiones sobre multitud de temas. Esto dio lugar a muchas más horas de contenidos fascinantes, que también había que transcribir. Luego estaban los cientos de horas de conversaciones sobre el *dharma*. Y al pasar los años, aparecieron también docenas de horas de filmaciones en vídeo. Al proyecto le ocurría como al aprendiz de brujo: daba la impresión de que cuantas más preguntas hacía, más amplio y profundo se volvía el alcance de las respuestas de Shinzen y mayor era el trabajo que se requería. Siempre había otra faceta, otra historia y otra joya inesperada.

Finalmente, todo ese material en bruto llegó a ser tan enorme y difícil de manejar que fue necesario dividir muchas horas de grabaciones de conversaciones sobre el *dharma* y repartir los fragmentos entre un verdadero ejército de transcriptores voluntarios que las transformaron en documentos de texto. (¡Un sincero agradecimiento a todos vosotros!). Esa montaña de papel impreso alcanzaba unos noventa centímetros de altura. Todo eso lo leí, lo valoré, lo organicé, lo revisé, lo reestructuré, lo ordené y finalmente lo edité de manera que pudiese leerse en formato libro. Este proceso acabó por durar no meses, sino años.

Pero no eran solo las dimensiones del proyecto lo que resultaba un reto. Shinzen no se había quedado quieto mientras yo estaba intentando dar forma a este libro. Había seguido madurando, cambiando y mejorando sus enseñanzas. Sus frecuentes metáforas, los temas, los principios organizadores, las etiquetas e incluso su modo de hablar sobre los fundamentos de la meditación cambiaban, a veces poco, a veces mucho. Aunque esos cambios y añadidos fuesen útiles, hicieron que escribir el libro se convirtiese en lo que los programadores informáticos llaman *feature creep*, o invasión de características, lo cual significa que los rasgos de lo que se supone que se está haciendo cambian antes de que se haya terminado de hacerlo. Se escribían los capítulos, que enseguida quedaban obsoletos y había que escribirlos de nuevo a medida que se completaban los capítulos posteriores. Se vertieron lágrimas de frustración. Las fechas de entrega establecidas pasaban de largo, y lo mismo ocurría con las nuevas. Lo dicho: en lugar de unos cuantos meses, llevó casi diez años completar la obra.

Pero con el paso del tiempo fue ocurriendo algo más. Yo asistía a largos retiros con Shinzen, uno tras otro; participé en docenas de ellos. Fueron muy positivos para mí; mi práctica adquirió profundidad y mi vida mejoró espectacularmente. Y mi comprensión de sus enseñanzas, así como las historias que le gustaba contar y las ideas que constituían la base más profunda de su obra, se fueron volviendo más claras y precisas. Durante las charlas sobre el *dharma*, en los retiros, yo tomaba notas sobre los temas especialmente interesantes o esclarecedores, y a menudo observaba cómo encajaban entre sí de un modo que no era evidente si uno se quedaba en la superficie. Poco a poco, reuní una lista de lo que consideraba que eran los «grandes éxitos» de Shinzen: los temas, las historias y los conceptos a los que él volvía con mayor frecuencia, los que tenían mayor impacto y los que eran más específicamente suyos. Y eso se convirtió en la base y el principio organizativo del libro que ahora tienes en tus manos.

Este es un texto único en muchos sentidos. Debo señalar que no pretende ser una guía para principiantes. Probablemente es más significativo para quienes tienen al menos un cierto nivel de práctica y comprensión de la meditación. Shinzen es un maestro que podría trabajar bien incluso con niños, si fuera necesario, pero alcanza la máxima expresión (al menos en mi opinión) cuando está exponiendo los aspectos más profundos de la práctica seria.

Además, muchos de los capítulos de este libro son adaptaciones de charlas, impartidas en el marco de un largo retiro, a estudiantes que habían estado sentándose en meditación con él durante años. Como editor, he dispuesto las charlas en un orden que permite que cada una se base en lo dicho en las anteriores, como si fuese una construcción en la que se va colocando un ladrillo sobre otro. Dado que él daba por supuesto que su público tenía conocimiento de muchos de los conceptos subyacentes, he insertado también, o a veces he ampliado, algunas de las ideas para facilitarte la comprensión.

Publicar este texto ha sido uno de los mayores retos y uno de los honores más grandes de mi vida. Me ha permitido ahondar en estas profundas enseñanzas de manera mucho más penetrante de lo que de otro modo habría hecho. Shinzen ha mostrado ser infinitamente paciente, así como generoso y capaz de entregarse más allá de todo límite. Cualquier error o distorsión que se encuentre en este libro es mío, no suyo. Por otra parte, toda la magia y el brillo son exclusivamente suyos. Deseo profundamente que el material de estas páginas en las que estás a punto de sumergirte te aporte tanta felicidad, profundidad y comprensión de la vida, de ti mismo, de las otras personas y del mundo como ha ocurrido en mi caso.

Berkeley (California), 2014

Prefacio del autor

Me costó mucho encontrar el momento de publicar este libro; en realidad, muchos años. Esto puede parecer una afirmación extraña. ¿Cómo puede alguien no encontrar el momento de publicar algo que él mismo ha escrito? Permitid que me explique.

Una idea central del budismo es que no hay en nuestro interior una cosa llamada *yo*. Una manera de expresar esto es decir que hay una colonia de subpersonalidades y que cada una de ellas no es un sustantivo, sino un verbo; un hacer.

Uno de mis rostros es el de Shinzen el investigador. Shinzen el investigador tiene como misión *disipar las brumas del misticismo*. A diferencia de lo que a menudo se proclama, él cree que la experiencia mística puede describirse con el mismo rigor, la misma precisión y el mismo lenguaje cuantificable que se puede encontrar en una teoría científica de éxito. En su opinión, formular una clara descripción de la experiencia mística es un requisito prenupcial para el *matrimonio del siglo*: la unión de la ciencia cuantificadora y la espiritualidad contemplativa. Él espera que finalmente esta extraña pareja hará el amor de manera exuberante y engendrará una generación de retoños que mejore rápidamente la condición humana.

Shinzen el investigador también cree que muchos maestros de meditación, de la actualidad y del pasado, han formulado sus enseñanzas «sin todo el rigor necesario»: han hecho afirmaciones filosóficas injustificadas y de gran alcance sobre la naturaleza de la realidad objetiva basadas en sus experiencias subjetivas, afirmaciones que tienden a ofender a los científicos y, por ello, a impedir el noviazgo entre ciencia y espiritualidad.

Shinzen el investigador tiene una voz natural. Es el estilo que hallaríamos en un texto académico sobre matemáticas: definiciones, lemas, teoremas, ejemplos, corolarios, postulados... He aquí un ejemplo de esa voz:

Es posible modelar algunos patrones globales de la fisiología del cerebro de modo que resulten familiares a cualquier científico experimentado, es decir, ecuaciones con operadores diferenciales sobre campos escalares, vectoriales o de tensores cuyas variables dependientes pueden cuantificarse en términos de unidades del sistema métrico internacional y cuyas variables independientes son el tiempo y el espacio (donde espacio equivale al espacio ordinario o a algún espacio multidimensional diferenciable, más esotérico). Quizá incluso es posible derivar esas ecuaciones de primeros principios, de la manera en que Navier-Stokes se deriva de la continuidad de Cauchy. En tales campos, distintos «regímenes de flujo» se asocian de manera típica con relaciones sobre los parámetros de las ecuaciones, esto es, $F(P_j) \rightarrow Q$, donde Q es el cambio cualitativo en la conducta del campo. Por *cambio cualitativo en la conducta del campo* quiero decir fenómenos como la aparición de solitones o la desaparición de turbulencias, etc. A través de métodos inversos, es posible establecer una correspondencia entre la presencia de un cierto parámetro de relación en las ecuaciones que modelan un campo en un cerebro y la presencia de la iluminación clásica en el propietario de ese cerebro. Esto proporcionaría una manera de cuantificar físicamente y describir matemáticamente (o quizá incluso explicar) varias dimensiones de la iluminación espiritual de un modo con el que cualquier científico experimentado se sentiría cómodo.

Esta no es la voz que escucharás en este libro. Este libro refleja un Shinzen diferente, el Shinzen maestro del *dharma* que habla a estudiantes comprometidos con la práctica de la meditación. Shinzen el maestro del *dharma* no se resiste en absoluto a hablar con un rigor menor. Él se encuentra muy cómodo con palabras como *Dios*, *Fuente* o *Espíritu*, o con expresiones como *la naturaleza de la naturaleza*. En realidad, a *su* voz natural le encanta utilizar el tipo de material que hace que los científicos frunzan el ceño. He aquí un ejemplo de esta voz:

Las mismas fuerzas cósmicas que moldearon las galaxias, las estrellas y los átomos moldearon también cada momento del yo y del mundo. El yo interior y el decorado exterior han nacido en la fisura existente entre la expansión y la contracción. Entregándose a esas fuerzas, uno se convierte en ellas, y a través de eso, se experimenta un tipo de inmortalidad: se vive en la respiración y el pulso de todo animal, en la polarización de los electrones y los protones, en la interacción de la expansión térmica y la autogravedad que moldea las estrellas, en la interacción de la materia oscura que mantiene unidas las galaxias y la energía oscura que estira el espacio. No temas dejar que la expansión y la contracción te desgarren y te dispersen en muchas direcciones al mismo tiempo que destrozan el terreno sólido que hay bajo tus pies. Detrás de este desorden aparente hay un principio organizador tan primordial que nunca puede ser desordenado: Dios-Padre se expande sin esfuerzo, mientras Diosa-Madre se contrae sin esfuerzo. El acto de fe supremo es entregarse de nuevo a esas fuerzas y, a través de eso, convertirse en el tipo de persona que puede contribuir de manera óptima a la Sanación del mundo.

Shinzen el férreo investigador y Shinzen el poético maestro del *dharma* se llevan bien. Al fin y al cabo, ambos son ondas. Las partículas pueden chocar. Las ondas se integran espontáneamente. Pero queda un problema. El investigador es un perfeccionista quisquilloso. Se resiste a la idea de publicar algo que carezca de un rigor total. Las palabras habladas vuelven al silencio del que proceden. El texto impreso permanece cruzado de brazos durante siglos esperando a que quede expuesta la más mínima imprecisión o cualquier aspecto incompleto.

De manera que me llevó un buen tiempo ver que tuviera sentido que mis charlas se publicaran de manera más o menos cercana a su forma hablada original.

Durante todo el tiempo conté con la inestimable colaboración y apoyo de un gran número de personas. Mi profundo agradecimiento a mi editor, Michael W. Taft; a Tami Simon, fundadora y editora de Sounds True; a Todd Mertz, mi gerente de desarrollo empresarial, y a mi genial ayudante, Emily Barrett, por sus ánimos, su apoyo y su asombroso nivel de paciencia durante todos los años que ha tardado en ver la luz este libro. Me gustaría dar las gracias a Danny Cohen, Martin Hoy, Har-Prakash Khalsa, Don McCormick, Chade-Meng Tan, Chris Trani y Jeff

Warren por sus comentarios y sugerencias. Espero sinceramente que tú, lector, encuentres divertida y útil esta obra.

Además, quiero expresar mi reconocimiento (sin ningún orden en especial) a Bill Koratos, amigo y socio empresarial, quien me ha apoyado de tantas maneras a través del largo proceso de desarrollo de este material; a Ann Buck por su cálida amistad y su generosidad de espíritu; a Choshin Blackburn, por su impecable gracia en la organización de mis retiros y por crear una atmósfera tan acogedora; a Charley Tart, por sus constantes ánimos y su diálogo tan reflexivo como estimulante; a Shelly Young, Stephanie Nash, Soryu Forall, Julianna Raye y Peter Marks, entre otros, por ayudarme a crear mi sistema; a Magdalena Naylor, Dave Vago, David Creswell y Emily Lindsay, por su interés en aplicar el rigor de la investigación científica a esta obra y a Markell Brooks, Bob Stiller, Christian Stiller, Greg Smith y Judith Smith, por todo lo que han hecho para apoyar mi trabajo. Si olvido mencionar a alguien, se debe a las limitaciones de mi memoria, no a la falta de reconocimiento.

Finalmente, me gustaría agradecer a todos mis estudiantes su entusiasta colaboración en todos los experimentos meditativos que he llevado a cabo a lo largo de los años.

Una última observación sobre la terminología de este libro. Me gusta experimentar con el lenguaje. A lo largo de los años, he creado una jerga personal para describir tanto la experiencia sensorial ordinaria como algunos fenómenos especiales que pueden producirse durante la práctica. En ocasiones utilizaré la mayúscula o la cursiva* para avisarte de que estoy usando el lenguaje de una forma personal. Por ejemplo, *lo que acaba de pasar* hace referencia al instante en que una experiencia sensorial se

---

* La cursiva se utiliza también con muchas otras finalidades en esta obra, según los usos académicos correspondientes a este recurso.

desvanece, Fluir se refieren de manera genérica al cambio en una experiencia sensorial y Fuente se utiliza para expresar el nivel más profundo de la conciencia.

Debería añadir algo también sobre cómo utilizo el término *espacio*, ya que puede hacer referencia a varias realidades bastante distintas. Está el espacio físico, que Einstein mostró que se halla inextricablemente relacionado con el tiempo. Está también el espacio formal, que hace referencia a varias abstracciones matemáticas: espacios euclidianos, espacios proyectivos, espacios topológicos, etc. Y está el espacio de la experiencia sensorial.

Si te fijas, notarás que todo lo que ves, oyes y sientes tiene amplitud, profundidad y altura. Es espacial por naturaleza. Incluso la mente es espacial. La mente tiene una parte delantera, a la que llamo el *centro del espacio de imágenes* (en muchas personas se sitúa delante de los ojos, detrás de ellos o en ambos lugares). Y la mente tiene una parte trasera, a la que llamo *espacio del habla mental* (en muchas personas se sitúa en la cabeza y los oídos). Algunos se refieren al centro del espacio de imágenes como su pantalla mental, lo cual se corresponde con un paradigma bidimensional, pero para otros el centro del espacio de imágenes es más como un escenario; esto es, tiene anchura, altura *y* profundidad. De manera similar, el espacio del habla mental tiene anchura, altura y profundidad, aunque para la mayoría de la gente estos parámetros están poco definidos. De modo que la experiencia mental es espacial: espacio de imágenes + espacio del habla = espacio mental.

Las experiencias físicas y emocionales también son espaciales. Las visiones físicas aparecen ante nuestros ojos, y obviamente tienen anchura, profundidad y altura. Los sonidos externos pueden localizarse a la derecha, a la izquierda, delante, detrás, arriba y abajo. Las sensaciones corporales de tipo físico ocupan regiones dentro del cuerpo o alrededor de él. Lo mismo vale en el caso de las sensaciones corporales de tipo emocional.

Ser consciente del tamaño, la forma y la ubicación de los sucesos sensoriales representa claridad respecto a la naturaleza *espacial* de la experiencia. A medida que crezca tu habilidad de enfocarte, apreciarás cada vez más la naturaleza espacial de la experiencia. Pero en algún momento puede ser que experimentes un cambio cualitativo y empieces a notar la naturaleza *espaciosa* de la experiencia sensorial. Los sucesos sensoriales parecen surgir en una vasta apertura y están impregnados de una sutil ligereza. Es como si el yo interior y el mundo exterior estuvieran literalmente hechos de espacio.

Resumiendo, la palabra *espacio* puede tener distintos significados dependiendo del contexto. Está lo que el físico quiere decir por *espacio*, lo que quiere decir el matemático, está también la experiencia ordinaria del espacio (esto es, la espacialidad de los sentidos) y está la experiencia extraordinaria del espacio (es decir, la espaciosidad de los sentidos).

En este libro, la palabra *espacio* hace referencia generalmente al espacio experiencial, los significados tercero y cuarto antes descritos. No estoy afirmando que tengan necesariamente relación con lo que los físicos y los matemáticos entienden por espacio. Se trata de una cuestión filosófica que está más allá de mi alcance.

Apreciar la naturaleza *espacial* de la experiencia sensorial tiene un gran valor práctico. Hace que esta experiencia sea detectable y por tanto tratable. Apreciar la naturaleza *espaciosa* de la experiencia sensorial va más allá de eso. Llevada a su nivel más profundo, es sinónimo de la iluminación misma.

Shinzen Young
Burlington (Vermont), 2015

Mi viaje

He practicado, enseñado e investigado sobre la meditación durante casi cincuenta años. Si me preguntases cómo ha impactado esto a mi alma, tendría que reconocer que de una forma agridulce. No me malinterpretes; la parte dulce supera a la agria. La meditación ha sido muy positiva para mí. Ha hecho que la satisfacción de mis sentidos sea enormemente más profunda y me ha permitido ver que mi felicidad no necesita depender de condiciones externas. Me ha proporcionado una nueva manera de verme a mí mismo y una serie de herramientas para ajustar mi conducta y mejorar mis relaciones. Sí, ha tenido un efecto dulce. Pero la guinda del pastel es que cada día veo que las vidas de las personas cambian como resultado de lo que he compartido con ellas. A menudo estos cambios son espectaculares. Llegan a vivir sus vidas en una escala dos o tres veces mayor de como lo habrían hecho de otro modo. Esta es una afirmación importante, pero el mecanismo es muy sencillo: la meditación eleva el nivel de atención fundamental. Por *atención*, o *capacidad de focalizarse*, entiendo la facultad de atender a lo que es relevante en una situación determinada. Por *nivel fundamental* quiero decir lo automáticamente que uno consigue centrarse en la vida cotidiana cuando no está haciendo un esfuerzo por concentrarse. Si estás sistemáticamente dos o tres veces más centrado en cada momento de la vida, estás viviendo dos o tres veces más, de una manera dos o tres veces más rica. Hace cinco décadas, en Japón, unas personas muy agradables me susurraron el secreto: puedes ampliar tu vida de manera espectacular; no multiplicando el número de años, sino de expandir la plenitud de tus momentos. Saber que he vivido con tanta riqueza hace que el rostro de mi inevitable muerte me resulte menos problemático. Esta es la parte dulce.

Y ¿cuál es la parte amarga? Es el hecho de que la mayor parte de las personas, a fin de cuentas, no dedicarán la modesta cantidad de tiempo y energía necesarios para hacerlo. Vivo sabiendo que la mayoría nunca tendrá lo que tan fácilmente podría haber logrado. Sé que las exigencias de la vida cotidiana convencerán a la gente de que no pueden dejarlas de lado unos momentos para desarrollar la única capacidad que les permitiría responder de manera óptima a esas exigencias. Me viene a la mente la frase ¿qué es lo que no encaja en esta imagen? Pero, una vez más, no me malinterpretes. No estoy decepcionado. En realidad, soy más bien optimista respecto al futuro. Explicaré por qué en el último capítulo de este libro.

Aunque puede ser que nunca nos encontremos en persona, me siento sutilmente conectado a ti a través de estas páginas. Practiques la meditación o no, el mero hecho de que estés interesado en un libro como este significa que has recorrido ya un largo camino. Bienvenido.

◆◆◆

Llamo a lo que presento aquí *ciencia de la iluminación*. Por *ciencia* quiero indicar que se trata de un experimento que es replicable por cualquiera. La meditación es algo que los seres humanos de todo el mundo han estado practicando desde hace mucho tiempo. Si se lleva a cabo de manera adecuada, bajo la guía de un maestro cualificado, los resultados son, hasta cierto punto, predecibles. *Ciencia* puede hacer referencia también a un cuerpo de conocimiento estructurado, e, indudablemente, el camino de la meditación es un exponente de ello.

La otra palabra presente en el título es *iluminación*. Definir *iluminación* resulta especialmente delicado. Casi todo lo que se indique sobre ella, por más cierto que sea, puede ser también engañoso. Dicho esto, aquí tienes una manera de empezar: puedes pensar en la iluminación como en una especie de cambio permanente de perspectiva que procede de la experiencia directa de que no hay una *cosa* llamada *yo* dentro de ti.

Esta es una definición brusca y rápida. Podemos considerarla el «resumen ejecutivo». Observa que no digo que no haya un yo, sino más bien ninguna *cosa* llamada *yo*. Desde luego, existe una *actividad* en tu interior llamada *personalidad*, una *actividad* del yo. Pero eso es diferente de una *cosa* llamada *yo*. La meditación cambia tu relación con la experiencia sensorial, la cual incluye tus pensamientos y tus sensaciones corporales: te permite experimentarlos de una manera clara y desprovista de bloqueos. Cuando la experiencia sensorial del cuerpo-mente llega a ser lo suficientemente clara y a estar lo bastante desinhibida, deja de ser algo rígido que aprisiona la identidad. El yo sensorial se convierte en una casa cómoda en lugar de seguir siendo la celda de una prisión. Por eso, a veces la iluminación se entiende como liberación. Uno se da cuenta de que la sustancialidad del yo es un artificio provocado por la habitual nebulosidad y viscosidad que existe en torno a la propia experiencia del cuerpo-mente.

De una manera que puede generar confusión, la experiencia del no yo puede describirse también como la experiencia del verdadero yo o el alma más profunda. Puedes llamarla *no yo*, *yo verdadero*, *gran yo*, *yo elástico*, *liberación*, *naturaleza* o *amor verdadero*; puedes llamarla como quieras. Lo importante no es tanto de qué modo la denominas como saber por qué es relevante para tu vida y cómo puedes, de forma factible, llegar ahí. Este es el propósito de este libro.

A veces esta experiencia de realización tiene lugar súbitamente. Puedes leer sobre ello en libros como el clásico de Philip Kapleau *Tres pilares del zen*, que contiene muchos testimonios de personas que han experimentado la iluminación bastante súbitamente. Pero, en mi experiencia como maestro, la iluminación se acerca sigilosamente a la gente. A veces no se dan mucha cuenta de lo iluminados que han llegado a estar con el paso del tiempo porque se han aclimatado gradualmente a ello.

De modo que la percepción del yo –qué es y cómo surge– es fundamental para la ciencia de la iluminación. Lo veremos en detalle a lo largo de este libro. Pero, de momento, me gustaría hacer unos cuantos descargos de responsabilidad en relación con mi definición de *iluminación*.

En primer lugar, mi definición presenta la expectativa baja. Esto es, describe el cambio *mínimo* necesario para cumplir los requisitos; no el final del viaje. En realidad, no indica más que el comienzo del desarrollo de la «función sabiduría» en el propio interior.

En segundo lugar, hay personas que afirman que la iluminación es una ficción, una exageración o una cumbre celestial que los simples mortales nunca pueden alcanzar. Seamos claros: la iluminación es real. No solo es real, sino que es algo que puede ser alcanzado por seres humanos normales a través de la práctica sistemática de la meditación. ¿Se puede llegar a ese lugar sin practicar la meditación? Sí, pero la meditación hace más probable que se llegue a él, y hace más probable que uno siga creciendo de manera óptima después de llegar ahí.

A lo largo de este texto, veremos algunas de las señales del camino, así como algunas de las dificultades potenciales y cómo evitarlas. Espero sensibilizarte en cuanto a los asuntos que pueden surgir y ofrecerte una comprensión práctica de cómo proceder. Desde luego, nada de todo esto puede sustituir la orientación personal de un maestro cualificado, pero espero que sirva como una inspiración, un complemento y una guía.

En tercer lugar, soy plenamente consciente de que *iluminación* es un término que puede provocar interpretaciones erróneas e incluso discusiones. Hay algunas disputas en los círculos espirituales sobre si la iluminación es algo de lo que un maestro debería hablar explícitamente y si es un objetivo que se pueda lograr o algo que ya existe, o ambas cosas.

Estoy familiarizado con esos distintos puntos de vista y soy sensible a las preocupaciones que muestran. Filosóficamente, estoy preparado para argumentar a favor de estas distintas perspectivas. Pero, como maestro, siento que es mi deber tomar partido y enseñar desde una de ellas. Cada perspectiva tiene sus propios riesgos. La que yo he elegido es describir explícitamente la iluminación y presentarla como un objetivo que la gente ordinaria puede alcanzar.

A veces la práctica espiritual se describe como una especie de camino que contiene unas etapas reconocibles. Pero este paradigma de la práctica como camino puede presentar algunos inconvenientes. En sentido coloquial, la palabra *camino* implica un punto de partida, un destino y una distancia que separa a ambos.

Pero si la iluminación significa darse cuenta de dónde has estado siempre, eso implica que la distancia entre el punto de partida y el destino debe ser cero, lo cual contradice el concepto mismo de *camino*.

Además, cuando describimos la espiritualidad como un camino, inmediatamente surgen todo tipo de deseos, aversiones, confusiones y comparaciones inútiles. La gente desea estar en algún otro lugar del camino, y se esfuerza por llegar ahí, ya que creamos la idea de que la iluminación es un objeto separado de nosotros que podemos conseguir en el futuro.

Como maestros, estamos condenados tanto si lo hacemos como si no. Si pensamos en un camino hacia la iluminación, ello conduce a los problemas antes mencionados. Si no lo consideramos como un camino, la gente no tendrá motivación ni dirección, y no será sensible a los puntos de referencia. Los aspirantes no sabrán cómo hacer un uso óptimo de las señales de avance. No sabrán cómo reconocer las oportunidades cuando la naturaleza se las presente.

Así pues, enseñar sobre la iluminación es confundir a la gente. Por otro lado, no enseñar sobre la iluminación también es confundir a la gente. Puede decirse que ser un maestro significa estar dispuesto a cargar con algún mal karma al servicio de un buen karma aún mayor.

Hay una historia zen acerca de un maestro iluminado que estaba subiendo a un árbol. Resbaló y cayó de tal manera que pudo morder una rama, pero era incapaz de alcanzarla ni con las manos ni con los pies. Estaba literalmente colgando de sus dientes. Entonces, desde debajo del árbol, un estudiante le preguntó: «¿Cuál es la esencia de la iluminación?».

El maestro sabía la respuesta a la pregunta, pero para darla habría tenido que abrir la boca, en cuyo caso habría sufrido una caída mortal. Por otra parte, si no daba la respuesta, eludiría su deber de ayudar a sus semejantes.

Esta historia es la base de un *koan* o pregunta zen: ¿qué harías si fueses tú *el que está colgando del árbol?* El *koan* está pensado para estudiantes avanzados que están en posición de enseñar. Trata de una paradoja central que surge en cuanto intentamos describir un camino hacia la iluminación. Si enseñas que hay un camino, sutilmente confundes a la gente, así que estás muerto. Si no enseñas un camino, dejas de informar y animar a la gente, así que estás muerto. De cualquiera de las maneras estás muerto. ¿Qué harías *tú*?

De modo que escribir un libro como este supone una elección por mi parte: la elección de morir cumpliendo el deber. Pero, para empezar, ¿cómo me vi involucrado en todo esto?

MI DESARROLLO

Nací en Los Ángeles (California), en 1944. Mi madre dice que era un niño difícil —estridente, quisquilloso, agitado, muy mandón—. Muchos de mis primeros recuerdos se centran en torno a tres temas: gran dificultad con la incomodidad física, total incapacidad de estar cerca de otros que estuviesen emocionalmente alterados y una sensación constante de agitación e impaciencia. Si se me hacía daño físicamente, de cualquier manera que fuese, o si la habitación estaba demasiado caliente o demasiado fría, o si me encontraba enfermo, literalmente me ponía como un loco. Puedo recordar que ingeniaba elaboradas estrategias para retrasar todo lo posible las visitas a los médicos (¡inyecciones!) y a los dentistas (¡perforaciones!). Sencillamente, no podía soportar ningún tipo de dolor.

En la escuela era desmesuradamente impaciente. Estaba todo el día mirando el reloj, anhelando que las manecillas llegasen a las tres de la tarde, la hora de salir. Me sentía aterrado e incómodo en las situaciones sociales y tenía que salir de la estancia si algún adulto se veía alterado por alguna emoción perturbadora. Una niña que conocí en la escuela, cuyos padres eran amigos de los míos, murió de repente. Mis padres fueron a visitar a la familia, pero yo me negué a acompañarlos. Sencillamente no tenía ni idea de qué hacer ante las personas afligidas.

Mis calificaciones en la escuela no eran buenas, lo cual tenía muy preocupados a mis padres. Si el concepto de trastorno de déficit de atención e hiperactividad hubiese existido en esos tiempos, probablemente me lo habrían diagnosticado y me habrían medicado abundantemente. Resumiendo, mis genes y mis primeros condicionamientos me predisponían a ser «antimeditativo».

A los catorce años, desarrollé una apasionada fascinación por las lenguas asiáticas y las culturas tradicionales de Oriente. Como resultado, comencé a asistir a una escuela étnica japonesa, además de ir a la escuela pública estadounidense. En 1962 me gradué en la Escuela Secundaria Venice, donde era un «cerebrito» marginado. Esa misma semana me gradué en el Instituto de Lengua Japonesa Sawtelle, en el que logré las mejores calificaciones de toda la clase (el instituto quiso mostrar en el escaparate al muchacho blanco que hablaba japonés). A pesar de todo ello, mis notas no eran lo suficientemente buenas para poder ir a la universidad, pero mi tío Jack descubrió que, incluso teniendo malas notas, uno podía ser aceptado en la Universidad de California, en Los Ángeles (UCLA) si aprobaba los exámenes que medían su potencial para el éxito en la universidad. Realicé bastante bien en esos exámenes y fui admitido en la UCLA como estudiante potencialmente dotado.

Allí estudié lenguas asiáticas y pasé el último año en Japón como estudiante de intercambio. Ese año fue uno de los más felices de mi vida. Estaba en el paraíso. En esos días, no era frecuente que un extranjero hablase japonés, pero yo podía hablarlo, leerlo y escribirlo como un nativo. Podía abrir cualquier puerta solamente con abrir la boca. Apenas asistí a las clases de mi universidad; en lugar de eso, me pasé la mayor parte del tiempo investigando la cultura japonesa. Una de las cosas en las que me impliqué fue la ceremonia del té *sencha*. Yo era desastroso en ella, al ser torpe, ansioso y disperso por naturaleza, pero aun así era muy divertido, porque casi todos los demás estudiantes eran chicas vestidas con kimono, jóvenes y guapas. Me sentía como la única espina en un jardín de rosas. Mi maestra del té debió de percibir que necesitaba algún remedio para convertirme en adulto, así que me sugirió que fuese a Manpuku-ji, un templo zen de Kioto, con el que ella tenía ciertas conexiones.

Estuve un mes en el templo. No hice ninguna meditación, sino que pasaba el rato con los monjes, hablando con ellos y aprendiendo sobre la cultura budista. Me causaron una profunda impresión. Me di cuenta de que conocían alguna especie de «salsa secreta», una manera de ser profundamente felices independientemente de las situaciones. Y percibía que estaban dispuestos a compartirlo conmigo, pero que nunca me lo impondrían. Tendría que tomar la iniciativa si quería experimentarlo por mí mismo. Pero todavía no estaba listo, dada mi personalidad intrínsecamente antimeditativa.

A pesar de todo ello, pasar el rato con los monjes de Manpuku-ji resultó transformador para mí. Quedé fascinado con las ideas y la cultura budistas, si bien desde una perspectiva académica. Tras volver a los Estados Unidos y graduarme en la UCLA, empecé un curso de doctorado en estudios budistas en la Universidad de Wisconsin. A finales de la década de los sesenta, Madison era un lugar salvaje, y me encantaba. Participé en las desenfrenadas protestas contra la guerra, me vi envuelto en gas lacrimógeno y fui golpeado por la policía, mejoré considerablemente mi sánscrito, estudié tibetano y pali y leí a los clásicos budistas en sus lenguas originales, canónicas. Pasaba los veranos en San Francisco, aprendiendo sobre el cannabis y el LSD. Pude terminar todos los trabajos de mi doctorado en tan solo dos años y me enviaron de nuevo a Japón para que llevase a cabo una investigación relacionada con mi tesis doctoral.

En esa época, la Universidad de Wisconsin tenía el programa académico más extenso en estudios budistas de todo el hemisferio occidental. El presidente del programa, Richard Robinson, era mi mentor, mi ídolo y un ejemplo para mí. Era un estupendo erudito que podía hacer juegos de palabras en sánscrito y en japonés en la misma frase. Su especialidad era la lógica budista —las formas de silogismos utilizadas por los filósofos indios y tibetanos para refutar la sustancialidad de las cosas a partir de un razonamiento similar a las paradojas de Zenón—.

Durante esa época, dos sucesos cambiaron profundamente el curso de mi vida, uno justo antes de que me fuese a Japón y el otro un año después, aproximadamente.

La epifanía del bizcocho de chocolate

Como he dicho, durante los dos años de mi graduación pasé mis veranos en San Francisco, y entré en el ambiente favorable a las drogas del barrio de Haight-Ashbury. Una tarde, mis amigos y yo tomamos ácido y fuimos a ver la película *Yellow Submarine*. Al día siguiente, estaba solo en el apartamento de un amigo y decidí fumar un poco de hachís. Entonces tuve un ataque de hambre y empecé a comer un cremoso y delicioso bizcocho de chocolate.

Realmente *entré* en ese bizcocho. Durante unos minutos, entré en un estado de *samadhi* (concentración extraordinaria) centrado en el sabor y las sensaciones táctiles del bizcocho. Me concentré tanto en el acto de comerlo que todo lo demás desapareció. No había más que el bizcocho.

Era dulce y estaba riquísimo, pero también noté que su textura presentaba unas propiedades interesantes. Tenía agujeros, provocados por burbujas de gas, y alrededor de esos agujeros el bizcocho estaba más duro y era más denso que en sus otras partes. Al morderlo, pude detectar claramente su textura difusa, la densa envoltura que rodeaba los agujeros y la nada dentro de estos. Recuerdo haber pensado en ese momento: «Los agujeros saben tan bien como el bizcocho». *En ese instante, la dualidad de existencia versus no existencia desapareció, y por un momento fui proyectado a un mundo de unidad.* Había cambiado espectacularmente.

Ese cambio no desapareció inmediatamente, ni siquiera cuando se me pasó totalmente el efecto de las drogas. Durante dos semanas, anduve por un mundo mágico. Antes de eso, lo que había leído al respecto en mis estudios budistas me parecían tan solo especulaciones mitológicas y conjeturas filosóficas, elaboradas por eruditos que tenían demasiado tiempo libre. Ahora, por primera vez, me daba cuenta de que no eran solo especulaciones inventadas. Intentaban describir algo que los seres humanos experimentan realmente. Después de un par de semanas, la experiencia se difuminó en un agradable recuerdo, pero el cambio intelectual que experimenté fue permanente. Ahora sabía que algunas partes de la tradición budista, que había estado estudiando como conceptos filosóficos, eran en realidad descripciones directas de experiencias reales. En ese momento, no tenía modo de volver a tener esa experiencia, pero al menos sabía con certeza que había algo en el budismo además de una cultura pintoresca, especulaciones escolásticas y supersticiones.

Mirando ahora hacia atrás, con décadas de experiencia a mis espaldas, comprendí exactamente qué ocurrió ese día en Haight. Ese tipo de microdegustaciones espontáneas y efímeras de la iluminación no son infrecuentes. Sospecho que les ocurren a muchas personas, quizá incluso a la mayoría de la gente. Generalmente, la experiencia acontece sin previo aviso y sin una práctica previa, y pasa después de unos minutos, horas o días. En mi situación actual como maestro de meditación, con frecuencia se me acercan personas que han tenido este tipo de experiencias espontáneas, desafortunadamente, casi siempre mucho después de que esas experiencias las hayan abandonado. No comprendo exactamente por qué tales experiencias espontáneas ocurren cuando ocurren. En mi caso, las drogas pudieron haberlo facilitado, pero no fueron el elemento principal, porque las epifanías basadas en las drogas se desvanecen tan pronto como estas se metabolizan, y mi experiencia no se desvaneció inmediatamente. Daría cualquier cosa por saber qué sucede en el ámbito neurofisiológico cuando la gente tiene estas experiencias espontáneas de cuasi iluminación. El hecho de que personas que no estén ejercitadas en la meditación ni posean una visión espiritual disfruten de experiencias unitivas del no yo me indica que la iluminación es, en cierto sentido, natural y está esperando acontecer. Cuando finalmente sepamos por qué algunos individuos, bajo ciertas circunstancias, tienen estas experiencias, aunque sean efímeras, probablemente podremos promover la era de la iluminación en este planeta. Por eso dije que daría cualquier cosa por saber, desde un punto de vista científico, qué ocurre en casos como el de mi epifanía del bizcocho de chocolate.

Por otra parte, aunque no sé por qué tales experiencias les ocurren espontáneamente a algunas personas, sí sé por qué para la mayoría de la gente no son duraderas. Hay al menos tres razones. La primera es que, en general, quienes no meditan no tienen niveles elevados de poder de concentración de forma habitual. Cuando experimentan un estado unitivo, o de no yo/gran yo, carecen del poder de concentración que les permitiría enfocarse en ello y mantenerlo en el centro de su conciencia. La segunda es que incluso aquellos con cierto poder de concentración generalmente carecen de la claridad sensorial que les permita rastrear cómo surge la identidad y cómo pasa en tiempo real. La tercera es que la mayoría de la gente no tiene altos niveles de ecuanimidad. La ecuanimidad es la capacidad de permitir que las experiencias sensoriales emerjan sin ser suprimidas y pasen sin que uno se identifique con ellas. Después de un vislumbre del no yo, el viejo yo habitual vuelve a surgir. Al no realizar un seguimiento de las habilidades y la ecuanimidad, la gente se reidentifica rápidamente con los patrones de su antigua identidad y, en consecuencia, la perspectiva unitiva se disipa.

A modo de contraste, si se ha cultivado en cierto grado el poder de concentración, la claridad sensorial y la ecuanimidad antes de que acontezca la experiencia espontánea de la unidad, esta experiencia puede mantenerse en el centro de la conciencia mediante la concentración, y cuando el viejo yo habitual surge nuevamente, uno no necesita volver a identificarse con él. Esta es la diferencia entre las experiencias cumbre, como la epifanía de mi bizcocho de chocolate, y la verdadera iluminación. La iluminación no es una cumbre de la que con el tiempo se desciende. Es una meseta a partir de la cual se asciende, cada vez más, con el paso de los meses, los años y las décadas.

APRENDER A PRESTAR ATENCIÓN

Una vez que hube acabado mis tareas del curso de doctorado, lo único que me faltaba para obtener mi título académico era escribir mi tesis. Como tema de esta, decidí estudiar la escuela *shingon* del budismo japonés. El *shingon* es una versión japonesa del *vajrayana*, semejante en muchos sentidos a las prácticas que son centrales en el budismo tibetano. Sin embargo, el *shingon* no es una importación directa del Tíbet a Japón; ocurre más bien que el *vajrayana* tibetano y el *vajrayana* japonés tienen un antecesor común: el último budismo indio. El interés en la práctica *vajrayana* tibetana estaba empezando a florecer a finales de la década de los sesenta, pero prácticamente ningún occidental había estudiado la versión japonesa de la tradición. Pensé que los estudios sobre el *shingon* serían un tema perfecto para hacer de ellos mi especialidad académica. El tema exigía estar familiarizado con un amplio espectro de lenguas (el japonés moderno, el japonés clásico, el chino clásico, el sánscrito y el tibetano) y yo había estudiado todas ellas. Mi plan era ir a Japón, estudiar el *shingon* durante un año aproximadamente, escribir mi tesis basada en ese estudio y volver a los Estados Unidos para encontrar un puesto académico como el principal estudioso occidental del *vajrayana* japonés. Pero como verás, las cosas no fueron de esa manera.

Llegué al monte Koya, el centro del budismo *shingon*, con cartas de recomendación y un dominio tanto de la lengua canónica como del marco doctrinal del *shingon*. Pero cuando pedí que me enseñaran más, me pusieron literalmente en la puerta. El maestro con el que quería estudiar, el abad Nakagawa, me dijo en términos que no se prestaban a la ambigüedad que la práctica del *shingon* no era una curiosidad intelectual, sino un camino para transformar la conciencia y la vida de una persona. Si quería practicar de verdad, tendría que vivir primero en el templo haciendo tareas domésticas. Después de un tiempo, si él sentía que yo lo merecía, podría ser ordenado monje. Pero no me garantizó que eso llegase a ocurrir en algún momento. E incluso si me ordenase, tendría que vivir como monje durante un tiempo mientras él decidía si merecía recibir las iniciaciones del *shingon*. Tampoco podía garantizarme que eso llegase a suceder.

El mensaje era claro: o hacía las cosas a su manera o volvía a casa. Debía escoger otro tema para mi tesis o pasar por el aro del abad Nakagawa. Me dijeron que era «el último maestro *shingon* totalmente tradicional» y que aprender de cualquier otro era dejar pasar la oportunidad de saber en qué consistía realmente la formación *shingon*.

Estuve dudando y cambiando de opinión como de camisa. Como recordarás, por naturaleza era un joven agitado, impaciente y cobarde. La perspectiva de un entrenamiento severo para llegar a ser un monje budista en Japón me desmoralizaba completamente. Pero al final decidí aceptar el reto del abad porque, aunque estaba interesado sobre todo en el *shingon* como especialidad académica, la epifanía del bizcocho de chocolate me había convencido de que había algo válido y personalmente significativo que encontrar en la práctica budista. Tomé una decisión trascendental, de las que cambian la vida: me trasladé al templo del abad, Shinno-in.

Cada mañana, los monjes cantaban durante un buen rato y yo me unía a ellos. Me impuse la tarea de memorizar toda la liturgia. Después del canto, empleaba la mayor parte del día en realizar trabajos sencillos por el templo, como limpiar, fregar platos, arreglar el jardín y servir comidas a los invitados. Este régimen me pareció extremadamente difícil. Antes de eso, había pasado mis días estudiando y leyendo. Realizar labores domésticas era una tortura para mí. Estaba aburrido y agitado, y mi atención vagaba constantemente: recordaba, hacía planes, fantaseaba..., siempre pensando cómo podría comprender mejor el budismo si estuviera estudiando. ¿Por qué perdía el tiempo fregando suelos y limpiando lavabos?

Después de unos meses, estaba desesperado, y probablemente me habría marchado de allí si no hubiera sido por un golpe de suerte. Un día, estaba observando a un grupo de monjes practicar lucha sumo, y me preguntaron si quería probar. Me quité la ropa que llevaba, me puse el taparrabos característico del luchador de sumo y comencé a divertirme con ellos. Eran todos mucho más grandes y pesados que yo; me sentía como un chihuahua entre pastores alemanes. No solo era flaco y débil sino que, además, mi coordinación no era demasiado buena. Todo ello resultaba bastante cómico: un muchacho blando y delgado en taparrabos siendo zarandeado por gigantes japoneses.

Todos reímos y nos lo pasamos muy bien. Entonces me di cuenta de que había un anciano monje observándonos desde cierta distancia y riéndose también. Su nombre era Okamura Keishin, y descubrí que, aunque por su linaje era un monje *shingon*, estaba relacionado con la llamada escuela de Kioto de filosofía zen. Me dijo que tenía un grupo de meditación zen que se reunía semanalmente en el monte Koya y sugirió que acudiese.

Cuando comencé a sentarme con ese grupo, me dio la práctica de concentración que tradicionalmente se da en el zen para empezar, la de contar respiraciones. Insistió en que me sentase en la postura de flor de loto durante toda la hora de práctica, algo que me resultó enormemente doloroso. Pero al cabo de unos meses empecé a darme cuenta de algo interesante hacia el final de mi práctica: mi respiración se reducía espontáneamente, mi cuerpo se relajaba a pesar del dolor y —milagro de milagros—

la voz en mi cabeza dejaba de gritar desaforadamente. Todavía estaba allí, pero era más como una corriente subterránea, un susurro.

Fui al *sensei* ('maestro') Okamura y le manifesté:

—Mi meditación se está volviendo interesante.

Él dijo:

—Oh, ¿de verdad? ¿Interesante en qué sentido?

Le describí la lentificación de la respiración, la relajación en el dolor y el semiaquietamiento del parloteo interior. Comentó que eso estaba bien, y que estaba empezando a experimentar los primeros estadios del *zammai* (la pronunciación japonesa de *samadhi*). Desde luego, como estudioso del budismo, estaba muy familiarizado con el término, una forma genérica de decir *concentración*. Podía expresarlo en media docena de idiomas, aunque nunca lo había *experimentado*. Pero ¡ahora sabía de primera mano lo que significaba el término! El *sensei* Okamura me indicó que esa experiencia se iría volviendo cada vez más profunda a medida que siguiera practicando, pero luego añadió algo que me dejó totalmente anonadado:

—Tienes que intentar permanecer en ese estado todo el tiempo, incluso cuando estás realizando las actividades ordinarias.

Pensé: «Apenas puedo saborear mínimamente dicho estado tras una hora de destrozar mis posaderas, intentando contar mis respiraciones. ¿Cómo voy a poder estar en él en la vida cotidiana?».

Luego dijo algo incluso más inconcebible:

—Como principio general, cualquier estado positivo que experimentes en el contexto de la práctica de sentarte en silencio tienes que intentar alcanzarlo en medio de la vida ordinaria.

Me explicó que hay que superar una serie de desafíos, que se presentan de forma natural, para lograrlo: el primero es experimentar cierto grado de *samadhi* durante la práctica formal. El siguiente es experimentarlo en el contexto de tareas sencillas como limpiar, y luego mantenerlo durante tareas más complejas como cocinar, servir a los invitados en el templo, etc. El siguiente nivel es permanecer en *samadhi* durante una pequeña conversación. El último reto es permanecer en este estado durante las interacciones sociales con los demás en los momentos que contienen una carga emocional importante.

¡Por fin lo entendí! Las tareas domésticas que se me habían asignado en el templo pretendían ser ejercicios de meditación. Ya estuviera lavando platos o limpiando inodoros, tenía que intentar permanecer en *samadhi*. Cuando mi atención vagaba y se distraía de la actividad, debía traerla de nuevo, una y otra vez, a mi tarea. Haciendo eso, finalmente podría entrar en el mismo estado concentrado y agradable que experimentaba en la práctica sentada.

De pronto todo cobraba sentido. Dejé de pensar en mis trabajos en el templo como una pérdida de tiempo sin sentido y comencé a verlos como retos fascinantes. Todo cambió: «¿Qué profundidad podré lograr esta mañana mientras friego estos platos?», «¿Qué profundidad podré mantener mientras rastrillo la arena?».También comencé a darme cuenta de que era relativamente fácil entrar en *samadhi* durante los cantos de la mañana. Era natural dejar que el sonido externo del canto sustituyera el sonido interno de mi parloteo mental.

Un estilo de vida diferente

Finalmente, se me asignó enseñar inglés a algunos de los monjes más jóvenes. Ni que decir tiene que era muy difícil mantener el sabor del *samadhi* durante la compleja actividad de enseñar, pero aun así intentaba hacerlo. Durante los descansos entre lección y lección de inglés para los monjes, me aislaba durante diez o quince minutos e intentaba reconectar con el estado de concentración haciendo una breve práctica sentada. Luego volvía y veía si podía mantener ese estado durante la clase. Generalmente no lo lograba, pero el hecho de hacer el esfuerzo tenía ya su sentido.

Un día, antes del descanso, un monje me entregó un sobre, y me dijo: «Esta carta es para ti. Viene del templo».

La carta era de uno de mis compañeros de graduación en el programa de estudios budistas de la Universidad de Wisconsin. Busqué un poco de soledad, abrí la carta y la leí.

Su contenido me impactó profundamente. Mi amigo me informaba de que nuestro mutuo ídolo y mi modelo particular de persona, el doctor Robinson, había sufrido un horrible accidente en su casa. Un fusible había ardido en el sótano, y cuando bajó a cambiarlo encendió una cerilla para ver en la oscuridad. No sabía que una tubería tenía una fuga y que el sótano estaba lleno de gas. Al encender la cerilla, el gas ardió, y él quedó convertido en una bola de fuego. Sufrió graves quemaduras en la mayor parte del cuerpo, incluso en los ojos, que habían quedado destrozados. Estaba flotando entre la vida y la muerte y no se sabía hacia qué lado iría. Aunque viviese, quedaría horriblemente desfigurado y ciego. Vivió durante un mes, en que estuvo agonizando entre dolores, y finalmente murió.

Esto puso mi vida patas arriba. Hasta ese momento, me había dedicado a la adquisición de información y al perfeccionamiento de mi intelecto. Pero ¿qué más da que conozcas una docena de idiomas y tengas un intelecto del tamaño de Wisconsin? Todo eso no te ayudará ni un ápice cuando tengas que hacer frente a un dolor, un terror y una pena tan intensos. *Dukkha* ('sufrimiento') –la primera noble verdad del budismo– me golpeó como una tonelada de ladrillos. Yo mismo podría encontrarme en medio de un horrible sufrimiento físico y emocional, de hecho, probablemente *me sucederá*, aunque sea al final de mi vida. Y es algo que también puede ocurrirles a todas las personas a las que quiero o con quienes tengo relación. Ciertamente, a Richard le había sucedido ya.

Recordarás que mis primeros recuerdos se centraban en torno a mi absoluta necesidad de evitar la incomodidad física y mi incapacidad de lidiar con las emociones negativas, como el miedo o la tristeza; las propias, pero también y especialmente las de los demás. Imaginé cómo habría vivido la situación si no hubiese estado en Japón, sino en Madison, envuelto en las emociones que mis amigos y colegas estaban experimentando en esos momentos. Me di cuenta de que tendría que haber evitado toda la situación. No habría sido capaz de visitar a Richard en el hospital ni de estar con sus familiares o amigos cercanos, porque no habría sabido qué hacer con las emociones.

Luego imaginé cómo habría sido estar en su cuerpo, que se retorció de dolor día tras día. Me habría encontrado en un infierno insoportable. Entre la lectura de la carta y la recepción de la noticia de su muerte un mes después, experimenté un cambio profundo en mi sistema de valores. Mi estudio académico del budismo, mi efímero vislumbre de la iluminación en San Francisco y el comienzo del saboreo del *samadhi* me habían convencido intelectualmente de que, en teoría, era posible experimentar dolor físico y emocional sin sufrir. La horrorosa muerte de mi ídolo me convenció, emocionalmente, de que tenía que perseguir esa meta. Así es como me transformé de un académico de sillón en un monje comprometido.

El accidente de Richard y su muerte tuvieron lugar en verano. Ese otoño, el abad Nakagawa se acercó a mí con un trozo de papel en el que había escritos dos caracteres chinos: 真 (*shin*) y 善 (*zen*). Este *shin* significa 'verdad' y *zen*, 'bondad'. Después me preguntó si Shinzen (真善) sería un nombre de monje que me resultaría aceptable. Me quedé pasmado. Estaba proponiéndome ordenarme y darme un nombre de monje que tenía mucho peso. El nombre abarcaba la totalidad de la práctica espiritual: *shin* o verdad era el aspecto liberador de la sabiduría y *zen* o bondad era el aspecto del servicio compasivo. Además, el nombre abarcaba la historia del templo en el que había estado viviendo. El templo fue fundado por el príncipe Shinnyo unos mil años atrás. El príncipe Shinnyo, famoso en la historia de Japón, fue el primer japonés que intentó visitar el «mundo occidental», lo cual en su época quería decir la India. Quería estudiar el *vajrayana* directamente con maestros indios, y no solo indirectamente a través de chinos que se habían convertido. El *shin* de mi nombre es el primer *kanji* ('carácter') del nombre Shinnyo, y el *zen* es el primer *kanji* del nombre del abad, Zenkyo. Esencialmente, el abad me estaba diciendo: «Hay un linaje de maestros que han vivido aquí durante mil años. Llévalo contigo cuando regreses a los Estados Unidos». Le dije al abad que no creía poder estar a la altura del nombre. Él comentó:

—Lo sé, pero ¿puedes aceptarlo?

Tartamudeando, respondí:

—Sí.

◆◆◆

Varios meses después, cuando se acercaba el invierno y cada vez hacía más frío y la situación se iba volviendo incómoda, el abad Nakagawa me dijo que si quería ser entrenado en la práctica *shingon* tradicional, él lo autorizaría. Pero para ello debería

LA CIENCIA DE LA ILUMINACIÓN

seguir las maneras del viejo estilo: tendría que hacer un retiro en soledad de cien días en invierno, la mayor parte del tiempo sin calefacción, en completo silencio, aparte de las instrucciones ocasionales que recibiría de él, y no podría comer después del mediodía.

Con todo lo que había sucedido, sentí que ahora estaba preparado para esa prueba. Mi entrenamiento empezó el 22 de diciembre, el día del solsticio de invierno. El abad me había avisado de que parte de la manera antigua implicaba algunas prácticas ascéticas derivadas no del budismo, sino de la tradición chamánica del *shinto*, la religión tribal del Japón prebudista. Uno de los métodos más habituales utilizados por las culturas tribales para obtener visiones de dioses o de espíritus consiste en la exposición prolongada al frío o al calor extremos. En la India, los hindúes cuentan con la práctica de los *cinco fuegos*; en Norteamérica, los nativos americanos tienen el temascal y la danza del sol. Estas prácticas implican calor. La chamánica del *shinto* tradicional va en la otra dirección. Implica frío: permanecer bajo cascadas heladas en invierno, quedarse de pie en manantiales muy fríos, mojar todo el cuerpo con agua helada y acciones por el estilo.

Puesto que el *shingon* es *vajrayana*, la principal práctica de meditación incluye trabajar con visualizaciones, mantras y gestos rituales con las manos (*mudras*). Sustituyes la imagen de ti mismo por la de un arquetipo, reemplazas tu parloteo habitual con el mantra de ese arquetipo y adoptas la experiencia física y emocional de ese arquetipo realizando *mudras*. Si tu concentración es bastante buena, tu identidad cambia al poco tiempo. Te *conviertes* en ese arquetipo. Eso te ofrece una intuición de la naturaleza arbitraria de la autoidentidad. La denominación técnica de esta práctica es *yoga de la deidad* porque experimentas la fusión (*yoga* significa 'uncir', 'unir') con un arquetipo mítico. Mi modo habitual de enseñar *mindfulness* está influido, en parte, por este entrenamiento del *shingon* primitivo. Hago que la gente observe el yo en términos de imágenes mentales interiores, del parloteo mental y de la sensación corporal emocional, los tres elementos sensoriales utilizados en la práctica *vajrayana* del yoga de la deidad. He creado un enfoque híbrido: *lo que* hago que la gente observe deriva del paradigma del *vajrayana* japonés: yo = imagen mental + charla mental + cuerpo. Pero *cómo* hago que la gente observe deriva del mindfulness, que tiene su origen en la práctica *theravada* del sudeste asiático. Así que, en cierto sentido, he traído el linaje del abad, aunque probablemente no demasiado en la forma en que él esperaba.

Las visualizaciones, los mantras y los *mudras* se entretejen en el marco de una invocación ritual. El entrenamiento básico tradicional (conocido como *kegyo*) implica hacer tres de estas invocaciones diariamente, y el abad te inicia, en privado, en el modo de realizar las ceremonias. La parte del *shinto* chamánico va antes de cada una de esas tres invocaciones rituales, cuando se le exige al practicante que lleve a cabo la purificación con agua fría. Tiene que ir a una cisterna llena de agua semihelada, romper el hielo de la superficie, llenar un enorme recipiente de madera y luego ponerse en cuclillas y verter ese líquido glacial sobre su cuerpo desnudo. Hace tanto frío que el agua se hiela en cuanto toca el suelo, y la toalla se congela en las manos del practicante, de manera que este va resbalando al caminar con los pies desnudos sobre el hielo mientras intenta secar su cuerpo con una toallita helada.

Para mí, esta purificación de agua fría fue una prueba horrorosa. Quizá el hecho de ser un californiano de piel fina tuvo algo que ver con ello. No obstante, observé que si permanecía en un estado de alta concentración mientras la practicaba, mi angustia disminuía considerablemente. Por el contrario, en cuanto mi atención vagaba, el sufrimiento se volvía insoportable. Pude ver que toda esa situación era un «artilugio de retroalimentación gigantesco» diseñado para mantener a la persona en cierto grado de *samadhi* constantemente.

Al tercer día de este entrenamiento, cuando estaba a punto de verter el agua sobre mi cuerpo, experimenté una epifanía. Me golpeó con claridad cristalina. Estaba enfrentado a una tricotomía; el futuro se abría en tres ramas. Podía permanecer los próximos noventa y siete días en un estado de alta concentración todas las horas de vigilia, pasarlas hundido en la desesperación o abandonar y fracasar en el intento de completar mi compromiso. La elección era obvia.

Cuando terminé el entrenamiento de los cien días, era la primavera de un nuevo año, y yo tenía un nuevo yo. Había entrado en el crisol (¿o debería decir en el criostato?) del entrenamiento *shingon* tradicional y había salido como una persona diferente. A partir de ese momento, pude experimentar conscientemente el sabor de la alta concentración a voluntad. Cien días restados a mi vida fue realmente un precio muy pequeño para pasar a vivir un tipo de existencia totalmente diferente.

Entusiasmado por la ciencia gracias a un sacerdote jesuita

A menudo digo que la pasión de mi vida consiste en explorar lo que puede surgir de la interfecundación de lo mejor de Oriente con lo mejor de Occidente. La meditación es la exploración sistemática de la naturaleza desde el *interior*, y Oriente lo ha hecho mejor que nadie. La ciencia es la exploración sistemática de la naturaleza desde el *exterior*. Es lo que Occidente hizo mejor, al menos entre los siglos XVI y XIX.

En realidad, la ciencia no pertenece a ninguna cultura humana específica. Pero también es cierto que los fundamentos de la ciencia actual se formaron durante cuatro siglos de un crecimiento explosivo que comenzó en Europa con el Renacimiento. Así que es correcto señalar que la ciencia moderna tuvo sus orígenes en Occidente y que es el gran regalo de Europa al mundo. Cómo desarrollar estados meditativos de manera sistemática y fiable es el gran regalo de la India al mundo.

He hablado un poco acerca de cómo me involucré en la meditación; ahora me gustaría decir unas cuantas palabras acerca de cómo me involucré en la ciencia.

Igual que mi interés en la meditación, mi interés en la ciencia empezó durante los años que estuve en Japón. Después de haber vivido como monje durante varios años, cuando estaba a punto de volver a los Estados Unidos, empecé a reunirme con mi amigo el padre William Johnston, un sacerdote que vivía en Japón y que fue responsable de la ampliación de mis horizontes intelectuales.

En cuanto nos conocimos, el padre Bill me empezó a hablar de un fascinante descubrimiento que había hecho. En esos momentos, los científicos estaban comenzando a estudiar los cambios en las ondas cerebrales y otros parámetros fisiológicos asociados con la práctica contemplativa. El padre Bill era jesuita, una orden religiosa cuyos miembros proceden, tradicionalmente, de la élite intelectual del mundo católico romano. Como intelectual jesuita, la idea de utilizar la ciencia para estudiar la experiencia mística, el tipo de experiencia espiritual más profundo e importante, le resultaba totalmente fascinante.

Concretamente, estaba entusiasmado con dos aspectos de esta investigación. En primer lugar, los estudios parecían mostrar que mientras que los sistemas conceptuales de las distintas religiones, y específicamente los del budismo y el cristianismo, son muy diferentes, los correlatos neurológicos subyacentes de los contemplativos expertos de esas tradiciones a menudo son bastante parecidos. Esto otorgaba credibilidad a la idea de que las tradiciones contemplativas del mundo pueden ser vistas como una unidad, una idea que yo había abrazado ya con todo el corazón y que analizaré en el capítulo tres.

Más fascinante era todavía para el padre Bill la perspectiva de que la ciencia pudiera dar credibilidad a los relatos de los contemplativos. Estaba particularmente interesado en los resultados publicados por dos investigadores de la Universidad de Tokio, la institución académica más prestigiosa de Japón. Su artículo parecía demostrar que algunas de las experiencias subjetivas relatadas por los meditadores contaban claramente con una base fisiológica objetiva.

La chispa de entusiasmo del padre Bill encendió una hoguera en mi mente. Si la ciencia podía ofrecer evidencias que confirmaban un efecto de la meditación, quizá podría confirmar otros efectos. Y algo tal vez más importante, podría descubrir *nuevos aspectos* de la iluminación que ninguno de los grandes maestros del pasado había conocido. Aspectos profundos, fundamentales, importantes. Probablemente la ciencia incluso podría hacer descubrimientos acerca de la iluminación que harían que esta fuera alcanzable por grandes masas de seres humanos. Quizá podría *democratizarla* como había democratizado aspectos del poder, de la comodidad y de los servicios.

Este concepto cambió totalmente mi mundo. Lo que al principio me había llevado a Japón había sido mi fascinación por las culturas orientales. Al aprender cómo meditar, sentía que había descubierto el pináculo, lo más elevado que Asia podía darme. Habiendo experimentado directamente el maravilloso ofrecimiento de Asia al mundo, me pregunté: «Y ahora, ¿qué más?».

Repasando los logros de todas las culturas del mundo, vi otro pináculo tan alto como la ciencia subjetiva de Oriente, y era la ciencia *objetiva* de Occidente. En ese momento decidí lo que tenía que hacer a continuación. Sabía que dedicaría el resto de mi vida a practicar y enseñar la meditación. Y decidí que, en paralelo con eso, estudiaría ciencia, de modo que quizá, en algún momento del futuro, cuando hubiese profundizado más en la práctica budista, sería capaz de dialogar de manera inteligente con científicos y colaborar con ellos; podría ayudarlos a entender los estados meditativos y tal vez incluso cómo se produce la iluminación. Ese encuentro con el padre Bill cambió el curso de mi vida.

Ciertamente, mis intuiciones a este respecto se han visto espectacularmente confirmadas. Hoy en día, en las principales universidades de todo el mundo existen potentes programas de investigación dedicados a dirigir la mirada de la ciencia hacia la experiencia de los contemplativos experimentados. Buena parte de esta investigación supone una colaboración activa entre el meditador experimentado y el investigador. Más significativo todavía es el hecho de que muchos jóvenes estudiantes neurocientíficos están realizando una práctica meditativa, ¡lo cual quiere decir que pronto el diseñador de la investigación y el sujeto sobre el que se investiga podrían ser la misma persona!

MI DESCUBRIMIENTO DEL MINDFULNESS

Al volver a los Estados Unidos, viví durante muchos años en el Centro Internacional de Meditación Budista (IBMC, por sus siglas en inglés) de Los Ángeles. En consonancia con su nombre, están representadas en él las principales formas históricas de la práctica budista: el mindfulness (*theravada*), el zen (*mahayana*) y el tantra (*vajrayana*). Mi ordenación había sido en el *shingon*, y había tenido alguna experiencia con el zen, a través del *sensei* Okamura, pero actualmente prefiero enseñar en el marco del mindfulness. Lo decidí a partir de mi interacción con maestros de mindfulness que vivían en el IBMC, especialmente un amable joven californiano llamado Bhante Rahula. Posteriormente, conocí a un buen número de destacados maestros de mindfulness, como U Silananda y U Pandita de Burma, Bhante Punnaji de Sri Lanka, Ajahn Sobin de Tailandia y Bill Hamilton, un americano con una extensa experiencia en la tradición de Mahasi. Asistí también a numerosos retiros dirigidos por la organización Goenka. A través de esos maestros, me familiaricé con los dos principales linajes del mindfulness contemporáneo (o *vipassana*, como a veces se lo llama en Asia): el linaje de Mahasi y el linaje de U Ba Khin. De la tradición de Mahasi aprendí el poder del método del darse cuenta. De la tradición de U Ba Khin aprecié la importancia de las sensaciones corporales en el proceso del desarrollo psicoespiritual.

Hay dos razones por las que actualmente enseño en el marco del mindfulness. La primera es que el mindfulness es, de las tres tradiciones de práctica budista, la menos vinculada a una cultura. Es relativamente fácil abstraerlo de la matriz cultural y doctrinal en la que surgió y presentarlo como un proceso basado en las evidencias, secular y culturalmente neutro. La segunda razón es que el método general del mindfulness comparte algunos rasgos con el método general de la ciencia moderna.

Me gusta describir el mindfulness como una triple habilidad de la atención: poder de concentración, claridad sensorial y ecuanimidad que funcionan juntos. Estos tres componentes en cierto sentido pueden verse como análogos a tres importantes aspectos del método científico. Un científico realiza progresos mediante la investigación focalizada de una cuestión importante, en la que se concentra durante tanto tiempo como sea necesario. Aunque no es exactamente lo mismo que la concentración en tiempo real del meditador, quizá presente cierta analogía con ella.

Un aspecto de la claridad que se desarrolla en el mindfulness es la capacidad de detectar y resolver los detalles sutiles de nuestros estados sensoriales. Esto es análogo a cómo los científicos utilizan aparatos de alta resolución que constituyen extensiones de la conciencia (el microscopio, la difracción de rayos X, etc.) para revelar la infraestructura sutil del mundo físico. Otro aspecto de la claridad que se desarrolla en el mindfulness es la deconstrucción o el análisis de los componentes. Tomamos un suceso sensorial complejo (como la identidad del yo) y lo desmenuzamos en sus componentes naturales (sus átomos, por así decirlo). Esto equivale al modo en que un científico o un matemático desmenuzaría un sistema complejo en partes manejables: átomos, números primos, vectores fundamentales, etc.

Finalmente, en el mindfulness se practica la *ecuanimidad* —la aceptación serena de cualquier hecho que surja en la experiencia—. De manera similar, un científico está formado para mantener el punto de vista desapegado de un observador neutral.

Durante muchos años mantuve un régimen de aprendizaje doble: estuve formándome en mindfulness con maestros asiáticos y occidentales mientras estudiaba ciencias de manera autodidacta. Mi objetivo era integrar profundamente el poder de esos dos mundos en mi persona, pero sentía una carencia: anhelaba el contacto con un maestro cuya experiencia fuera ampliamente superior a la mía.

OTRA VEZ EL ZEN

En el monte Baldy, cerca de Los Ángeles, había un maestro zen llamado Joshu Sasaki Roshi. No cabe duda de que era el maestro zen más avanzado que vivía en los Estados Unidos, y presumiblemente el maestro budista vivo más avanzado en todo el mundo en ese momento. Comenzó su práctica en un monasterio a los trece años y murió a los ciento siete. Haz tú mismo el cálculo.

Estudié con él durante muchos años. No creo tener el tipo de personalidad para ser un buen estudiante de zen; me siento mucho más atraído por el estilo sistemático, aunque sea un poco prosaico, que caracteriza al *vipassana* (la meditación mindfulness). No obstante, aprendí varias cosas muy importantes de Sasaki Roshi, algunas de las cuales no podría haber aprendido si hubiera practicado solamente en el contexto del mindfulness.

Por una parte, descubrí que la transitoriedad no es algo que se experimente exclusivamente en los circuitos sensoriales. Afecta también a los circuitos motores. Es una especie de energía carente de esfuerzo sobre la que puedes «cabalgar» en la vida diaria. Proporciona ligereza a tu paso, fluidez a tu voz y un carácter vibrante a tu pensamiento creativo. Aprendí acerca del paradigma de la expansión-contracción respecto al funcionamiento de la conciencia. Este paradigma, que describo en el capítulo diez, constituye el núcleo de mi forma de enseñanza. Además, a través del contacto con Sasaki Roshi me percaté de la importancia de no reprimir el surgimiento del yo. Describo esta comprensión en el capítulo ocho. Finalmente, me proporcionó un ejemplo modélico de la devoción hacia la enseñanza –un ejemplo de disponibilidad y de servicio total a los estudiantes–. Por todo ello, le estoy eternamente agradecido.

Por otra parte, hace unos cuantos años, me sorprendió descubrir que Sasaki Roshi había tenido algunos comportamientos cuestionables. La gente se quedó terriblemente confundida y comprensiblemente disgustada por esas revelaciones. ¿Cómo pudo una persona altamente iluminada mostrar tales comportamientos?

Nos gustaría pensar que la iluminación es una unidad que crece de manera uniforme. Pero en realidad es un proceso multidimensional. Generalmente, el desarrollo en una dimensión facilita el desarrollo en las otras, pero no es algo inevitable. A veces, una persona puede llegar a ser asombrosamente competente respecto a ciertas dimensiones del empoderamiento espiritual mientras que subestima otros aspectos. Desde mi punto de vista, la razón última para experimentar la liberación es servir mejor a los demás. Y una condición *sine qua non* para servir con eficacia es ser una persona decente según los cánones ordinarios de la sociedad, o, como habría dicho mi padre, ser un *mensch*. La libertad debería manifestarse de acuerdo con unas directrices éticas claras y una estructura de retroalimentación igualitaria.

INFLUIDO POR EL ESPÍRITU DE LA CIENCIA

Actualmente divido mi tiempo entre la enseñanza de la meditación y el diseño de investigaciones relacionadas con esta. Me gusta caracterizar mi enfoque de la enseñanza de la meditación como influido por el espíritu de la ciencia. Un aspecto de ello es mi empleo de las metáforas. Como verás en este libro, disfruto descubriendo paralelismos entre situaciones que se producen en las matemáticas y las ciencias y situaciones que tienen lugar en la experiencia meditativa. Otro aspecto de la «influencia del espíritu de la ciencia» tiene que ver con el modo en que mis estudiantes y yo utilizamos el lenguaje. Intento definir las cosas muy cuidadosamente e insisto en que el lenguaje se emplee de manera precisa y rigurosa.

Una de las pautas que aprende quien profundiza en la ciencia de la física o en las matemáticas es el hábito de la precisión en la expresión y el pensamiento. Por ejemplo, en el lenguaje común, las palabras *energía*, *potencial*, *potencia* y *fuerza* parece que hacen referencia a algo muy similar; muchas veces podríamos utilizarlas de manera intercambiable. Pero en física, cada uno de estos términos significa algo completamente diferente. Cada uno tiene un significado muy preciso, y en muchos casos costó siglos pulir y perfeccionar este lenguaje.

Un ejemplo de las matemáticas, que se aprende en un curso de introducción al cálculo, es la definición de *derivada de una función*. Inicialmente, la definición parece muy complicada y sutil, y hay que leerla una y otra vez para captarla. Yo tuve que leerla docenas de veces antes de que me pareciera natural y obvia. (Si te interesa, encontrarás una definición de este concepto en Wikipedia bajo la entrada «derivada»).

Lo que no te dicen en tu libro de introducción al cálculo, y que a mí me habría ayudado mucho si me lo hubieran dicho, es que la definición de *derivada* que ofrecen los libros de texto modernos no es la que utilizaba Newton —el inventor del cálculo—. La definición moderna es el resultado de las contribuciones efectuadas por generaciones de mentes matemáticas, las más agudas del mundo en este ámbito. Dos siglos y medio de confusiones, discusiones y disputas sobre el tema separan la primera formulación de Newton de la que aparece en los libros de texto modernos. No es extraño que parezca sutil y tengamos que leerla una y otra vez antes de que se nos quede grabada.

Así pues, en matemáticas hay que acostumbrarse a hablar de un modo preciso, cuidadoso. Uno se da cuenta de que realmente va a tener que pensar las definiciones, y de que va a tener que leerlas y releerlas. Pero va a valer la pena, absolutamente. Un estudiante universitario ordinario que esté dispuesto a volver a las definiciones y leerlas una y otra vez podrá entender el cálculo con mayor claridad que sus inventores, porque la sabiduría de muchas generaciones de matemáticos está almacenada en la concisa definición actual. Este espíritu de precisión forma parte de mi modo de enseñar. Mi sistema exige que la gente domine cierto vocabulario técnico definido y adquiera la capacidad de «decir lo que quiere decir».

Me gusta pensar en mí mismo como si tuviera como misión «disipar las brumas del misticismo». Tengo un buen conocimiento general de ciencia y matemáticas y una formación profesional, académica, en misticismo comparado y estudios budistas. La exposición científica hace que sea un poco quisquilloso respecto a cómo mis estudiantes utilizan el lenguaje. Algunos encuentran este aspecto de mi enseñanza difícil al principio, pero al final les ahorra mucho tiempo: permite que la gente conceptualice y comunique todo el camino hacia la iluminación clásica utilizando un vocabulario técnico definido con precisión. Esto es lo que quiero decir con *disipar las brumas del misticismo*.

Otra influencia de las matemáticas y la ciencia tiene que ver con la idea de la generalidad. Probablemente estás familiarizado con la denominación *relatividad general*. En el contexto de las matemáticas y la ciencia, *general* quiere decir *amplio* o *universal*. Los matemáticos y los científicos generalmente intentan descubrir la visión unificadora más amplia posible. La relatividad general abarca más casos que la relatividad restringida. He aplicado este principio a la enseñanza de la meditación creando una tabla universal para clasificar las técnicas de meditación. Cada una de las principales innovaciones que han tenido lugar en la historia de la meditación en el mundo ocupa un lugar natural en esta tabla. Además, he reformulado cada una de esas innovaciones en un lenguaje moderno, secular, y las he expresado dentro del marco unificador del mindfulness.

He utilizado este marco para diseñar proyectos de investigación en mindfulness en muchas instituciones, como la Escuela Médica Harvard, la Universidad Carnegie Mellon y la Universidad de Vermont. Un resultado del que estoy especialmente satisfecho es el trabajo de investigación pionero que el doctor David Vago y yo hemos dirigido en la Escuela de Medicina de Harvard desde 2010. La investigación de nuestra primera publicación, «Sustratos neurobiológicos que subyacen a las variedades de la experiencia de reposo», utilizó mi tabla periódica de distintos sucesos sensoriales.

En Harvard, estamos investigando actualmente *software* de mindfulness automatizado como ayuda en psicoterapia. Se basa en una aplicación desarrollada por mí, por David Creswell y por Emily Lindsay en la Universidad Carnegie Mellon. En este estudio clínico, los terapeutas prescriben una tutoría de mindfulness interactivo basada en una aplicación que ejercita sistemáticamente a sus pacientes en habilidades de la atención: poder de concentración, claridad sensorial y ecuanimidad. Estamos poniendo a prueba la hipótesis de que esto podría potenciar de manera espectacular los resultados terapéuticos. ¡Son tiempos interesantes!

2

LA HABILIDAD MÁS FUNDAMENTAL

¿Has estado alguna vez en una situación de peligro extremo, en la que el tiempo se enlentece, todo se vuelve muy tranquilo y tú te sientes extremadamente concentrado, sin miedo y capaz de responder de un modo notablemente efectivo? Cuando hago esta pregunta a un grupo grande, siempre hay varias personas que levantan la mano y dicen: «Sí». Una mujer describió cómo entró en un estado como este cuando estuvo a punto de ahogarse en el río Kern, en California. Como consecuencia de estar tan tranquila y presente, evitó entrar en un estado de pánico y pudo sobrevivir al accidente. Añadió un comentario interesante: «Si hubiera podido embotellar ese estado, podría haber hecho que el mundo se convirtiera en adicto a él».

Las personas que han experimentado este estado espontáneo de concentración extraordinaria suelen decir que fue el momento más significativo de sus vidas, y que las cambió para siempre. A veces, ocurre bajo condiciones de estrés excepcional

—en deportes, en combates, en enfermedades terminales, en accidentes o en asaltos—. Pero puede suceder también en el extremo opuesto del espectro, cuando nos sentimos fantásticamente seguros y conectados —digamos, caminando solos por el bosque o durante una experiencia especialmente profunda al hacer el amor—. En estas circunstancias, nos parece también que el tiempo se lentifica y la mente se queda en paz, y estamos muy presentes, centrados y unificados con lo que está ocurriendo.

Lo que poca gente comprende es que uno puede *ejercitarse* en estos estados de presencia y focalización. No tienes que esperar a que se den condiciones inusuales o extremas para experimentarlos. Y la experiencia no tiene por qué ser esporádica o de corta duración. Puede ser permanente. Ciertamente, cualquiera puede vivir la vida cotidiana con ese grado de concentración. En otras palabras, *el punto de partida de la concentración puede elevarse mediante la práctica sistemática.* El descubrimiento de que esa extraordinaria concentración puede cultivarse deliberadamente es uno de los hallazgos más significativos que la especie humana ha realizado y tiene enormes implicaciones tanto para nuestras vidas personales como para nuestro mundo. El entrenamiento sistemático en la concentración se llama *práctica de la meditación*, y es la herramienta básica en la ciencia de la iluminación.

LOS BENEFICIOS DE LA MEDITACIÓN

Cultivar la concentración se parece mucho a hacer un ejercicio físico. Para empezar, tienes que aprender el procedimiento o la forma del ejercicio. Luego, tienes que hacer que el ejercicio forme parte de tu programación diaria y seguir esforzándote en ello durante un período bastante largo. Como resultado, tus músculos se fortalecen, y puedes utilizar esos músculos mejorados para muchas actividades de tu vida.

El músculo de la concentración puede fortalecerse mediante un proceso muy parecido. Para hacerlo, necesitas formarte en algunos procedimientos que aumentan el poder de concentración. Luego, necesitas ser constante y seguir aplicándote durante bastante tiempo. Como resultado, tu músculo de la concentración se vuelve más fuerte de manera permanente.

Cuando desarrollas tus músculos físicos mediante el ejercicio, todo el día tienes a tu disposición una fuerza añadida, lo cual favorece todas tus actividades. Lo mismo puede decirse del poder de concentración. Cuando fortaleces el músculo de la concentración, dispones en todo momento de un poder añadido que favorece todas tus actividades. El poder de concentración tiene un impacto en todos los aspectos de tu vida diaria, porque no hay ninguna parte de la experiencia humana que no se vea afectada por el grado de presencia o concentración.

Así pues, el poder de concentración puede entrenarse y, al desarrollarlo, puedes mejorar enormemente tu vida. En este sentido, la meditación es el estudio más importante que cualquiera puede emprender, porque el poder de concentración se halla en la base de la pirámide de todos los esfuerzos humanos.

En la ciencia, hay pirámides de potencia y de universalidad. Quiero decir que algunas ciencias son más amplias y profundas que otras. Por más amplias quiero decir más universalmente aplicables; por más profundas quiero decir más potentes.

Por ejemplo, si quieres ser el mejor botánico, tienes que ser realmente bueno en bioquímica. Y si quieres ser realmente bueno en bioquímica, tienes que ser bueno en física. Es más, si quieres ser bueno en física, tienes que ser bueno en matemáticas. La bioquímica es más amplia en su aplicación que la botánica y, en cierto sentido, es también más profunda. La mayoría de la gente encontraría la botánica elemental más fácil de aprobar, pero para muchos la bioquímica elemental presenta un reto significativamente mayor. La bioquímica es una forma particular de química, pero esta en el nivel más profundo es una consecuencia de la física, especialmente de su modalidad cuántica. La física es más amplia que la química. Intenta explicar *todas* las fuerzas del mundo natural, no solo las asociadas con los enlaces químicos. Pero para entender la física, necesitas contar con una buena base en matemáticas, o al menos debes estar familiarizado con el cálculo diferencial y las ecuaciones diferenciales.

Como puedes ver, cada una de esas ciencias es más amplia y más profunda que su predecesora. En conjunto, forman una especie de jerarquía o pirámide. En la base de la pirámide están las matemáticas. Para mucha gente, las matemáticas son difíciles y necesitan tiempo y paciencia para aprenderlas. Pero si realmente estás interesado en la ciencia, estarás dispuesto a invertir el tiempo y el esfuerzo necesarios. Esto se debe a que si mejoras tus conocimientos en matemáticas, generalmente podrás manejarte bien en la mayoría de los cursos de ciencias. Por otra parte, si nunca llegas a dominar el álgebra básica, tendrás que esforzarte mucho en las clases de ciencias, incluso en las elementales.

¿Hay alguna habilidad más profunda y más amplia todavía que las matemáticas? Sí, y la buena noticia es que, a diferencia de esta disciplina, casi todo el mundo puede dominarla. La habilidad a la que me estoy refiriendo es la *capacidad de concentración*.

La ejercitación del poder de concentración se encuentra en la base de la pirámide de *toda* ejercitación humana. Puedes usar el poder de concentración para llegar a ser bueno en matemáticas, y por tanto llegar a ser bueno en física, y así ser bueno en bioquímica, y por tanto convertirte en un botánico excelente.

En el instituto, yo suspendía las matemáticas todos los cursos, lo cual me llevaba a tener muchas trifulcas con mis padres. Más tarde, después de practicar la meditación durante muchos años, intenté aprender matemáticas otra vez. Descubrí que como consecuencia de mi práctica meditativa tenía una capacidad de concentración de la que no disponía antes. No solo era capaz de aprender matemáticas, sino que llegué a ser realmente bueno; lo suficientemente bueno como para enseñarlas a nivel universitario.

¿Qué relación hay entre meditación y concentración? Existen muchas formas de meditación. Se han desarrollado múltiples sistemas en épocas distintas y en varias culturas a partir de presupuestos filosóficos diversos y empleando técnicas diferentes. No obstante, hay un lazo común, una característica definitoria que permite decidir sin ambigüedad alguna si una práctica puede legítimamente considerarse una forma de meditación: toda forma legítima de meditación eleva el nivel base del poder de concentración de la persona. Por nivel base de concentración entiendo lo concentrado que se está en la vida diaria cuando no se está intentando especialmente estar concentrado.

Naturalmente, una determinada forma de meditación puede desarrollar otros aspectos además del poder de concentración. Por ejemplo, el tipo de meditación que me gusta enseñar, mindfulness, desarrolla explícitamente otras dos habilidades: la claridad sensorial y la ecuanimidad. Pero en la tríada de habilidades del mindfulness (el poder de concentración, la claridad sensorial y la ecuanimidad) la concentración es la más fácil de entender. Es también la más universal, porque es el hilo común compartido por todas las formas de meditación. Así que comencemos por ella.

Puedes aplicar la capacidad de concentración para aprender matemáticas o en cualquier otro esfuerzo intelectual. Pero no se queda ahí. También puedes aplicar tu poder de concentración para realizar actividades físicas, como la práctica del deporte. En el mundo del deporte, los estados de alta concentración que tienen ocasionalmente los deportistas se consideran la cumbre de su experiencia. Incluso tienen un término para referirse a este estado, el cual utilizan en los vestuarios: lo llaman estar *en la zona*. Lo que la mayoría de los deportistas no saben es que no tienen por qué estar en la zona solamente un día especial en el contexto de su práctica deportiva. Utilizando la práctica sistemática de la meditación, uno puede entrenarse para estar en la zona siempre que esté practicando su deporte y, ciertamente, siempre que esté haciendo *cualquier cosa*.

Como la meditación eleva el nivel base del poder de concentración y como el poder de concentración facilita todos los esfuerzos humanos, la pregunta ¿para qué sirve la meditación? tiene una respuesta simple: la meditación sirve para *todo*. Te permitirá estar más presente en tus interacciones con otras personas. Te permitirá comprenderte mejor a ti mismo y seguir un camino espiritual con mayor eficacia. Te permitirá reducir el sufrimiento que experimentes cuando pases por dolores físicos o emocionales. Te permitirá aumentar la plenitud que procede de tu satisfacción física o emocional. Puede ayudarte a realizar cambios positivos en la conducta y a vivir más éticamente. Puede mejorar tu vida profesional, así como tu vida sexual.

Todo esto tal vez te parezca demasiado bueno para ser cierto. ¿De verdad la meditación en tan valiosa? Sí, lo es, porque el nivel base de concentración es, en cierto sentido, lo más valioso que tiene una persona. Todo aquello que pueda querer un individuo le será más fácil de lograr si está operando desde un alto nivel de concentración sin esfuerzo. Todo el abanico de los empeños humanos descansa sobre la concentración, y si el nivel base de esta se incrementa a través de la práctica, esto quiere decir que podemos vivir en un estado constante de extraordinaria concentración todos los días.

Muchas culturas han quedado fascinadas por la idea de la prolongación de la vida. Por ejemplo, el sueño de la *fuente de la juventud* intrigó a la civilización occidental durante siglos. Alejandro Magno buscó en Asia las aguas mágicas que mantuvieran a una persona joven para siempre y Juan Ponce de León descubrió Florida mientras buscaba eso mismo en el Nuevo Mundo. En las civilizaciones india y china clásicas, la práctica de la alquimia se centró en el tema de crear sustancias que prolongasen la vida humana. La búsqueda del elixir de la inmortalidad implicaba ingerir compuestos de mercurio.

La fábula de la fuente de la juventud resultó ser un mito, e ingerir compuestos de mercurio difícilmente es una receta para la salud. Es posible, ciertamente hasta probable, que en el futuro, la ciencia médica prolongue espectacularmente la duración de la vida humana. Pero ¿qué podemos hacer ahora? Si te dijera que existe un proceso que requeriría diez minutos de tu tiempo cada día durante el resto de tu vida, y que si realizas este proceso es probable que añadas sesenta años a tu existencia, probablemente dirías que es una ganga. Ahora, imagina que vivirás un número normal de años, pero que tu experiencia de cada momento será *el doble de plena* de lo que actualmente es; esto es, la escala en la que vives cada momento se doblará. Si vivieras solo sesenta años, pero experimentaras cada momento con una plenitud que fuese el doble de la que experimenta una persona ordinaria, esto sería el equivalente a ciento veinte años de riqueza. No es un mal trato.

El primer proceso, el que prolonga la duración de la vida, es un mito —como la fuente de la juventud—. Actualmente no existe un proceso así en el mundo real. Sin embargo, el segundo proceso —la expansión de la *escala* de la vida— es real y está disponible para todo el mundo.

La meditación es la clave de este tipo de prolongación no mítica de la vida. La característica central de cualquier sistema de meditación de cualquier parte del mundo es que, al desarrollar un grado extraordinario de concentración y de presencia, nos permite vivir una vida doscientos o un trescientos por ciento «más grande».

Efectos fisiológicos de la meditación

Así pues, la meditación es un tipo de ejercicio para la conciencia. Pero la meditación afecta también al cuerpo en el que la conciencia reside.

Uno de los cambios físicos más evidentes se produce en el patrón respiratorio, pues permite que los practicantes respiren de manera más lenta y profunda, debido a una reducción de la necesidad de oxígeno. Esta reducción probablemente tiene que ver con el hecho de que cuando nos hallamos en un estado meditativo procesamos todo más eficientemente; por tanto, se reducen nuestras necesidades metabólicas —hacemos más con menos—. La mayoría de la gente respira unas quince veces por minuto, pero una persona que se encuentre en un estado meditativo de nivel medio puede respirar cuatro o cinco veces en un minuto y alguien que se halle en un estado meditativo realmente profundo puede ser que respire solamente una o dos veces.

Puedes creer que estoy exagerando en cuanto a lo que estoy diciendo de la respiración, pero deja que te cuente una historia. En una ocasión viví con un maestro chino que intentaba no perder la conciencia por la noche. Su nombre era Wuguang. Cada noche se sentaba en meditación durante cuatro horas, y luego se acostaba durante otras cuatro. Pero mientras estaba acostado trataba de no caer en la inconsciencia. Después, durante todo el día, recibía a infinidad de personas que acudían a su despacho con sus problemas. Él intentaba ayudarlas con consejos espirituales y con los poderes especiales que había cultivado. Era lo que los budistas llamarían un *bodhisattva* en activo, es decir, alguien que practica la meditación fundamentalmente para poder servir mejor a los demás.

Era también muy excéntrico; por ejemplo, montaba en moto, algo inusual para los monjes budistas chinos de esa época. Un día me lo encontré en la puerta del templo, lo vi llegar en su moto. Me contó que acababa de venir del médico, de hacerse un chequeo físico, y que el médico le había revelado: «¡Usted no está vivo!». Dicho de otro modo, incluso después de conducir en moto atravesando todo el tráfico de Taiwán, cuando llegó al consultorio su frecuencia cardíaca y respiratoria eran tan bajas que el médico apenas pudo detectar signos vitales. Este es un ejemplo extremo del impacto que la meditación puede tener en la eficiencia metabólica.

Otra consecuencia fisiológica de la meditación es una disminución de la conductividad eléctrica de la piel. Los científicos han hallado que cuando la gente está nerviosa su piel se vuelve más conductiva. De manera que la reducción de la conductividad de la piel se asocia con un aumento de la relajación. No es sorprendente que la meditación produzca una reducción de esta conductividad.

Quizá el cambio fisiológico más interesante asociado con la meditación tiene lugar en los patrones de las ondas cerebrales. Tenemos cuatro patrones básicos asociados con las ondas cerebrales: delta, zeta, alfa y beta. Delta se asocia con el dormir sin sueños; zeta, con el estado inmediatamente previo al dormir

—llamado *estado hipnagógico*—, en el que se ven imágenes oníricas en una especie de duermevela, y beta se asocia a menudo con la actividad. Es el estado normal de la mayoría de la gente durante el día.

Desde el punto de vista de la fisiología del meditador, los cambios en las ondas cerebrales alfa son los más perceptibles. Alfa se vincula con estar alerta *y* relajado al mismo tiempo. Estar muy alerta y, a la vez, profundamente relajado podría considerarse la definición del estado meditativo. Todo el mundo sabe lo que es estar alerta: tomas café y vas por la ciudad muy despierto, pero posiblemente también un tanto frenético y agitado. Todo el mundo sabe también lo que es estar relajado: uno descansa profundamente en el sueño, pero sin estar presente de manera consciente para apreciarlo. Ahora imagina un estado que contiene lo bueno de ambos sin lo malo de cada uno. Un estado en el que permanecemos *alertas y relajados* al mismo tiempo. Esto es lo que sucede en la meditación. El crecimiento que experimenta la persona mediante su práctica es un progreso: el estado de alerta se vuelve cada vez más brillante y agudo, mientras que la relajación se hace cada vez más profunda y amplia.

Durante la meditación, hay un aumento medible en la actividad de las ondas alfa del cerebro. Esto no tiene nada de extraordinario. Es lo que cabría esperar; alfa es la firma fisiológica del descanso alerta. Ahora bien, hay otro aspecto de la actividad de las ondas cerebrales de los meditadores que es inesperado. La mayoría de la gente solo puede mantener un estado alfa elevado si sus ojos están cerrados. Si los abren, el estado alfa tiende a desaparecer. Los libros de texto estándar de fisiología siempre han presupuesto que esta correlación del estado alfa con los ojos cerrados forma parte de la fisiología humana básica. Así que los investigadores se quedaron muy sorprendidos al descubrir que los meditadores presentan una actividad de ondas alfa muy elevada incluso cuando tienen los ojos bien abiertos. Esto hace que la electrofisiología de los meditadores sea de algún modo diferente de la de los demás seres humanos.

Otro rasgo fisiológico del estado meditativo se relaciona con la actividad eléctrica en los músculos. Si utilizo un electromiógrafo para medir la actividad en los músculos de la espalda de un meditador experimentado que ha estado sentado en meditación durante muchas horas, esos músculos parecerán estar relajados como los de quien está acostado durmiendo. Claramente, en la fisiología de los músculos está teniendo lugar un cambio profundo que les permite realizar una actividad más bien exigente, pero al mismo tiempo permanecer relajados como si la persona estuviera dormida. Creo que esto también apunta a que la meditación da lugar a un metabolismo más eficiente.

Podemos suponer que estos cambios fisiológicos deseables debidos a la meditación tendrán un impacto en la salud. Y, ciertamente, cientos de estudios recientes parecen apoyar esta conclusión. No obstante, es importante recordar que meditar *solo* por los efectos sobre la salud sería una perspectiva limitada acerca de los beneficios que la meditación puede ofrecer. La salud es una faceta de la felicidad que depende de ciertas condiciones. La felicidad dependiente de condiciones constituye, desde luego, un objetivo importante para los seres humanos, pero, como veremos, la meditación puede ofrecer algo incluso más importante: la felicidad *independiente* de condiciones.

El estado meditativo

Hay muchos errores y estereotipos alrededor de qué es y qué no es la meditación. Quienes no la han practicado pueden pensar que hay un solo estado meditativo. Pero existe un continuo de estados meditativos, empezando desde una ligera concentración que casi todo el mundo ha experimentado hasta profundos estados de trance fisiológico que muy pocas personas han vivido. De modo que una dimensión del desarrollo en la meditación implica profundidad. Como tendencia general, con el paso de los meses y los años, nuestra capacidad de alcanzar estados más profundos mejora.

Un segundo error sobre la meditación es que se trata de algo que solo puede practicarse sentado con las piernas cruzadas en el suelo en una habitación silenciosa. Por definición, la meditación es cualquier práctica que eleve de manera significativa el nivel base de la concentración de la persona, y un estado meditativo es cualquier estado en el que se esté extraordinariamente concentrado. De modo que cualquier situación en la que se cultive conscientemente la concentración es, por definición, un contexto meditativo.

Por ejemplo, se puede practicar la meditación mientras se habla con alguien, de una gran cantidad de modos diferentes. Podemos hacerlo concentrándonos intencionadamente en lo que vemos y oímos de esa persona, de una forma tan deliberada que entremos en lo que Martin Buber denomina una relación «yo-tú» con esa persona. Llamo a este enfoque *concentración en lo exterior*. Pero esta es solo una manera de meditar mientras se habla con alguien. Otro modo sería monitorizar, en un estado de alta concentración, las propias reacciones mentales y emocionales ante esa persona. Llamo a este enfoque *concentración en lo interior*. Una forma más de meditar al hablar con alguien sería crear deliberadamente una emoción de bondad amorosa en el propio cuerpo y, luego, disfrutar del expansivo sabor de la concentración extendiendo esa agradable sensación corporal por toda la habitación y envolver al interlocutor con nuestro amor. Llamo a este enfoque *positividad nutricia*. Aunque las estrategias específicas varían, en cada una de estas circunstancias la persona saborea conscientemente un estado de concentración.

También se puede meditar fregando los platos. Tienes que anclarte en el tacto físico del agua y los platos, junto con lo que ves y oyes relativo al lavado, el movimiento del agua y el repiqueteo de la vajilla. Entras en el estado de zona y te unificas con el agua y los platos (este es otro ejemplo de concentración en lo exterior).

El enfoque de la concentración en lo exterior posibilita entrar en un estado meditativo mientras se conduce en medio del tráfico. Pones toda tu atención en lo que resulta relevante para la conducción, como las señales de la carretera, los sonidos de los otros coches y las sensaciones del cuerpo físico al conducir —el tacto del volante, el tacto del asiento y el vínculo físico con el coche—. De este modo puedes entrar en un estado profundo y seguir conduciendo de manera segura —ciertamente, más segura que como conduce la mayoría de la gente—. En este caso, tu práctica meditativa es el modo en que conduces. Estás plenamente concentrado en lo que ves, lo que oyes y lo que sientes al conducir.

Investigaciones rigurosas realizadas por miembros del movimiento de psicología positiva han mostrado que el estado de concentración es intrínsecamente gratificante, y que la gratificación es independiente del *contenido* de la propia experiencia. Experiencias aburridas, incluso dolorosas, pueden volverse interesantes y agradables cuando se experimentan en un estado de intensa concentración. Esta elevación intrínseca asociada a la meditación se denomina a veces, coloquialmente, *estado de fluidez* o *estado de zona* (aunque de la manera en que yo formulo la meditación, la palabra *fluidez* tiene un significado diferente).

Al crecer tu experiencia, en algún momento llegas a un punto en el que estás tan presente que hay una especie de fusión de lo interior y lo exterior. Cuando ocurre esto, la concentración se convierte en algo más que en una experiencia extremadamente interesante y agradable; pasa a ser una experiencia espiritualmente transformadora. Comienzas a tener una intuición de la naturaleza de la unidad. Empiezas a atravesar una de las ilusiones más importantes, la de la separación existente entre lo interior y lo exterior. Es de esperar que, en algún momento, algo tan mundano como fregar platos se convierta en un vehículo para cultivar la transformación espiritual y expresar esta transformación.

De manera que la meditación no es solo algo que se practica en un cojín especial o en una postura en particular; se puede entrar en un estado meditativo en el curso de cualquier actividad ordinaria.

Con la combinación de la práctica formal en quietud y silencio, la práctica formal en movimiento y la práctica informal en la vida cotidiana, tus habilidades meditativas crecen en dos dimensiones. Por una parte, pasas a tener disponibles estados meditativos cada vez más profundos. Por otra parte, puedes mantener estos estados en el curso de actividades cada vez más complejas de la vida. Podemos referirnos a la primera dimensión del desarrollo como *profundidad* y a la segunda como *amplitud*.

Finalmente, tiene lugar una maravillosa inversión de la relación figura-fondo. Al comienzo, la meditación es algo que ocurre dentro del día. Finalmente, el día se convierte en algo que sucede dentro de la meditación. En niveles avanzados de la práctica, las dimensiones de la profundidad y la amplitud se unen. Experiencias verdaderamente profundas ocurren constantemente a lo largo de tus actividades diarias. O, dicho de manera más exacta, tus actividades diarias surgen constantemente de lo Profundo, y allí retornan.

La mayoría de las personas necesitan tiempo para alcanzar este nivel. Aprender a meditar es, en algunos sentidos, análogo a aprender a conducir un coche. Se tiene que empezar en un aparcamiento vacío donde todo es sencillo y no se reciben presiones. La práctica formal estando quieto, como la meditación sentada, sería como practicar en el aparcamiento vacío. No obstante, con el tiempo se interiorizan las habilidades de la conducción y se puede conducir por una carretera secundaria tranquila. La práctica formal en movimiento, como la meditación caminando, es esa carretera secundaria. Finalmente, conducir se convierte en una segunda naturaleza; exige poco pensamiento y poco esfuerzo. Sencillamente, subimos al coche y la conducción tiene lugar por sí misma.

Al principio, la meditación requiere mucho esfuerzo. Tienes que pensar en lo que estás haciendo, y solo puedes entrar en un estado meditativo al sentarte y quedarte quieto, quizá con los ojos cerrados. Pero en algún momento la habilidad se convierte en una segunda naturaleza. Puedes atender los quehaceres de la vida y aun así permanecer en un estado meditativo, igual que puedes escuchar la radio mientras conduces por una autopista en una hora punta.

Así pues, a medida que tu meditación se vuelve más profunda, puedes lograr estados de concentración y tranquilidad cada vez más profundos. A medida que se hace más amplia, puedes mantener esos estados durante actividades cada vez más difíciles y complejas. Cuando la profundidad y la amplitud sobrepasan cierto punto crítico, te encuentras viviendo una vida iluminada.

ERRORES HABITUALES ACERCA DE LA CONCENTRACIÓN

Me gusta describir la concentración como la capacidad de centrarse en lo que se considera relevante. En términos espaciales, la concentración puede ser estrecha o amplia. Un ejemplo de concentración estrecha: puedes concentrarte en las pequeñas sensaciones de la respiración en tus fosas nasales. Un ejemplo de concentración amplia: puedes ser consciente de todo tu cuerpo a la vez.

En términos de tiempo, es muy positivo poder concentrarse en algo durante un período largo, pero también lo es aprender a degustar la *concentración momentánea*. Con esta última dejas que tu atención se desplace de un objeto a otro, pero saboreas *conscientemente* unos pocos segundos de alta concentración en cada uno de estos objetos. De manera que, en realidad, la concentración contiene cuatro subhabilidades: aprender cómo limitar la atención a pequeños sucesos sensoriales, aprender cómo abarcar de manera regular grandes sucesos sensoriales, aprender cómo sostener la concentración en algo durante un período extenso de tiempo y aprender cómo saborear un estado de concentración fugaz con cualquier cosa que azarosamente nos llame la atención.

A comienzos del siglo XX, el maestro birmano Mahasi Sayadaw se dio cuenta de que la concentración momentánea (*khanikasamadhi*) aplicada a cualquier cosa que aparezca espontáneamente podía ser tan potente como la concentración sostenida en algo. Esta comprensión le permitió desarrollar un modo característico de realizar la práctica del mindfulness. En esos tiempos, este método se conoció como *el método birmano del «satipatthana»*, pero hoy en día se llama simplemente *darse cuenta*. Este darse cuenta es hoy, probablemente, el enfoque más popular del mindfulness, tanto en Oriente como en Occidente. Pero cuando Mahasi comenzó a enseñarlo, produjo una considerable controversia. Algunos maestros de Tailandia y Sri Lanka afirmaron que «darse cuenta de cualquier cosa que surja» es indistinguible de un estado disperso y divagador de la mente. Mahasi indicó (en mi opinión, de forma muy acertada) que la concentración momentánea o fugaz es clave. *Darse cuenta* de una experiencia implica algo más que etiquetarla. Se utilicen etiquetas o no, darse cuenta de un suceso sensorial implica que se intenta saborear, de manera tangible, un estado momentáneo de alta concentración sobre ese suceso sensorial. Esta habilidad es especialmente útil para conservar la profundidad durante las actividades diarias complejas.

A menudo uno se encuentra ante ciertas resistencias en cuanto al papel de la concentración en el crecimiento psicoespiritual. Esto se debe a que la gente no logra apreciar las cuatro dimensiones del poder de concentración. Por ejemplo, a veces oigo afirmaciones como «la concentración no es necesaria para el mindfulness». Lo que quieren decir quienes declaran esto es que la capacidad de mantener la focalización espacialmente limitada durante un período largo no es un requisito necesario para la práctica del mindfulness. Esta afirmación es cierta. Pero alguna especie de concentración (aunque sea de tipo fugaz) se halla siempre implicada en el mindfulness. Además, las cuatro dimensiones de la capacidad de concentración son potencialmente útiles para esta práctica. Me gusta describir la concentración de forma amplia y, a la vez, exponer los matices oportunos. A mi modo de ver, el mindfulness sin concentración es análogo al agua sin humedad.

Para resumir, el poder de concentración podría describirse como la capacidad de focalizarse en lo que se considera relevante. Si lo relevante en un momento dado es experimentar plenamente el mundo externo, el poder de concentración nos permite focalizarnos en el exterior. Si lo relevante es comprendernos a nosotros mismos, solucionar un problema o ser creativos, el poder de concentración nos permite prestar atención a nuestro mundo interior y tener acceso a nuestros recursos creativos sin vernos perturbados por distracciones ambientales.

¿Es la meditación una actividad egocéntrica?

A veces, la gente critica la meditación por estar centrada en el propio yo. Abordemos este asunto.

La imaginación es muy poderosa, y la imagen arquetípica de la meditación es la de alguien sentado en el suelo en una postura divertida, con los ojos cerrados, quemando incienso y cantando «om». De modo que es fácil comprender por qué la gente puede considerar la meditación como un tipo de actividad egocéntrica, narcisista. La práctica formal en quietud silenciosa *parece* una retirada de la vida y un alejamiento de los demás.

Mi imagen personal de la meditación es muy diferente. Cuando pienso en ella, se me viene a la mente alguien que está en un gimnasio realizando un ejercicio intenso. Si haces ejercicio físico con regularidad, elevas el nivel base de la fuerza corporal. Si practicas la meditación con regularidad, elevas el nivel base de tu poder de concentración.

Cuando oigo decir que la meditación es egocéntrica o egoísta, no sé si echarme a reír o ponerme a llorar. Si piensas en esto, prácticamente cada momento de la existencia de casi todo el mundo tiene un carácter egocéntrico. En general, la experiencia de la vida implica una sucesión de momentos de identificación con el ego. La meditación nos equipa con las habilidades necesarias para romper esta identificación. De manera que su efecto a largo plazo es el *opuesto* al que la imagen arquetípica parece transmitir. Las personas que tienen éxito con la meditación experimentan una identidad elástica. Pueden cuidarse mejor a sí mismas, pero también pueden ampliar su identidad hasta incluir la unidad con los demás. Esta capacidad implica de manera espontánea el deseo de servir a los otros.

Este concepto nos lleva a otro modo de pensar acerca de la meditación. La meditación es algo que una persona hace para sí misma, pero es también algo que hace para que el mundo sea un lugar mejor y para estar al servicio de los demás. Esta polaridad fundamental se refleja en el vocabulario de las tradiciones de todo el mundo. En el hinduismo, se habla de *sadhana* ('trabajo sobre sí mismo'), que va unido a *seva* ('servicio a los demás'). En el budismo *theravada* tenemos *vipassana* ('observación') unida a *metta* ('bondad amorosa'). En el budismo *mahayana*, *prajña* ('sabiduría') está relacionada con *karuna* ('compasión'), y en el budismo *vajrayana* se habla de *prajña* ('sabiduría') y *upaya* ('compromiso y participación'). Un ejemplo del cristianismo sería el lema de la orden de los dominicos: «Medita para ofrecer a los demás los frutos de tu meditación».

La meditación para uno mismo

Veamos cómo la meditación es algo que hacemos para nosotros mismos. Dado que esta práctica mejora cualquier actividad, meditamos para nosotros mismos con la idea de obtener un tipo especial de fuerza. Podemos trabajar con más alegría y eficacia, actuar mejor en todos los sentidos, disfrutar más plenamente de nuestra comida, deleitarnos más con la música, y hay una elevación general del placer con el que experimentamos la vida.

Por ejemplo, si comemos de modo meditativo, tomar alimentos nos va a resultar mucho más agradable. Esto quiere decir que hay dos modos de experimentar una buena cena: uno es comer en restaurantes de alta cocina; el otro es aprender a estar totalmente concentrado en la comida que haya presente, sea cual sea. Incluso podríamos comer en restaurantes de alta cocina *y* estar totalmente presentes, y tener lo mejor de ambos mundos. De manera que toda nuestra vida queda magnificada por nuestras capacidades meditativas, y esto es algo que hacemos para nosotros mismos.

La meditación también puede ayudarnos a experimentar los inevitables dolores físicos y emocionales de la vida con menos sufrimiento, menos preocupación. Y puede asimismo ofrecernos un microscopio interno, por llamarlo así, con el que podemos explorar nuestra infraestructura en un nivel muy profundo, que no está disponible a simple vista.

La última meta personal de la meditación es lograr la felicidad independiente de las condiciones. Esta es una pretensión bastante audaz. ¿La felicidad independiente de las condiciones? Puede parecer que casi todo en la vida depende de condiciones. Tu salud es una condición, tu reputación es una condición, tu situación económica es una condición, tener comida para comer es una condición, tener aire para respirar es una condición, la capacidad de pensar es una condición... Cuando hacemos la afirmación de que la meditación puede proporcionar una felicidad que no depende de condiciones, estamos diciendo algo muy atrevido.

El mejor favor que podemos hacernos a nosotros mismos es llegar a un estado en el que nuestra felicidad ya no dependa de las condiciones. Puedes perder tu salud, puedes perder tu riqueza, puedes perder tu reputación, puedes perder incluso tu capacidad de pensar, y seguir siendo profundamente feliz.

¿Cómo es posible algo así? Esto es lo que veremos en profundidad en este libro. Pero la explicación rápida es que la felicidad independiente de las condiciones tiene lugar cuando vivimos una *experiencia sensorial completa*.

Tener una experiencia sensorial completa quiere decir experimentar algo en un estado de extraordinaria concentración, claridad sensorial y ecuanimidad. Cualquier suceso sensorial ordinario, cuando se experimenta completamente, se convierte en extraordinario y paradójico: su riqueza es máxima, pero su carácter de ser algo determinado es mínimo. Una experiencia completa de placer proporciona una satisfacción pura, pero tiene poca sustancia. Una experiencia completa de dolor es profundamente aguda, pero no es problemática. Una experiencia completa de deseo está carente de deseo. Una experiencia completa de confusión mental alimenta la sabiduría intuitiva. Una experiencia completa del ego te convence de que nunca has sido un yo.

Se trata de esto, en pocas palabras. El único modo de conocer una condición es a través de la experiencia sensorial —lo que vemos, oímos y sentimos dentro y fuera—. Las condiciones deseables crean experiencias sensoriales agradables. Las condiciones indeseables crean experiencias sensoriales desagradables. Las condiciones neutras crean experiencias sensoriales neutras. Pero *cualquier* experiencia sensorial puede, en teoría, constituir una experiencia completa. Y cuando tenemos experiencias completas, somos felices independientemente del contenido de la experiencia. La experiencia completa es una especie de metaplacer, un placer que al mismo tiempo unifica y trasciende el placer y el dolor.

Pero ¿la felicidad independiente de las condiciones es realmente algo bueno? Si tu felicidad se vuelve menos dependiente de las circunstancias objetivas, ¿significa esto que tenderás a mostrarte indiferente ante las circunstancias objetivas? En teoría podría suceder esto, pero un buen maestro no dejará que desciendas por este camino. ¡No, no, no…, *ni loco*! La sustancia de la iluminación puede ser la vacuidad, pero su función es proveer un lugar fuera de ti, un lugar a partir del cual puedas *de manera óptima* perfeccionar tu persona y mejorar gozosamente tu mundo.

El estado meditativo último empieza a manifestarse cuando comenzamos a tener momentos de experiencia completa durante el día. En una experiencia completa, el tiempo, el espacio, el yo y el mundo se repliegan en el *punto de quietud*. La creación y la Fuente de la creación están unidas. Soy consciente de que esto puede sonar inalcanzable, pero es algo que constituye una realidad cotidiana para decenas de miles de personas comunes y corrientes.

Así pues, la meditación es, en parte, algo que uno hace para ayudarse a sí mismo en muchos niveles, incluido el nivel último, que consiste en trascender el yo. Generalmente, la gente se identifica con sus pensamientos y sentimientos, sus mentes y sus cuerpos. La mente pensante y el cuerpo sintiente se convierten de este modo en una cárcel dentro de la cual pasa su vida la mayoría de la gente. La meditación hace posible trascender esta identidad limitada, de modo que la mente y el cuerpo se conviertan en una casa en la que puedas entrar y de la que puedas salir, más que en una cárcel en la que estás atrapado. Y ¿cómo puedes liberar tu mente-cuerpo? ¡Teniendo una experiencia completa de tu mente-cuerpo! Esta es una posible forma de ver el camino a la iluminación.

Meditación para los demás

Así pues, la meditación es algo que hacemos para nosotros mismos, por muchas razones legítimas. Nos ayuda mentalmente, nos ayuda emocionalmente, nos ayuda físicamente y nos ayuda a experimentar una identidad más amplia que nuestros pensamientos y sentimientos. En última instancia, nos permite saborear la felicidad independientemente de las condiciones. Pero la meditación es también algo que hacemos para los demás. ¿En qué sentido? Por una parte, cuando personalmente te vuelves más feliz y más pleno, la gente que está cerca de ti cosecha los beneficios. Y a medida que te vuelves más feliz y más pleno, te resulta más fácil y más natural ocuparte de los otros. Además, si realmente te va bien la meditación, serás capaz de tener una experiencia completa de las otras personas. Cuando experimentas a otro completamente, ya no es «otro». Se produce un cambio de perspectiva. Pasas de un paradigma yo-ello a un paradigma yo-tú. Esto, de manera natural, conduce a un sentido espontáneo de cuidado de los demás.

La mayoría de quienes realizan un curso de meditación tendrán que hacer frente a algunos retos: la mente que divaga, la tendencia a dormirse, la confusión, la incomodidad física, la intensidad emocional, etc. Las luchas y los fracasos que experimentas bien pronto en tu práctica te impregnan de un agudo sentido de la realidad y ubicuidad del sufrimiento. A su vez, esto planta las semillas del servicio compasivo y el compromiso posterior con los demás.

LA MEDITACIÓN AYUDA AL MUNDO

Todo el que desarrolla habilidades meditativas contribuye a corregir un fallo evolutivo básico que es responsable del inmenso sufrimiento innecesario que hay en este mundo. Este error fundamental infecta todas las dimensiones de la vida humana, desde el nivel interpersonal hasta el nivel internacional. Es tan universal y abarcador que los individuos no llegan a reconocer su ubicuidad. Como dice la expresión proverbial, los árboles les impiden ver el bosque y de ese modo olvidan que la mayoría de los problemas humanos no son más que expresiones concretas de este patrón general.

Este es el patrón general al que me refiero: se presenta una situación objetiva. Esta situación objetiva afecta a nuestros pensamientos y sentimientos subjetivos, y a partir de ahí damos una respuesta objetiva. Pasamos a la acción, de un modo u otro.

La situación objetiva puede ser cualquiera. «¿Debería mantener esta relación actual o dejarla?», «¿Qué deberíamos hacer acerca de esta desigualdad social o este asunto político?», «¿Qué tendría que hacer con mis enemigos personales, o qué deberíamos hacer con nuestros enemigos colectivos?».

La mayoría de las personas no mantienen una relación consciente constante con sus pensamientos y sentimientos subjetivos, ya que no tienen la capacidad de experimentar rabia, miedo, tristeza, pena y confusión sin sufrir. Cuando se presenta un problema objetivo, este produce estados mentales y emocionales subjetivos incómodos, y uno sufre. *Un rasgo destacado del sufrimiento es que distorsiona la conducta.* No puedes realizar el delicado acto de enhebrar una aguja mientras alguien está acercando una llama a tu cuerpo. Todo tu cuerpo se agita; el funcionamiento objetivo se distorsiona debido a tu sufrimiento interno. Del mismo modo, el acto delicado de la interacción humana está sujeto frecuentemente a las influencias distorsionadoras del (quizá subliminal) sufrimiento. Debido a este sufrimiento subjetivo, nuestras respuestas objetivas a las situaciones objetivas están lejos de ser óptimas, y a veces llegan a estar terriblemente distorsionadas.

Cuando las respuestas objetivas no son óptimas, siembran las semillas de nuevos problemas —nuevas situaciones objetivas que provocan sufrimiento—. Y respondemos por debajo de lo óptimo a esa nueva situación. Esto puede crear un bucle de retroalimentación que tiene el potencial de hacernos perder el control en cualquier momento.

Incluso en situaciones en las que el sufrimiento parece ser muy pequeño pueden añadirse influencias distorsionadoras. Por ejemplo, una norma cultural actual en los Estados Unidos es pasar del amor apasionado al amargo divorcio en tan solo cinco o diez breves años. ¿Cómo sucede esto? Sucede en el curso de docenas y docenas de pequeñas interacciones diarias, algunas de ellas un poco cargadas emocionalmente y unas cuantas muy cargadas. Cuando las interacciones que están desagradablemente cargadas no se experimentan de manera completa en ese momento, no son metabolizadas. Dejan un fantasma, un sufrimiento remanente que frecuenta el sótano de nuestra propia mente. El sufrimiento remanente se hunde en el subconsciente y distorsiona nuestras respuestas subsiguientes. Hacemos observaciones punzantes cuando no necesitamos más que responder. Gritamos cuando no necesitábamos más que ser un poco enfáticos. Mordemos cuando nos bastaba con ladrar.

El mismo ciclo destruye una relación aquí, una carrera allá; conduce a una guerra aquí, a una conducta violenta allá; lleva a una dictadura aquí, a una limpieza étnica allá. Este es el patrón básico en este planeta: los seres humanos no entienden cómo experimentar plenamente el dolor, esto es, sin sufrimiento. El sufrimiento distorsiona su respuesta a la fuente del dolor, y esta respuesta distorsionada puede conducir fácilmente a más dolor y, a partir de ahí, más sufrimiento.

He aquí un diagrama que resume el problema:

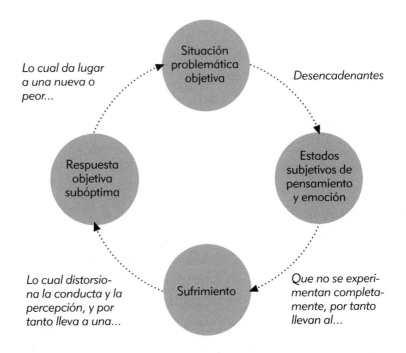

Figura 1

¿Qué lugar ocupa la meditación en todo esto? La meditación nos permite experimentar el dolor sin sufrimiento y el placer sin dependencias emocionales. La diferencia entre *dolor* y *sufrimiento* puede parecer sutil, pero es altamente significativa. Vayamos de nuevo a ello. Cuando el dolor físico o emocional se experimenta en un estado de concentración, claridad y ecuanimidad, todavía duele, pero de una manera que te afecta menos. En realidad lo sientes más profundamente. Es más punzante pero, al mismo tiempo, menos problemático. Más punzante significa que motiva y dirige la acción. Menos problemático quiere decir que deja de conducir y distorsionar las acciones. Comprendo que el solo hecho de leer estas palabras puede que no sea suficiente para clarificar el concepto. Pero mira atrás; quizá hayas experimentado algo así en el pasado. De otro modo, haber leído estas palabras aquí te ayudará a saber qué buscar en el futuro.

Comencé a meditar en los años sesenta, a partir de un lema que decía que tú eres «parte del problema o parte de la solución». Es una expresión muy buena, aunque quizá la comprensión corriente de ella –una exhortación a la corrección política– puede resultar algo limitadora. Hay una manera importante de que *todos y cada uno* nos convirtamos en parte de la solución de este planeta, independientemente de nuestra perspectiva política, y consiste en cortar el ciclo del sufrimiento y la distorsión. Este ciclo tiene un nombre: ley del karma. La meditación hace posible romper el ciclo del karma.

Imagina un leñador cuyo trabajo consiste en cortar muchos árboles, año tras año, pero que se niega a dedicar veinte minutos al día a afilar su hacha. Se pregunta por qué no puede cortar tanta madera como necesitaría y por qué es un trabajo tan duro. Nunca se da cuenta de que está usando un hacha desafilada, una herramienta que está en condiciones menos que óptimas. Si miramos el marco general, esta es la condición humana prevaleciente. La meditación afila el hacha de la conciencia, lo cual nos permite cortar el ciclo kármico, el ciclo del dolor que propaga el dolor.

Podría pensarse que los objetivos de la acción en el mundo exigen que pasemos por alto dedicar tiempo y energía a meditar. ¿Por qué sentarnos solos en una habitación mirándonos el ombligo cuando podríamos estar alimentando a los sin techo? La acción directa es buena, pero ella sola no es necesariamente el modo óptimo de aproximarse a la meta. Cuando estamos implicados en el camino del amor y el servicio, necesitamos cuidar de nosotros mismos, un recurso para evitar lo que llamo los «tres *outs*»: el *burn-out*, el agotamiento, cuando perdemos la energía y la motivación para ayudar; el *bum-out*, cuando sufrimos profundamente al ver que nuestros esfuerzos por ayudar no funcionan, y el *freak-out*, el descontrolarse, cuando respondemos de una manera distorsionada, quizá incluso exagerada.

Un buen ejemplo de cómo personas bienintencionadas pueden terminar distorsionadas por los tres *outs* puede hallarse en la historia de la religión. Una religión comienza a partir de un ideal noble, un camino de amor, pero en algún momento, con el paso del tiempo, termina creando inquisiciones, cruzadas, persecuciones, yihads y masacres, todo ello en nombre del amor de Dios. Obviamente, esto es perverso, así que ¿por qué suceden una y otra vez cosas como estas? A causa del mecanismo general que se ilustra en la figura 1. No es sino una versión en tamaño grande del mismo patrón, que se extiende a lo largo de períodos más duraderos y que afectan a más gente. Abarca siglos enteros, civilizaciones completas, pero se trata exactamente del mismo patrón. La gente comienza con una religión del amor, pero se indigna cuando alguien rechaza el amor que Dios ofrece gratuitamente. Estos fieles se sienten aterrorizados ante la idea de que los no creyentes puedan impedir la religión del amor y emocionalmente heridos cuando las bases de su fe son directamente cuestionadas. Su incapacidad de experimentar rabia, miedo y daño en un estado de concentración, claridad y ecuanimidad provoca que esas emociones distorsionen su percepción y su conducta, lo cual los conduce a odiar en nombre del amor.

A menudo, personas que comenzaron queriendo ayudar sinceramente llevan a cabo actos terribles. De modo que no basta con querer ayudar con sinceridad. Tenemos que capacitarnos para gestionar nuestras emociones de forma que podamos ayudar de un modo óptimo. La meditación es una herramienta que puede contribuir a que evitemos los tres *outs*, a que sirvamos de manera óptima a los demás durante toda nuestra vida y a que muramos sintiéndonos realizados.

◆◆◆

Así pues, la meditación nos proporciona la habilidad de vernos menos afectados cuando experimentamos dolor físico o emocional y más satisfechos cuando experimentamos placer físico o emocional. Esto, a su vez, influye en nuestra conducta, lo cual nos permite actuar de modos más hábiles. El dolor que no se convierte en fastidio deja de llevarnos adonde quiere, aunque continúa motivándonos. De modo similar, el placer que proporciona satisfacción deja de llevarnos adonde quiere, pero continúa motivándonos. Las acciones motivadas por el placer y el dolor, pero no conducidas por el sufrimiento y la frustración, tienden a ser acciones más hábiles, y las acciones hábiles tienden a crear circunstancias deseables, lo cual desemboca en más placer y menos dolor para uno mismo y para los demás. Así, la meditación revierte el profundo círculo vicioso que es responsable de tanto sufrimiento en este planeta. El efecto de la meditación de un individuo sobre el curso del mundo puede parecer pequeño —más pequeño que la proverbial gota en el balde de agua—. Cuantitativamente, puede que esto sea cierto, pero cualitativamente, en términos de profundidad, los meditadores saben que cada día forman parte de la solución fundamental a los problemas de este planeta. A medida que la gente interesada en la meditación sea cada vez más numerosa, el impacto de ese profundo efecto podrá poco a poco mejorar la calidad de vida a escala global. Lo sutil puede ser significativo.

3

EL MISTICISMO EN LA CULTURA MUNDIAL

D esde una edad muy temprana varios temas dominaron mi vida. Uno era que odiaba la idea de perder el tiempo. Mi noción del infierno era algo así como estar estancado en una fila haciendo cola, esperar en un aeropuerto a que despegue tu avión o cualquier otra situación que implicase un uso improductivo del tiempo. Pero después de aprender a meditar, me di cuenta de que nunca más perdería el tiempo porque, aunque estuviese esperando en una fila, podría utilizar ese tiempo para trabajar en la profundización de mi *samadhi*. Literalmente, podría utilizar cada momento del día, porque durante los ratos muertos en los que no estaba haciendo algo concreto podría emplear el tiempo para cultivar mi concentración.

Puesto que eran los años sesenta, otro tema en mi vida era que me gustaba «colocarme». Y el *samadhi* se convirtió para mí en una especie de «colocón» sorprendente: es legal, no cuesta dinero, se vuelve más profundo con el tiempo, es bueno para la mente y el cuerpo y sustituye la necesidad de consumir drogas. Y estaba disponible en cualquier momento que quisiera.

Aprender a llevar la experiencia del *samadhi* a mis actividades diarias revolucionó totalmente lo que pensaba de mi día a día. Cada jornada ofrecía ahora una serie de oportunidades para profundizar. Las actividades más complejas eran verdaderos retos: «¿En qué profundidad puedo permanecer cuando estoy cocinando, comprando o hablando con alguien?». Quería pasar más tiempo haciendo más profunda mi concentración. Me maravillaba cómo la tradición budista había creado una metodología que todo el mundo podía usar para mejorar sistemáticamente su concentración y vivir su vida conscientemente disfrutando un estado de concentración elevado. Como había experimentado esto totalmente en el contexto del budismo en Asia, a través de lenguas asiáticas, al principio pensé que esos estados solo se hallaban en el budismo.

Lo que sucedió luego fue interesante. Fui a una *sesshin*, o retiro zen. En Japón, estos retiros son considerablemente duros. Yo los llamo *campos de entrenamiento samuráis*. Cuando estábamos todos sentados para empezar la semana de entrenamiento intensivo, me di cuenta de que había otro extranjero. No cualquier extranjero, sino un sacerdote católico. Pensé que era totalmente inusual y bastante interesante que un sacerdote católico viniese a un retiro zen. También pensé que ese pobre tipo no debía de tener ni idea de dónde se estaba metiendo.

Sin embargo, me sorprendió inmediatamente al sentarse en una postura de loto perfecta y entrar en *samadhi*. Se puede decir cuál es la profundidad de la meditación de alguien por su manera de sentarse, y él se sentaba como un monje zen veterano. Durante un descanso, me presenté a él y descubrí que era un jesuita irlandés. Así es como conocí al padre Bill, a quien mencioné anteriormente, en el capítulo uno. El padre Bill pasó su vida como misionero en Japón. Pero era un misionero muy inusual, una especie de misionero «bidireccional». Había llegado al país para propagar el cristianismo, pero pensó que nunca podría hacerlo a menos que entendiese el alma de los japoneses. Y sintió que solo podría lograr dicha comprensión a través de la experiencia de la meditación zen. Cuando lo conocí, ya llevaba al menos una década practicando el zen, y había escrito varios libros, incluido el ya clásico *Christian Zen*. A través de esos libros, reavivó el interés en las técnicas de concentración sistemáticas en todo el mundo cristiano.

El padre Bill y yo nos hicimos amigos y supe que ya no veía su práctica zen como una mera ayuda para la comprensión cultural. Se había convertido para él en una manera de reconectar con algo que en la tradición cristiana casi se había perdido. Me explicó que durante muchos siglos había existido una rica tradición de meditación de concentración en el Occidente cristiano. El mismo estado de alta concentración que experimentábamos a través de la práctica del zen había constituido un rasgo central del cristianismo hasta hacía unos cuantos siglos. Esto me pareció impresionante, porque no tenía ni idea de que fuera del budismo existiera sistema alguno para cultivar ese estado, ¡y menos aún en Occidente!

La biblioteca personal del padre Bill en su residencia de Tokio me abrió aún más los ojos. Había libros sobre meditación y misticismo de muchas culturas distintas. Caí en la cuenta de que las técnicas para alcanzar estados de elevada concentración eran fundamentales en *todas* las tradiciones religiosas del mundo. *Todas las religiones del mundo tienen un núcleo meditativo*, al que a veces se denomina el aspecto místico o contemplativo de esa religión. De repente, caí en la cuenta de que mi propia experiencia personal en el budismo formaba parte de un fenómeno que es universal en los seres humanos.

Tres tipos de experiencia espiritual

De una manera general, hay tres aspectos de la experiencia religiosa o espiritual en todo el mundo. El primero es lo que llamo la *espiritualidad del pensamiento*. La gran mayoría de la gente tiene su experiencia religiosa centrada en conceptos, sistemas de creencias, oraciones, dogmas, fes, credos, etc. Esta es la forma más común de experiencia espiritual, porque los seres humanos adultos están muy centrados en sus procesos mentales. Esta forma de relación rígida con los conceptos se halla en todo país y toda religión del mundo. A veces los fundamentalistas de una religión terminan persiguiendo a los contemplativos de esa misma religión. Esto no es algo que sucediese solo en un pasado remoto; también ocurre en nuestro tiempo: los yihadistas tienden a perseguir a los sufís.

Muchos aspectos de la espiritualidad humana tienen un lado bueno y un lado no tan bueno. El lado no tan amable de la adhesión espiritual es que puede sacar lo peor de la gente, pero es también una manera fácil y natural de sacar lo mejor. No quisiera que pensases que estoy condenándola totalmente. De hecho, es una tendencia natural de los humanos, y como tal debería apreciarse, aunque probablemente no estimularse. Me tomo en serio las palabras del dramaturgo romano Terencio «*homo sum humani a me nihil alienum puto*» ('soy humano, y nada humano debería serme ajeno').

Al segundo tipo de experiencia religiosa la llamo *espiritualidad del sentimiento*. Se caracteriza por la devoción, la piedad y lo que podríamos llamar el corazón. Al fin y al cabo, los seres humanos no somos solo criaturas pensantes, sino también criaturas que sienten. La gente siempre ha tenido un sentido de lo que los romanos llamaban el *numen*, el misterio (aquello que es asombroso, impresionante). Experimentamos sentimientos de amor, temor reverencial y devoción respecto a la Fuente espiritual. Sentimos amor y devoción por Jesús o Krishna. La espiritualidad centrada en el sentimiento se denomina «piedad» en Occidente o *bhakti* en Oriente. En el planeta Tierra, actualmente, la mayoría de las religiones se basan en el sentimiento, en el pensamiento o en una mezcla de ambos.

Pero hay un tercer tipo de espiritualidad, que encuentro más interesante. El término técnico para designarla es *misticismo*. Desafortunadamente, en el ámbito coloquial esta palabra suele evocar algo oculto, extraño, vaporoso, de la nueva era, poco práctico u oscuro. Ahora bien, esto no tiene nada que ver con lo que los estudiosos de la religión entienden por misticismo, un vocablo que tomaron prestado del cristianismo. En el cristianismo, la espiritualidad centrada en estados de alta concentración se denominaba *teología mística*. Los eruditos entonces generalizaron el término para abarcar el fenómeno mundial. También podríamos llamar a este tipo de espiritualidad *conciencia cósmica* o la *espiritualidad de la iluminación*, aunque estas denominaciones pueden dar lugar a malentendidos.

Lo que diferencia el misticismo de la espiritualidad del pensamiento o del sentimiento es que implica el cultivo de una concentración elevada. En términos de las religiones organizadas en este momento de la historia, este tercer tipo de espiritualidad es claramente minoritario. Ahora bien, solo porque algo sea minoritario no quiere decir que no sea extremadamente importante. Relativamente pocas personas dominan las ecuaciones de física cuántica, pero esto no significa que la física cuántica carezca de relevancia.

Leí todo lo que pude en la biblioteca del padre Bill acerca de la espiritualidad tal como era practicada por los meditadores y contemplativos a lo largo y ancho del planeta. Me resultaba bastante asombroso descubrir que en todo el mundo y en todo período histórico había habido personas que vivían sus vidas en el estado de alta concentración que yo acababa de comenzar a descubrir. Empecé a percibirme vinculado con todas ellas. Era fascinante sentir que compartía algo profundo e importante con individuos que habían vivido hacía siglos y que tenían costumbres y creencias totalmente diferentes de las mías. Me di cuenta de que cuando practicamos la meditación nos estamos embarcando en un esfuerzo quintaesencialmente humano. La ciencia de la iluminación no pertenece a ninguna religión, cultura ni período; más bien pertenece a la humanidad como un todo y nos ayuda a conectarnos con nuestra naturaleza básica.

Un modo de rastrear el tema de la meditación en la espiritualidad mundial es a través del vocabulario. La mayoría de las tradiciones contemplativas del mundo tienen un término genérico que designa cualquier estado de concentración. Además, a menudo se utilizan vocablos específicos para describir distintas profundidades o niveles de concentración. Cuando tomamos los sistemas y los comparamos, observamos algunos paralelismos generales entre los sistemas contemplativos cristiano, judío, islámico, taoísta, budista e hindú.

Las tradiciones meditativas en las religiones abrahámicas

Empecemos por Occidente. La mayoría de los occidentales, sean judíos, cristianos o musulmanes, no tienen ni idea de que los miembros de sus tradiciones religiosas cultivaban activamente los estados meditativos en el pasado. Si les preguntases incluso a judíos, cristianos o musulmanes bien informados cuál es el término técnico de su religión para un estado en el que la mente se vuelve altamente concentrada, la mayoría no sabrían qué decirte. Pero estos términos existen y reflejan lo que una vez fue una rica tradición del cultivo de la concentración.

Según la Iglesia católica, hay dos tipos de oración. La primera es aquella en la que la mayoría de la gente pensaría hoy cuando oye la expresión *plegaria*: crear palabras e imágenes en la mente, y sentimientos en el cuerpo, acerca de Dios. Le hablamos a Dios, pensamos sobre Dios, sentimos una conexión emocional con Dios. Este tipo de oración se conoce técnicamente como *oración discursiva*, que quiere decir plegaria como discurso o conversación. El segundo tipo de oración se llama *oración no discursiva* o *plegaria silenciosa*. En ella, entramos en un estado de paz muy profundo y de alta concentración en el que no hay palabras. La plegaria silenciosa (*hesychia* en griego) es, en general, el equivalente cristiano a *samadhi*.

Otro término para la alta concentración en el cristianismo es *recogimiento*. Indica la acción de reunir, recoger; en otras palabras, concentrarse. Reunimos la mente dispersa; la «recogemos». De hecho, a un sacerdote católico se le exige recogimiento durante al menos un momento, incluso si no puede estar recogido en su vida diaria. Ese momento es cuando consagra la hostia. En otros tiempos, muchos cristianos querían no solo momentos esporádicos de recogimiento, sino poder vivir toda su vida en ese estado. Eso condujo al desarrollo de los monasterios.

Si estás familiarizado con la historia de Europa, probablemente sabrás que en una época los monasterios dominaron el paisaje del Viejo Continente. Solo una fracción de estos han sobrevivido. La mayoría fueron destruidos por guerras y revoluciones.

¿Cuál era la utilidad de esos monasterios? Básicamente, eran los centros de meditación del mundo medieval. El sistema monástico europeo fue fundado por san Benito. Según la tradición benedictina, la principal razón para entrar en un monasterio es alcanzar un estado de concentración sostenido (*recollectio*) y utilizarlo para transformarse radicalmente (*conversio*). Un monasterio es como un enorme mecanismo de retroalimentación en el que la vida de la persona se simplifica y no hay nada que hacer más que actividades que contribuyan a la concentración, como un trabajo físico sencillo, entonar cánticos, recitar plegarias, etc. Antes de la Contrarreforma (en el siglo XVI), lograr entrar en la oración silenciosa se consideraba fundamental para la vida cristiana europea. Y en el cristianismo ortodoxo oriental todavía lo es.

Son varias las obras que mejor ejemplifican la tradición meditativa cristiana. *Las moradas del castillo interior*, de santa Teresa de Jesús, monja carmelita española, es útil porque analiza la oración silenciosa en una serie de niveles bien definidos. Facilita la visión de los distintos puntos de referencia a lo largo de ese continuo y vemos, de manera general, cómo se corresponden con el sistema budista estándar de las ocho o nueve *absorciones*. Otro libro es *La nube del no saber*, de un autor inglés anónimo del siglo XIV, que proporciona una descripción poética muy hermosa del proceso meditativo. Finalmente, están los escritos del maestro Eckhart, un dominico del siglo XIII. Los escritos de Eckhart pasaron desapercibidos durante muchos siglos, pero actualmente se le considera uno de los grandes místicos cristianos.

◆◆◆

En la tradición judía, el término hebreo general para el estado de alta concentración es *kavanah*, que literalmente significa 'mantener la propia dirección'. El rabino del siglo xi Bahya Ibn Pakudha dijo algo que se hizo famoso: «La oración sin *kavanah* es como un cuerpo sin alma». En otras palabras, si asistes a todos los servicios religiosos y recitas todas las oraciones pero no permaneces en estado de recogimiento, descuidas el punto fundamental del judaísmo.

La tradición meditativa judía se halla en un cuerpo de literatura conocido como la cábala. Desafortunadamente, buena parte de lo que encontrarás en la cábala no es más que superstición y magia manipuladora, esto es, misticismo en el sentido insustancial de la nueva era. Por otra parte, si cavas hondo y sabes qué buscar, encontrarás algunas joyas auténticas. De especial importancia es la noción de *bittul ha-yesh,* ('la aniquilación de la quididad* en tu interior'). Según la cábala, si estamos dispuestos a atravesar esta aniquilación de la quididad, podemos tener una experiencia directa de lo que en hebreo se conoce como *bri'ah yesh me-ayin* ('cómo la Fuente crea las cosas de la nada, constantemente, instante a instante'). Como veremos más tarde en este libro, este es un tema central en mi formulación de la iluminación.

◆◆◆

En la tradición islámica, el principal modo de cultivar el estado de alta concentración es cantar y danzar, y los que lo practican son los sufís. Este modo de desarrollar una concentración elevada se llama *zikr* en árabe, que literalmente significa 'recogimiento'. Como todos los caminos de concentración profunda, el *zikr* finalmente culmina en un estado de concentración tan alto que uno se funde con las cosas, un estado que a veces se considera una *experiencia unitiva*. En la tradición musulmana,

---

* Del latín *quidditas*, la esencia o sustancia de algo.

esta experiencia unitiva se denomina *fana'* ('aniquilación').Hay dos tipos de *fana'*. El primero es el *fana' filsheikh*. *Sheikh* significa 'maestro' o 'anciano' en árabe. Cuando los estudiantes sufís danzan y cantan, el primer tipo de fusión que experimentan es con su maestro. Describiré el mecanismo que lo hace posible poco después en este capítulo. Finalmente, los sufís van más allá hasta experimentar el segundo tipo de *fana'*, el *fana' fillah*, que expresa la disolución en Alá, en la Fuente, en una unidad con Dios. De manera que también en el islam encontramos términos técnicos para los niveles de alta concentración y experiencia mística. Entre los sufís famosos están Rumi, Al-Hallaj y Al-Ghazali.

Como puedes ver, existe un rico vocabulario de términos técnicos en las tradiciones occidentales que describen estados de concentración y su impacto en la vida del practicante. Vayamos ahora a Oriente.

LAS TRADICIONES MEDITATIVAS EN ORIENTE

En el taoísmo clásico, el estado de alta concentración se llama *shouyi*, que significa 'abrazar al uno', o *zuowang*, 'desaparecer al sentarse'. La tradición meditativa taoísta se desarrolló en varias etapas. Primero vino la filosofía de la unidad ejemplificada en las enseñanzas de Lao-Tse y Chuang Tse. En este sistema, se llamaba Tao al *uno* místico. Alcanzamos el Tao sometiéndonos a las fuerzas fundamentales del universo, la expansión (*yang*) y la contracción (*yin*). Maestros posteriores desarrollaron una elaborada tecnología de ejercicios físicos que consta de tres pasos para facilitar este proceso. La primera esencia (*jing*) se transmuta en energía (*qi*). Luego, la energía se transmuta en espíritu (*shen*).

Pero ¿qué es la «esencia»? A veces significa sensación sexual, aunque más ampliamente puede referirse a cualquier experiencia sensorial «destilada», es decir, a cualquier sabor sensorial en el que nos concentremos plenamente –por ejemplo, el gozo emocional puro, el dolor físico puro o el puro placer de respirar–. Dicho de otro modo, la esencia de una categoría sensorial determinada se logra cuando solo hay ese sabor e impregna todo el ser de la persona. Tendemos a tener miedo de dejar que una única cualidad sensorial destile su esencia, incluso si es algo placentero como la sensación sexual. Tememos permitir que una única esencia sensorial impregne todo nuestro ser durante un período significativo de tiempo porque creemos que nos veremos completamente abrumados. Pero necesitamos no temer, porque muy rápidamente la esencia se transmuta en *qi*, y luego esta energía se transmuta en *shen*, ('espíritu').

Aunque las palabras suenan bastante distintas, la experiencia taoísta del *qi* y el *shen* se relaciona con la experiencia budista del *anicca* ('transitoriedad'). *Qi* y *shen* representan dos etapas en el proceso de establecer contacto con la naturaleza transitoria de un suceso sensorial determinado. Después de sostener una única cualidad sensorial en un estado de concentración un tiempo lo suficientemente largo (esencia, *jing*), se empiezan a percibir ondas y vibraciones sutiles en ese evento. Esas ondas y vibraciones son el *qi*. En un nivel más profundo, ese suceso sensorial se polariza en el yang puro y el yin puro. El yang puro es un tipo de flujo –espacio que se extiende sin esfuerzo–. El yin puro es un tipo de reflujo –contracción del espacio sin esfuerzo–. El propio espacio está simultáneamente expandiéndose y contrayéndose. Esto es *shen*. Lo que sucede guarda cierto paralelismo con algo que ocurre en el mundo material: una sustancia congelada puede convertirse en líquido (*jing*), luego en gas (*qi*) y finalmente polarizarse como plasma (*shen*). En otras palabras, lo que los budistas denominan transitoriedad, los taoístas lo consideran una energía que fluye siguiendo determinados patrones; una práctica llamada *neidan*, que significa 'alquimia interna'.

El término *neidan* tiene una historia interesante. Durante cientos de años, los taoístas persiguieron la inmortalidad física a través de la alquimia física. Pensaban que algunas sustancias, como el mercurio, podían transformarse en píldoras que otorgarían la inmortalidad. Este elixir de la inmortalidad mostró ser imposible, desde luego. Cuando se dieron cuenta de que no había nada en el mundo exterior que les pudiera dar la inmortalidad, tuvieron la idea de que quizá podría existir una alquimia interna, un elixir de la inmortalidad que pudiese hallarse en la experiencia sensorial.

Y efectivamente, así es. Dentro de cada uno de nosotros hay una especie de fuente eterna de la juventud que constantemente mana y se recoge.

◆◆◆

Visitemos ahora la India. Cuando se trata de enfoques sistemáticos, basados en principios, para desarrollar el poder de concentración, la India no tiene parangón. Podemos ver esto muy claramente en los *Yoga Sutras* de Patanjali,* un texto primordial en la tradición yóguica desde el siglo IV. Hoy pensamos que la palabra *yoga* designa cierto tipo de ejercicio físico, pero *yoga* es un término genérico que hace referencia a muchos tipos de prácticas, incluidos ejercicios espirituales.

El sistema de Patanjali para cultivar la concentración elevada se llama *raja yoga* (*raja* = 'real', 'regio'). El sistema del *raja yoga* contiene una primera descripción, muy clara, de los estados de concentración. También se denomina a veces *ashtanga yoga*

---

* Publicados en castellano por Editorial Sirio.

(*ashtanga* = 'de ocho pasos') porque describe un camino espiritual de ocho pasos. Los tres últimos pasos (o miembros internos) se relacionan directamente con el tema de este capítulo, porque describen distintos niveles y sabores de los estados de concentración.

Según el sistema del *raja yoga*, el primer paso en el continuo de la concentración es *dharana*, que literalmente significa 'sostener'. En el *dharana* se toma un objeto y se intenta concentrar la atención en él. El objeto de concentración puede ser cualquier cosa: la respiración, un sonido, una visualización, una flor, una persona... Cuando la atención se desvía, lo que inevitablemente sucederá, se vuelve a llevar suavemente al objeto. Cuando vaga otra vez, se la lleva de nuevo, una y otra vez. Este acto de recuperar la atención cada vez que se desvía se llama *dharana*. Estamos esforzándonos en *mantener* la atención en el objeto elegido.

Como dije antes, podemos comparar el proceso de desarrollar la fuerza de concentración con el proceso de ejercitar un músculo. Cuando ejercitamos un músculo, lo utilizamos para levantar un peso una y otra vez, y como resultado, el músculo se fortalece. La etapa de *dharana* es comparable a esto, excepto que en lugar de trabajar sobre la fuerza de la gravedad lo hacemos sobre la fuerza de la distracción. Cada vez que volvemos a llevar la atención al objeto equivale a una repetición del levantamiento de pesas. Es un trabajo duro, pero constituye una de las maneras principales a través de las cuales se construye el «músculo» de la concentración.

El segundo paso en el continuo de la concentración del *raja yoga* es *dhyana*. Esta palabra podría producir cierta confusión, porque se utiliza en el budismo de una manera similar, pero no idéntica. En el marco del *raja yoga*, *dhyana* es lo que viene después de haber pagado nuestras deudas, por así decirlo. Hemos traído nuestra atención una y otra vez a nuestro objeto de concentración, y finalmente la atención no se desvía, sino que se mantiene descansando tranquilamente en ese objeto. Esto es *dhyana*. En el estado de *dhyana*, aplicar la atención es como verter un ligero chorro continuo de aceite sobre un objeto, sin que haya discontinuidades en ese fluir. Es una suave corriente incesante de contacto con el objeto de nuestra concentración.

Una vez podemos hacer esto con un sonido específico, una sensación respiratoria u otra categoría sensorial, podemos extender esa capacidad a cualquier objeto. No es que tengamos que aprender el proceso de manera totalmente nueva para cada tipo de experiencia. Una vez que entramos en la fase de *dhyana*, encontramos que cuando estamos comiendo, por ejemplo, nuestra conciencia fluye de manera ininterrumpida hacia los sabores y las sensaciones corporales que constituyen el placer de la comida. Ahora bien, si al comer comenzamos a entablar una conversación con alguien, nuestra conciencia se desplaza de inmediato y fluye totalmente hacia esa persona. Cuando está hablando, no estamos enredados en nuestros propios pensamientos y sentimientos; en lugar de eso, hay un fluir constante de presencia y atención hacia ella. Cuando deja de hablar, volvemos a estar completamente absortos en los sabores de la comida que estamos tomando al dar el siguiente bocado. La conciencia se mueve fácilmente de objeto en objeto, pero independientemente de dónde descanse en cada caso hay un fluir de atención ininterrumpido. Esto es *dhyana* según Patanjali.

El tercer y último paso en el continuo de la concentración según el *raja yoga* es *samadhi*, que hace referencia a la experiencia unitiva. Una vez más, es posible confundirse con esta terminología, porque en el budismo *samadhi* se refiere a *cualquier* nivel de concentración, desde el más ligero hasta el más profundo. En el estado de *samadhi*, tal como se entiende en el *raja yoga*, no solo tenemos una concentración ininterrumpida, sino que realmente *nos convertimos en* la cosa en la que nos concentramos. Esto es lo que significa la expresión, que se oye a menudo, *hacerse uno con algo*. Tiene un aire «místico», pero hace referencia a una experiencia que encontramos por todo el mundo en aquellos que entran en el estado de alta concentración.

Voy a explicar, de una manera sencilla, cómo ocurre esto. Si observas cuidadosamente tu experiencia diaria, te darás cuenta de que cuando ves una flor o a una persona, o cuando das un bocado al comer u oyes un sonido, tu conciencia generalmente está dividida. Parte de tu atención fluye hacia la experiencia objetiva y parte de ella retorna a tus pensamientos y sentimientos subjetivos. En ese momento, esos pensamientos y sentimientos producen la sensación de un *yo* interno que experimenta *eso* externo. Pero imagina qué sucedería si, durante cierto tiempo, *toda* tu atención fluyese hacia *eso*, y no hubiera atención alguna que retornase a tus imágenes mentales, tu parloteo interior y tus reacciones emocionales y corporales. ¿Qué le sucedería al sentido del yo si estuviese separado de *eso*? El yo se desvanecería y solo estaría *eso* durante un tiempo. Al comienzo, podemos mantener esta fusión o unidad durante unos segundos solamente, pero los meditadores veteranos son capaces de sostenerla continuamente durante minutos, horas, incluso días.

El sistema del *raja yoga* distingue en realidad dos tipos de fusión: *sabija samadhi*, el *samadhi* «con simiente», y *nirbija samadhi*, el *samadhi* «sin simiente». Esta terminología puede sonar un poco extraña a los oídos modernos, pero hace referencia a algo muy concreto y bien definido. En el *samadhi* con simiente, todo sentido del yo desaparece, y solo queda el objeto de concentración brillando en la conciencia. Esto es lo que he descrito en el párrafo anterior. El objeto que queda es la «semilla», que sigue presente aunque el observador haya desaparecido por un momento.

El *samadhi* sin simiente lleva la concentración a un nivel incluso más extremo. En este estado, la conciencia fluye tan completamente hacia el objeto de concentración que no hay tiempo para fijar ese objeto como algo rígido, opaco y extendido en el tiempo y el espacio. En otras palabras, el objeto de concentración deja de ser un objeto, deja de ser algo. Para emplear una metáfora de la física moderna, el objeto deja de ser una partícula y se convierte en una onda. La forma de onda llena nuestra conciencia y nos convertimos en esa forma de onda, y somos esa onda. Al fundirnos con la onda, se une a todas las demás ondas del universo. Luego, la onda desaparece en una nada profundamente plenificante. Tanto el observador como lo observado desaparecen. Esto es el *samadhi* sin simiente: un directo morar en el punto de quietud del mundo que gira.

Este nivel de fusión es tanto increíblemente rico como estimulantemente vacío. Contiene la totalidad del universo y no contiene nada, ningún objeto concreto. De ahí que se llame *samadhi* sin simiente, *conciencia pura* o *verdadero testigo*.

Este es el desarrollo de la concentración tal como se describe en los *Yoga Sutras*. Pasamos del mero ejercicio de concentración (*dharana*) a estados de concentración constante (*dhyana*), y finalmente a la unidad con la Fuente no nacida (*nirbija samadhi*, 'sin simiente'). Si puedes saborear conscientemente momentos de *samadhi* sin simiente en la vida diaria, has alcanzado la etapa inicial de la iluminación.

◆◆◆

Veamos ahora el budismo. Aquí hallamos descripciones de un proceso de algún modo similar al que encontramos en los *Yoga Sutras*, aunque formulado desde una posición filosófica muy diferente. Tradicionalmente, el budismo divide los niveles de concentración en ocho estadios: cuatro *dhyanas* (absorciones con forma) y cuatro *arupyas* (absorciones sin forma).

Como recordarás, el budismo tiende a utilizar la palabra *samadhi* como un término genérico que hace referencia a cualquier estado de concentración, desde el *dharana* de Patanjali, pasando por su *dhyana*, hasta los estados *sabija* y *nirbija*. Esta diferencia en el uso lleva a veces a una gran confusión y a una discusión absurda e interminable acerca de qué camino llega más lejos. Afortunadamente, aquí no necesitamos preocuparnos por esto. A partir de ahora, a lo largo de toda esta obra, utilizaré el término *samadhi* en su sentido genérico, como hacen los budistas.

Observa que muchos budistas consideran la concentración como buena, pero no suficiente para adquirir una comprensión profunda. Contrastan la práctica de la concentración/calma con la práctica de la claridad/observación; las conciben como distintas. En el capítulo cuatro ahondaremos en esta distinción.

El chamanismo

Como he mencionado anteriormente, los expertos en religiones comparadas utilizan la expresión *experiencia mística* como una denominación general para lo que he estado describiendo hasta aquí en este capítulo. Hay muchos libros que intentan comparar la experiencia mística en las distintas tradiciones. Algo que encuentro interesante es el hecho de que algunos de los estudios clásicos más antiguos sobre misticismo comparado no mencionan las experiencias de los pueblos nativos, como los indios americanos, los aborígenes australianos, los africanos y los polinesios. Es un descuido sorprendente, considerando que la experiencia mística probablemente era más o menos similar en esas culturas preliterarias.

Consideremos la situación de nuestros antepasados lejanos —los seres humanos que vivieron antes del desarrollo de las ciudades, la literatura y la tecnología—. ¿Cómo caracterizaríamos su vida desde la perspectiva del mundo moderno? En mi opinión, durante la mayor parte de la historia humana la vida era sencilla e incómoda, y estaba llena de aspectos que la gente no podía comprender. Nuestra respuesta natural a la incomodidad física es buscar maneras de poder estar cómodos. Finalmente esto lleva al desarrollo de herramientas complejas y habilidades constructoras y al surgimiento de ciudades, sistemas de escritura y tecnología. De manera análoga, una respuesta al misterio de las cosas es tratar de averiguar cómo funciona todo esto, lo cual acaba por conducir al desarrollo de la ciencia. Gracias a siglos de investigaciones e inventos, podemos estar cómodamente en nuestras casas incluso en pleno invierno y no nos asombramos ante fenómenos como los eclipses, los truenos o el ciclo menstrual de la mujer.

Ahora bien, hay otra respuesta igualmente natural a la incomodidad física, y es *abrirse a la incomodidad*, más que luchar contra ella. Del mismo modo, en lugar de desesperarnos para encontrar respuestas, podemos soltar la necesidad de saber y abrirnos al misterio de las cosas. Esta segunda respuesta constituye el núcleo de la religión de los pueblos tribales, generalmente conocida como *chamanismo*. El chamanismo se describe a menudo como un intento de conseguir poder a través del contacto con el mundo de los espíritus. Pero lo que con frecuencia no se aprecia es que en la mayoría de las culturas el modo estándar de establecer contacto con el mundo de los espíritus es mediante pruebas físicas, algunas de las cuales pueden ser muy duras. *Las ceremonias chamánicas, como el temazcal o la danza del sol, proporcionan poder de concentración y fuerza de ecuanimidad.* Con *ecuanimidad* quiero decir una especie de aceptación desapegada y serena en la que se permite que el placer y el dolor se expandan y contraigan sin interferencias del yo. El efecto *combinado* de ambos a lo largo de toda una vida puede conducir, como resultado adicional, a la iluminación.

Supongo que la razón por la que los primeros estudios sobre misticismo comparado descuidaron mencionar las culturas nativas es que en estas culturas no hay un vocabulario técnico ni un modelo intelectual para la iluminación. La gente simplemente la experimentaba. Y probablemente la experimentaba con bastante frecuencia, porque todo en su vida ordinaria habría tendido a empujarla en esa dirección. Como la vida era sencilla, resultaba relativamente fácil entrar en estados de silencio mental y alta concentración. Mientras que los modernos luchan durante años con las complejidades de sus pensamientos errantes, los pueblos nativos podían, en líneas generales, concentrarse, después de tocar el tambor o cantar durante unas horas. Así pues, la simplicidad de la vida diaria tendería a hacer que entrar en *samadhi* fuera fácil para la gente. Ciertamente, podríamos decir que las técnicas de meditación formal utilizadas por los habitantes de las civilizaciones alfabetizadas no son sino una manera sistemática de hacer lo que nuestros antepasados lejanos hacían cada día de manera relativamente espontánea.

De modo que, entre nuestros antepasados remotos, una respuesta natural a su situación habría sido vivir en estados de alta concentración, ecuánimes ante la incomodidad y aceptando el hecho de no saber ciertas cosas. Otra respuesta habría sido adquirir más conocimiento y ganar en comodidad, pero eso dio como resultado una vida cada vez más compleja en la que el *samadhi* rara vez ocurría espontáneamente. Además, cuando nos fuimos habituando a la comodidad, perdimos la capacidad natural de habérnoslas con la incomodidad mediante la ecuanimidad. De manera que nuestros antepasados lejanos experimentaban dos fuerzas directamente opuestas. Con la fuerza expansiva, estaban motivados a efectuar descubrimientos y obtener comodidad. Los descubrimientos condujeron a la ciencia, y el deseo de lograr comodidad condujo a la tecnología. Con la fuerza de la contracción, entraron de manera espontánea en estados de entrega al Misterio para abandonar la necesidad de saber y entregarse a la incomodidad descansando en la ecuanimidad. Los estados de alta concentración combinados con el desapego de la mente y el cuerpo condujeron naturalmente a un estado de unidad con la naturaleza misma, una especie de contracción, hasta llegar a la simplicidad del Padre Cielo y la Madre Tierra. Dado que ambas direcciones son naturales, la situación ideal para los seres humanos se daría cuando ambas direcciones se armonizasen en una ciencia de la iluminación. Exploraremos este tema detalladamente en el capítulo once.

Así pues, aunque los pueblos nativos quizá no tengan términos técnicos para los distintos matices de la concentración, como sí hallamos en otras tradiciones, el hecho es que la experiencia estaba allí. Ciertamente, la ausencia de un vocabulario específico puede indicar que el *samadhi* no era un estado especial para ellos, sino parte de la vida diaria.

Los contextos seculares

Podría pensarse que el *samadhi* solo surge en un contexto espiritual, pero no es así. Se pueden alcanzar también *samadhis* seculares, que no tienen lugar dentro de un paradigma espiritual, pero que aun así constituyen caminos potenciales hacia la iluminación. Hay individuos que, a través de la práctica del arte —como tocar el piano, danzar o las artes marciales—, entran de manera espontánea en estados de concentración muy elevada. A lo largo de los meses y los años, este estado de alta concentración puede hacerse más profundo y atravesar todos los estadios estándar descritos por los místicos religiosos de todo el mundo. También se expanden y se encuentran entrando en estos estados incluso cuando no están cultivando su arte. Quizá al principio los experimentan tocando el piano y más tarde se dan cuenta de que entran en ellos en el curso de otras actividades de la vida cotidiana. Los deportes constituyen otro campo en el que a veces se entra en estos estados espontáneamente. La expresión utilizada en los vestuarios para designar el *samadhi* es *estar en la zona*. Por ejemplo, Ted Williams, a quienes algunos consideran el mejor bateador de todos los tiempos, dijo que cuando «entraba en la zona» su concentración era tan grande que podía ver los puntitos de la pelota cuando se acercaba a él a ciento sesenta kilómetros por hora.

Entre quienes desarrollan una alta concentración a través de una actividad secular, algunos van más allá del estado de concentración elevada. No solo se concentran totalmente cuando danzan, sino que, de manera palpable, saborean el estado carente de forma del no yo/gran yo mientras lo hacen. La danza, el danzador y el público desaparecen en una experiencia de espacio puro. La danza se manifiesta constantemente a partir del *samadhi* sin simiente —el punto inmóvil del mundo que gira—. El poeta T. S. Eliot describe esto de manera hermosa: «Si no fuese por el punto, el punto inmóvil, / no habría danza, y no hay más que danza».

Si una persona entra en el *samadhi* sin simiente mientras ejecuta algún arte, en rigor ya no lo está ejecutando. Es el universo el que se manifiesta a través de su arte. Si es capaz de reproducir ese estado en la vida diaria, su deporte o su arte puede describirse de manera legítima como un camino hacia la iluminación.

La más sofisticada teoría premoderna de la representación artística puede hallarse en el teatro *noh* del Japón medieval. Hay varias formas tradicionales de teatro japonés, pero el *noh* es la más antigua; se remonta al siglo XIV. El *noh*, y no el *kabuki*, es el verdadero teatro de Japón, y en muchos sentidos es notablemente análogo al drama griego clásico. Por ejemplo, hay un coro y los actores utilizan máscaras. Uno de los principales creadores de la teoría de la interpretación del *noh*, Zeami Motokiyo, habló de lo que llamaba la «Flor». Según él, la Flor es el epítome absoluto del arte, y muy pocas personas la alcanzan. La Flor es lo que acontece cuando confluyen el entrenamiento riguroso, el talento intrínseco y el no yo profundo. En ese punto, el arte ya no es una creación, sino una manifestación.

EL DESPERTAR ESPONTÁNEO

Las experiencias de iluminación pueden acontecer a veces sin ninguna práctica previa; tienen lugar por accidente, por así decirlo. En ocasiones, algunas personas entran en un estado unitivo o de no yo sin que lo hayan buscado deliberadamente. Por regla general, este estado desaparece tras unos minutos, unas horas o unas semanas. Esto se debe a que la mayoría de las personas no tienen el nivel base de concentración que se requiere para sostener la experiencia. También es posible que carezcan del marco conceptual que les permita entender lo que les está ocurriendo.

Por ejemplo, una vez oí hablar de una anciana con poca formación que tuvo una experiencia de iluminación importante. Como dijo: «Un día, simplemente me volví grande». Tuvo esta importante experiencia sin contar con ningún entrenamiento ni ningún marco conceptual, de modo que lo único que pudo comprender al respecto fue que se había vuelto «grande». En su caso concreto, fue permanente, pero es más habitual que las experiencias de no yo/gran yo desaparezcan al cabo de un tiempo.

Una vieja amiga mía, Flora Courtois, tuvo una experiencia de este tipo cuando estaba en la escuela. En su caso no desapareció, y estuvo muchos años intentando encontrar a otro ser humano que pudiera entender lo que le había ocurrido. Acudió a su sacerdote, quien no tenía ni idea de lo que le estaba sucediendo, y al psicólogo de su escuela, que tampoco tenía ni idea. Pasaron los años, y pensaba que era la única persona en el mundo que había cambiado de ese modo. Sin embargo, más adelante leyó algunos libros sobre el zen y conoció a algunos maestros zen, y se dio cuenta de que no era la única. Descubrió que había toda una tradición sobre ese estado, en todo el mundo, y una metodología completa para lograrlo. Puedes leer sobre ella en un librito que escribió, titulado *An Experience of Enlightenment* [Una experiencia de iluminación].

SENTIRSE COMO EN CASA EN CUALQUIER IGLESIA

La conciencia iluminada puede hallarse en el núcleo de toda tradición espiritual. Pero puede surgir también en contextos seculares, a través de actividades de concentración, como los deportes y el arte. Y a veces surge sin ningún cultivo especial;

sencillamente, le sobreviene a algunas personas. Mi objetivo en este capítulo ha sido sensibilizarte ante el hecho, más bien extraordinario, de que individuos que viven en épocas distintas y en lugares diferentes, y que tienen visiones del mundo totalmente dispares, describen una secuencia básicamente similar de etapas de la iluminación. Y la mayoría de estos individuos no se conocían entre sí. Isaac Luria, el cabalista judío que vivió en la Palestina del siglo XVI, nunca oyó hablar de santa Teresa de Jesús, y santa Teresa de Jesús ciertamente nunca oyó hablar del Buda, y ninguno de todos ellos había oído hablar de Lao-Tse. Sin embargo, podemos hallar una gran similitud en la forma en que describen sus experiencias. Al estudiar la experiencia mística en las distintas tradiciones y culturas, nos encontramos con dos hechos extraordinarios que resultan impactantes: primero, a pesar de las enormes diferencias culturales y filosóficas, los místicos describen sus experiencias de maneras bastante similares, segundo, estas descripciones le parecen ilógicas y paradójicas a la persona media.

Pienso que estos dos hechos implican que la iluminación es algo distintivo y universal en los seres humanos. El escritor inglés Aldous Huxley denominó a este fenómeno universal *filosofía perenne*. Me gusta esta expresión. *Perenne* quiere decir algo que vuelve constantemente, que aparece una y otra vez, en épocas distintas, en diferentes tradiciones y en culturas diversas.

Una de las grandes experiencias impactantes de mi vida fue tomar conciencia de la unidad esencial de la experiencia mística en todo el mundo. Para mí, fue como descubrir una especie de tabla periódica de los elementos, en sentido espiritual. Antes de eso, como mucha gente, estaba confundido por las variadas afirmaciones y doctrinas de las grandes religiones. Pero ahora puedo ver un principio unificador. Una vez que comienzas a tener experiencias místicas, puedes sentirte bien, como en casa, en la iglesia de *cualquiera*.

Tengo una enorme deuda de gratitud hacia el padre Bill por proporcionarme los libros que tanto ampliaron mi horizonte espiritual en un momento crucial de mi vida.

Resumiendo, cuando practicamos la meditación, estamos unidos a un fenómeno global que ha constituido una experiencia humana central en todo este planeta durante mucho tiempo. Cuando practicamos la meditación, estamos sentados en la cúspide de una gran pirámide que se extiende en el espacio y se remonta en el tiempo, y que nos une directamente a un linaje global que abarca a miles, quizá millones, de seres humanos extraordinarios, hasta llegar a nuestros antepasados prehistóricos. Saber esto me conmueve profundamente.

4

Calmar y clarificar

Hace muchos años, recibí una llamada telefónica de Bob Stiller, el fundador de Green Mountain Coffee Roasters, una compañía muy conocida en Nueva Inglaterra en ese momento y ahora en todo el mundo como Keurig Green Mountain. Me encantó cuando dijo que mi trabajo como maestro de meditación había llamado su atención. Me dijo que estaba interesado en el crecimiento personal y me preguntó qué me parecería enseñarles meditación mindfulness a él, a su familia, a sus empleados y —como un servicio público de la Green Mountain Coffee Roasters— al público en general, en el norte de Vermont.

Me sentí entusiasmado. La posibilidad de enseñar meditación en una empresa de tamaño medio, con el respaldo del presidente ejecutivo y todo su equipo directivo, era algo demasiado bueno para dejarlo pasar.

Pronto empecé a trabajar con los empleados de Green Mountain una vez a la semana, y los instruí en la meditación. El arquitecto que había concebido la planta para tostar el café, que en ese momento facturaba nueve millones y medio de kilos de café al año, se entrevistó conmigo para ver cómo crear una sala de meditación. Dos meses después, disponíamos de un hermoso *zendo* (sala de meditación) justo en el centro del Departamento de Recursos Humanos de la compañía. Empezamos a ofrecer retiros gratuitos al público en general.

Fue entonces cuando comencé a darme cuenta de algo divertido. Para mí, el café es un complemento natural de la meditación, porque me ayuda a mantenerme alerta. Cuando pienso en el café, pienso en cómo hace que mi mente permanezca clara. Es semejante al té, que fue introducido en Japón por los monjes zen para que los ayudase a permanecer despiertos durante largos períodos de meditación.

Ahora bien, he observado que esto es exactamente lo opuesto a lo que la mayoría de la gente asocia el café. Al público en general le parecía gracioso, si no un oxímoron, que una compañía de café ofreciese meditación gratuita para el público. La mayoría de la gente cree que el café provoca ansiedad e induce frenesí, mientras que la meditación significa relax, calma y tranquilidad. Parecen opuestos.

Si bien es cierto que concentrarse y tranquilizarse forma parte de la meditación, es solo la mitad de la historia. La otra mitad del proceso consiste en clarificar, esto es, observar, analizar y deconstruir la experiencia sensorial. Clarificar conduce a comprender. Este aspecto esclarecedor de la meditación se conoce técnicamente como *vipassana*. Una forma de pensar en la meditación es como la interacción dialéctica entre un aspecto de concentración que calma (*samatha*) y un aspecto que disecciona y clarifica (*vipassana*). Para simplificar, los llamaré la *parte que calma* y la *parte que clarifica*.

Cuando le comento a la gente que enseño meditación, su respuesta habitual es hablar de cuánto necesitan calmarse, relajarse y dejar el estrés a un lado. Muy rara vez me dicen cuánto necesitan adquirir la capacidad de discernir o analizar los componentes sensoriales de su experiencia. Nuestro arquetipo cultural de lo que implica la meditación está sesgado hacia el lado calmante del cuadro. Este es el lado que tiene sentido. Es algo más difícil entender cómo funciona el aspecto esclarecedor y por qué es también positivo. Así que analicemos el aspecto calmante un poco más, y luego veamos el aspecto esclarecedor, para terminar descubriendo cómo pueden operar juntos.

CONCENTRACIÓN Y CALMA

Para empezar, hay un lazo íntimo entre la experiencia de estar altamente concentrado y la experiencia de estar en calma y tranquilo. Las dos experiencias van juntas. A medida que la concentración se va acentuando, el cuerpo se relaja físicamente y las turbulencias emocionales se apaciguan. La actividad de las imágenes mentales disminuye, y uno se vuelve consciente de una especie de oscuridad reconfortante uniforme o un brillo agradable en el ojo de la mente. El parloteo mental también se reduce, y comienzan a experimentarse intervalos de silencio interior.

Así pues, los efectos calmantes acompañan al estado de concentración, y esto nos permite establecer una especie de bucle de retroalimentación positiva entre la calma, que se va volviendo profunda, y la concentración, que se va fortaleciendo. Cuanto más concentrados estamos, más experimentamos calma física y mental. Y cuanto más nos focalizamos en esos efectos calmantes agradables, mayor concentración logramos. Al profundizar más, el placer de los efectos calmantes se vuelve más intenso, lo cual nos motiva a centrarnos incluso de manera más intensa en ese placer, que produce más placer calmante todavía, algo que, a su vez, nos motiva para centrarnos, más deliberadamente incluso, en ese placer.

Es una espiral que se construye sobre sí misma; el placer de la calma y la atención unidireccional se refuerzan mutuamente en un bucle de retroalimentación positiva que nos lleva cada vez a una mayor profundidad. Este bucle de retroalimentación es el mecanismo que facilita el logro de unos estados profundos especiales conocidos técnicamente como *absorciones* (*jhanas*).

La primera vez que entré en un estado de concentración espectacularmente alto fue durante mi primer retiro zen en Japón. El retiro fue duro y exigente, y duró una semana. El primer día, la primera práctica sentada duró media hora, y al final me sentí fantásticamente bien. En la segunda, las piernas comenzaron a producirme una cierta incomodidad, pero todavía me sentía muy bien. Durante la tercera, las piernas me dolieron desde el principio hasta el final.

En la cuarta media hora del primer día, me di cuenta de que tenía un problema importante, porque estaba sintiendo un dolor intenso, hasta el punto de que mi cuerpo estaba temblando y sudando. ¡Y era solo el primer día! Como se trataba de un retiro zen, había una política de tolerancia cero hacia el movimiento (no se permitía cambiar la postura durante los períodos de meditación formal).

Por algún milagro, me las arreglé para resistir durante todo el retiro, y mereció la pena. Durante los últimos minutos de la última práctica sentada de media hora del último día, la incomodidad física había alcanzado niveles tan intensos que creía que iba a perder el conocimiento. Todo mi cuerpo temblaba, y estaba a un paso de echarme a llorar y gemir. No quería perder la compostura ante todo el mundo, así que empecé a gritarme a mí mismo en mi cabeza: «¡No eres un niño! ¡No llores! ¡No eres un niño! ¡No llores!», una y otra y otra vez. Fue terrible.

Y luego ocurrió algo espectacular. Entré en un estado increíblemente alterado que nunca antes había experimentado. Observé que el dolor era exactamente el mismo, pero ya no me importaba. La impresión era de energía que fluía. La voz en mi cabeza se detuvo por completo, por primera vez en toda mi vida. Realmente observé cómo se producía ese cambio. Primero, mi voz mental gritaba con todas sus fuerzas, y luego pasó a hablar en un tono normal. Después se convirtió en un susurro, y más tarde pasó a ser una débil insinuación. Y finalmente se produjo el silencio. Nunca en toda mi vida había tenido la experiencia del silencio interior. Cada minuto de dolor había valido absolutamente la pena, porque a partir de ese momento supe lo que era escuchar la ausencia de parloteo en mi cabeza.

Esta fue mi primera experiencia personal de uno de los efectos calmantes de la concentración. Mirando hacia atrás, me di cuenta de que el dolor hizo que me concentrase tanto que ello me llevó a experimentar un estado alterado. No había ningún lugar más al que ir. Me centré en el dolor porque no podía hacerlo en nada más. Pero esa concentración unidireccional provocó un estado de maravilloso descanso en mi mente verbal.

Todo mi cuerpo se relajó, aunque seguía sufriendo un gran dolor. Eso fue muy interesante, porque es lo opuesto de lo que habitualmente haría. Generalmente, el dolor hace que entremos en tensión, pero creo que me relajé porque estaba a punto de desmayarme. Cuando estás a punto de perder la conciencia, te «sueltas»: tu mente se vuelve ligera, tranquila, diáfana, y todo tu cuerpo se relaja. Aunque el foco de mi atención estaba en el propio dolor, también podían producirse efectos calmantes agradables en mi mente y mi cuerpo.

Esto ilustra el vínculo íntimo entre la fuerza de concentración y su impacto mental y corporal calmante y placentero. Por eso mismo se puede, en cierto sentido, obtener algo a partir de nada. Bueno, quizá no se pueda obtener algo de nada, pero desde luego se puede obtener algo muy grande a partir de algo muy pequeño.

Quiero decir que hay experiencias de descanso sutiles, fugaces, disponibles para todo el mundo, a lo largo del día: una relajación física, una ausencia de emociones corporales, una breve pausa en el parloteo mental y la oscuridad/claridad que hay detrás de los ojos cerrados. Estos son estados de descanso visual, auditivo y somático que están disponibles cuando sabemos qué buscar. La mayoría de la gente ni siquiera es consciente de que estos estados se están produciendo. Pero si los utilizas como objeto de concentración, el pequeño placer que generan se vuelve más pronunciado y más agradable. Cuando te concentras más todavía, se vuelve aún más acentuado, y se crea un ciclo de retroalimentación. Mediante la concentración, amplías esas experiencias agradables pequeñas y sutiles, y se convierten en algo que puedes disfrutar enormemente y que está disponible en cualquier momento. No es exactamente obtener algo de la nada, pero es obtener mucho de muy poco. Yo llamo a este enfoque *concentrarse en el descanso*. Permites que tu atención vaya alternando entre el descanso visual (la oscuridad/claridad que hay tras tus ojos cerrados, o una mirada hacia el exterior, pero desenfocada); el descanso auditivo (quietud mental o silencio físico), y el descanso somático (relajación física y tranquilidad emocional).

QUEDAR ATRAPADO EN UN BUEN LUGAR

Como hay una relación tan estrecha entre el placer de la tranquilidad y la capacidad de concentrarse, es natural que la gente busque la tranquilidad y la concentración como un fin en sí y por sí mismo. El objetivo último de este camino sería tener la concentración más profunda posible y la mayor tranquilidad placentera posible. Este tipo de dicha extática es nuestro arquetipo cultural de la meditación.

Pero esta visión presenta un problema *potencial*. Es un inconveniente del sendero de la concentración que no vive todo el mundo, pero sí es bastante común. En mi papel como maestro lo veo a menudo. Digamos que una persona ha estado meditando durante algún tiempo sobre un objeto sencillo de concentración, como la respiración. Cuando medita, se relaja y se calma mucho, el tiempo pasa rápidamente y se siente muy bien. Su práctica de la meditación le ha dado cierta satisfacción, y esto es genial.

El problema es que puede ser que no experimente ningún crecimiento notable más allá de este punto. Año tras año, me encuentro con este tipo de casos. La práctica de la meditación es agradable y útil para estas personas, pero no produce los resultados capaces de cambiar la vida que serían de esperar. Esta situación es un ejemplo concreto de un fenómeno general al que llamo *quedar atrapado en un buen lugar*.

Hay dos trampas principales que impiden alcanzar el más pleno potencial en el sendero meditativo. La primera es creer que el mapa es el viaje. Pensar sobre los caminos y hablar de ellos se convierte en un sustituto de la práctica sistemática de un camino. La segunda trampa frecuente es quedar atrapado en un buen lugar: el camino lleva a algo bueno, pero después de eso el crecimiento se ralentiza. Uno de mis principales trabajos como maestro es asegurar que eso no suceda. La tranquilidad que no logra madurar como comprensión es un ejemplo clásico del quedar atrapado en un buen lugar.

El problema está en concederle una importancia exagerada al aspecto de la calma sin enfatizar suficientemente el aspecto clarificador, lo cual conduce a una práctica desequilibrada. La persona permanece en un buen patrón que la sostiene, pero no hace grandes avances con el paso de los años. Su crecimiento es lineal, no exponencial.

Cuando veo esto en los estudiantes, les digo que hay buenas y malas noticias. La buena noticia es que entran en estados profundos. La mala noticia es que no están llevando una suficiente claridad sensorial a esas experiencias como para fomentar un crecimiento notable. Cuando les muestro cómo hacerlo, todo cambia. Su desarrollo personal arranca de nuevo y su práctica meditativa se vuelve mucho más profunda.

El Buda descubre el *Vipassana*

El Buda no era ninguna especie de dios ni de mito. Era una persona real, histórica, llamada Siddharta Gautama. Era un príncipe, hijo del rey del clan *sakia*, que vivía en lo que actualmente es Nepal.

Si eliminamos la mitología que lo rodea, podemos hacernos una idea bastante clara de cómo era en calidad de individuo de carne y hueso. En mi opinión, fue uno de los seres humanos más extraordinarios de todos los tiempos.

Aunque Siddharta Gautama vivió hace unos dos mil quinientos años, en muchos sentidos era esencialmente una persona moderna. Era racionalista, le quitó importancia al papel de la autoridad y era crítico con las desigualdades del sistema de castas tal como existía entonces. Fue el único líder religioso en la historia mundial que le pidió a la gente que no siguiera sus enseñanzas basándose en su autoridad. Este es un punto de vista muy moderno, igualitario y reconfortante.

Estas cuestiones relativas al Buda son muy impresionantes, pero creo que su contribución más importante es que fue la primera persona en la historia que articuló de manera clara un nuevo aspecto de la meditación. Como tiene lugar la relación de retroalimentación mencionada entre la calma y la concentración, la gente tendía a considerar la calma/concentración como la totalidad y el fin último. Creían que la meta del camino era lograr cada vez más concentración y profundidad en estados de absorción agradables.

Pero según los relatos tradicionales, el Buda descubrió *una habilidad de la atención totalmente nueva*. Halló que se puede utilizar para lograr profundas intuiciones acerca de uno mismo, incluso las comprensiones más profundas de la iluminación. Descubrió cómo desarrollar una especie de microscopio interno para observar cuidadosamente la naturaleza de la propia experiencia sensorial. Este descubrimiento aportó una dimensión totalmente nueva a la meditación: la dimensión de clarificar y desenredar. Clarificar y desenredar proporciona comprensión en temas fundamentales: la naturaleza del yo, la naturaleza del sufrimiento, la naturaleza de la unidad, quizá incluso la naturaleza de la naturaleza.

He aquí la historia tradicional acerca de cómo descubrió esta nueva manera de concentrarse: Siddharta Gautama nació en una familia real unos quinientos años antes del nacimiento de Cristo. Un astrólogo de la corte dijo que sería o un emperador que conquistaría el mundo o un gurú que cambiaría el mundo. Su padre, como era rey, hizo todo lo que pudo para animar a Siddharta a que se convirtiera en emperador, pero el joven príncipe vio que había mucho sufrimiento en el mundo. Conoció a algunos *shramanas*, personas que habían afeitado sus cabezas, usaban ropa especial y no participaban en actividades sociales, sino que se dedicaban, entre otras cosas, a prácticas ascéticas y meditaciones de concentración. Quedó muy impactado por la idea de hacerse *shramana* y trascender el sufrimiento.

Una noche, salió a escondidas del palacio de su padre con la idea de buscar un maestro de meditación. (Como he dicho, prácticas de concentración se hallan en todas las culturas, y había maestros de ese tipo a los que Siddharta podía recurrir). Su primer maestro, Aradakalama, le enseñó cómo entrar en un estado muy profundo de absorción y rapto. Siddharta era algo así como un prodigio espiritual. Tenía una enorme aptitud natural para la meditación. Era en las técnicas de meditación lo que Mozart en la música, Bobby Fischer en el ajedrez o Muhammad Ali en el boxeo. Era capaz de dominar en pocos meses técnicas que generalmente costaba años o décadas perfeccionar. Después de dominar el estado más profundo, absorto, gozoso y concentrado que su maestro conocía, Aradakalama le ofreció a Siddharta ser su comaestro.

Como ya he dicho, parte de la grandeza del Buda fue su actitud crítica. Se dio cuenta de que aunque en ese estado de profunda absorción no había sufrimiento, al salir de él volvía a estar presente. Al caminar en la vida cotidiana podía ver que las semillas del sufrimiento todavía estaban ahí. Su profunda concentración era extática, pero aun así no había producido una transformación fundamental en su ser.

Hay que decir en su favor que Siddharta reconoció este problema. Había logrado algo sorprendente, algo que parecía increíblemente bueno. Su maestro le dijo incluso que había logrado todo lo que se puede lograr. Pero él no iba a dejarse atrapar en

un buen lugar, de modo que buscó otro maestro, Uddaka Ramaputta, que conocía estados de absorción más profundos incluso.

Una vez más, Siddharta pudo dominar las técnicas de este
nuevo maestro muy rápidamente. Uddaka Ramaputta declaró
que su alumno había alcanzado todo lo que se puede alcanzar, y
le ofreció enseñar junto a él, como maestro. Aunque el nuevo estado de absorción que había aprendido era más profundo todavía que el primero, Siddharta se dio cuenta de que aún no había
transformado radicalmente su yo cotidiano.

Ya no había más maestros disponibles que pudieran mostrarle estados de concentración más profundos. De modo que
emprendió otras prácticas ascéticas: mortificaciones extremas,
ayunos prolongados, etc. Hizo esto durante varios años. Finalmente, tuvo el coraje de abandonar eso también. Estaba destro-
zando su cuerpo físico, arruinando su salud, y todavía sentía que
no había conseguido un cambio fundamental en su relación con
el sufrimiento.

En ese momento sintió que, aunque había aprendido algunas cosas importantes, había fracasado en su búsqueda. Así que
se sentó bajo un árbol y prometió no levantarse hasta lograr encontrar lo que estaba buscando.

Y lo encontró.

¿Qué descubrió? Según la historia tradicional, halló un paradigma totalmente nuevo en relación con el esfuerzo meditativo. Se dio cuenta de que el cultivo de la concentración y la calma
no era un fin en sí mismo y por sí mismo. Descubrió cómo *investigar microscópicamente en tiempo real la naturaleza de la experiencia
sensorial*, cómo romper la experiencia del yo en elementos sensoriales manejables. Esto lo condujo a una comprensión que arran-
caría de manera permanente la raíz del sufrimiento, no solo lo
suspendería momentáneamente a causa de un estado alterado.

Después de esto, la gente lo consideró un buda, que quiere decir 'aquel que ha despertado'.

Llamo a esta investigación microscópica de la experiencia sensorial *claridad sensorial*. Constituye la esencia de la meditación mindfulness, y es un método de transformación extremadamente potente.

ANALIZAR LA EXPERIENCIA SENSORIAL

El aspecto de la clarificación/comprensión de la meditación implica analizar la experiencia sensorial en sus componentes y luego seguir la pista a cómo interactúan esos componentes. Por ejemplo, si estás pasando por una experiencia emocional y quieres practicar la meditación, podrías decidir utilizar una meditación clarificadora y, paso a paso, analizar tu experiencia emocional en términos de elementos sensoriales básicos y sus interacciones.

Voy a ser más concreto. En un momento determinado puedes tener sensaciones de tipo emocional en tu cuerpo *o* no tenerlas. Por sensaciones de tipo emocional quiero decir por ejemplo los ojos llorosos a causa de la tristeza, la mandíbula tensa a causa de la rabia, el estómago revuelto a causa del miedo, una sonrisa de placer en el rostro, un interés entusiasmado que sientes en todo el cuerpo, etc. Estos tipos de sensaciones corporales son componentes importantes de cualquier experiencia emocional.

Las imágenes mentales son un segundo componente. Mentalmente, ves el escenario, la gente, la situación. Tienes imágenes mentales de la apariencia de tu cuerpo y del lugar que te rodea. Revives el pasado o fantaseas sobre el futuro. De manera que la «actividad imaginativa» es un componente importante en la experiencia de una emoción.

Y en tu cabeza, te oyes a ti mismo u oyes a otros hablar, ensayas lo que vas a decir o le das vueltas a lo que se ha dicho. Tienes juicios y racionalizaciones, y surgen en la conversación interior. A este tipo de pensamientos los llamo *actividad parlanchina*.

Los tres componentes básicos de cualquier experiencia emocional son la imaginería mental, el parloteo mental y las sensaciones corporales de tipo emocional. Para describirlo de manera rápida, a veces me refiero a las imágenes mentales como *ver interior*, al parloteo interno como *oír interior* y a las sensaciones corporales de tipo emocional como *sentir interior*.

Así pues, si estás pasando por una experiencia emocional, puedes deconstruirla en tres componentes: imágenes mentales, charla interior y sensaciones corporales emocionales. Pero ¿qué ocurre cuando no estás atravesando una situación especialmente emocional? ¿También están presentes estas tres categorías? Sin duda. Esta es la belleza de todo este asunto. *Cualquier* percepción del yo implica uno de estos componentes o una combinación de ellos. Los antiguos griegos decían «conócete a ti mismo», pero en realidad el autoconocimiento tiene muchos niveles. Puedes conocerte a ti mismo en términos de tus patrones personales. Esto es bueno. Pero también puedes conocerte como un sistema sensorial interno. Esto también es bueno.

En cualquier momento, o tienes una imagen mental o no tienes ninguna (existen estas dos posibilidades). En ese mismo momento, para *cada una* de esas dos posibilidades dispones de otras dos: o tienes parloteo mental o no. Haz tú mismo los cálculos. Ahora tenemos cuatro (2 x 2 = 4) posibilidades lógicas para cualquier instante dado. Pero en el mismo instante, para *cada una* de esas cuatro posibilidades o tienes alguna emoción corporal o no la tienes, lo cual multiplica las posibilidades otra vez por dos, y da lugar a un total de ocho (4 x 2 = 8) estados básicos: tres ocurrencias simples (imagen mental, charla mental, emoción corporal); tres posibles pares de ocurrencias (dos de ellas al mismo tiempo), y dos posibles situaciones extremas (los tres componentes internos están activos al mismo tiempo o los tres componentes internos están inactivos al mismo tiempo). Por tanto, podemos analizar cualquier estado subjetivo en ocho patrones constituyentes básicos. Esto representa una visión algo simplificada, porque cada uno de los constituyentes internos puede activar un continuo que va desde el descanso total hasta la máxima intensidad posible. Pero, para simplificar, podemos representarlos utilizando una aproximación binaria basada en el *encendido* versus el *apagado*. Generalmente estamos preocupados por el *contenido* de nuestra experiencia subjetiva, el cual, desde luego, puede ser enormemente complejo. Pero la *composición* básica es considerablemente sencilla si la modelamos como tres variables binarias que producen un total de ocho (2^3) estados básicos. Clasifiquemos estas ocho posibilidades:

Tres ocurrencias individuales

1. Imagen mental.
2. Charla mental.
3. Emoción corporal.

Tres ocurrencias emparejadas

4. Imagen mental y charla mental.
5. Imagen mental y emoción corporal.
6. Charla mental y emoción corporal.

Dos extremos

7. Las tres actividades al mismo tiempo.
8. Las tres descansando al mismo tiempo.

Si monitorizas tu experiencia interna (memoria, planificación, fantasía, pena, voluntad, deseo, solución de problemas, juicio, convicción, confusión, etc.) en términos de estos ocho estados básicos, observarás algo notable. Cuando los tres elementos se activan fuertemente, la percepción *soy una cosa separada* es muy intensa. Pero si solo uno o dos se activan suavemente, la percepción *soy una cosa separada* se reduce bastante. Y lo más sorprendente de todo es que de vez en cuando el sistema interno se desconecta de forma espontánea, lo cual hace que el sentido del yo separado se desvanezca. Algo que fluctúa con el tiempo es una onda, no una cosa. Y algo que se desvanece y reaparece no puede pensarse que es una entidad permanente. Si hay algo que permanece, es la Nada de la cual surgen los fenómenos sensibles y a la cual retornan. Diré más sobre esto en el capítulo nueve.

Al principio, seguir la pista de los ocho estados puede resultar bastante complicado. Puede intranquilizarte. Tal vez no sientas que sea algo tan «profundo» como la meditación se supone que es. Y puede requerirte mucho esfuerzo. Así que puedes preguntarte, razonablemente: «¿Por qué preocuparse? ¿Por qué no centrarse en estados de serenidad agradables o en algo simple como la respiración?».

He de señalar que el aspecto clarificador de la meditación ofrece una recompensa importante y potente. La recompensa es que conduce a experiencias de comprensión intuitiva, del tipo «ajá».

Algunas de estas intuiciones son triviales. Por ejemplo, puedes descubrir que, cada vez que estornudas, un músculo determinado de tu espalda se contrae. Antes no lo sabías, pero te diste cuenta porque estabas prestando una gran atención a la experiencia sensorial. Una comprensión así es insignificante, pero hay otras que pueden ser muy profundas, como la relativa a la diferencia entre el dolor y el sufrimiento, o la toma de conciencia de que no estás separado del resto del mundo o que lo que crees que eres «tú» no es lo que parece ser. Estas comprensiones son asombrosamente profundas y cambian para siempre la experiencia que se tiene de la vida.

Para emplear una humilde analogía relativa al aspecto clarificador de la meditación, pensemos en un cubículo de oficina. Imagina que tienes una mesa y hay montones de papeles apilados en ella. No solo tienes una cantidad enorme de trabajo por hacer sino que, además, el sistema está completamente desorganizado. Te encuentras ante una montaña de papeleo y no sabes qué va con qué.

Una buena manera de abordar esta situación es establecer algunas categorías para los papeles. Por ejemplo, podrías dividirlos en entrantes, salientes, pagaderos y por cobrar. Dispondrías una bandeja para cada categoría y pegarías la etiqueta adecuada en cada una de ellas. Luego, ordenarías los papeles, de uno en uno, colocando cada uno en la bandeja correspondiente. Así habrías analizado el montón de papeles en sus componentes constituyentes.

Ahora no solo está limpia y organizada tu mesa, sino que, además, puedes empezar a trabajar. Incluso puedes tener alguna comprensión mientras realizas el proceso analítico mencionado. Por ejemplo, si al ordenar los papeles te das cuenta de que la bandeja de pagaderos está mucho más llena que la de pendientes de cobro, ¡tal vez tengas que replantearte tu modelo de negocio! Has tenido una comprensión profunda de la corriente de ingresos de tu empresa.

La razón de que esta metáfora parezca tan obvia es que constantemente hacemos este tipo de clasificación o análisis en nuestro mundo externo. Categorizar y etiquetar es un proceder mundano y extremadamente útil en nuestras vidas diarias. Nada funcionaría si no hiciésemos esto. Sin embargo, prácticamente nadie utiliza esta técnica tan eficaz para limpiar y ordenar su mundo *interno*.

A veces llamo a este aspecto clarificador la estrategia «divide y vencerás» del *vipassana*. Los antiguos romanos utilizaban la frase *divide et impera* para describir su estrategia consistente en romper una aglomeración de fuerzas enemigas en unidades más pequeñas que pudieran ser derrotadas individualmente. Si disculpas mi empleo de una analogía marcial en este contexto, creo que esta frase describe de manera clara, y en pocas palabras, cómo opera el *vipassana*.

Dividir una experiencia compleja en sus componentes hace que sea más fácil entenderla, lo cual nos proporciona cierta comprensión. También fragmenta una experiencia difícil en trozos más pequeños, menos complicados de manejar individualmente. Y eso hace que sea más fácil hacerle frente. Esta capacidad de hacer la experiencia vital tanto comprensible como manejable es el tipo de «conquista» que nos permite el *vipassana*. Lo que se conquista es el sufrimiento y la conducta distorsionada que procede de él. Si *divide y conquistarás* te suena demasiado imperialista y violento, una descripción alternativa de lo mismo es *desenrédate y sé libre*. Personalmente, me gusta la expresión *divide y conquista* porque la usan los científicos y los programadores informáticos.

◆◆◆

Aunque hay ciertas divergencias entre los estudiosos modernos respecto a este punto, según la narración tradicional, el Buda descubrió un modo nuevo de meditar que implicaba clarificar y desenredar la experiencia sensorial. Los estados de calma y concentración se cultivaban ya de manera sistemática en la India antes de la época del Buda. También el ascetismo se practicaba mucho antes de sus innovaciones. La idea original en el ascetismo era que cuanto más paciente puedas ser con el dolor, más profunda será la purificación de tu alma. El Buda probó esas prácticas ascéticas, pero finalmente abandonó el ascetismo por un paradigma similar, pero más amplio, más profundo y más refinado: la ecuanimidad. Cuanto mayor es la ecuanimidad que llevas al dolor (¡o al placer!), más purifica la conciencia. En este contexto, la ecuanimidad hace referencia a una relación con la experiencia sensorial: el abandono del deseo ansioso y la aversión en cada experiencia; la capacidad de permitir que todas y cada una de las experiencias se expandan y se contraigan, sin interferir. De modo que, en términos de estrategias de meditación, el Buda realizó dos grandes descubrimientos originales: el poder liberador de la claridad sensorial y el poder purificador de la ecuanimidad.

SAMATHA Y VIPASSANA

Como hemos visto, las nociones de concentración y calma se relacionan de manera natural. Sería útil tener una única palabra que se refiera a la calma y la concentración como esfuerzo integrado. En el budismo, esta palabra existe: es *samatha* en pali, *shamatha* en sánscrito. Resulta muy revelador ver cómo se traduce este término al tibetano. La traducción tibetana es *shi-gnas* (se pronuncia algo así como *shinei*). *Shi* significa 'calma' y *gnas*, 'morar'. El *gnas*, o la parte consistente en morar, puede interpretarse como la capacidad de mantenerse o concentrarse, y la parte calmante o tranquilizante es *shi*. En pali, *samatha* combina las nociones de concentración elevada y de calma gozosa en una única palabra.

A modo de contraste, hay un vocablo, *vipassana* en pali (*vipashyana* en sánscrito) que hace referencia al aspecto clarificador de la meditación. *Vipassana* es un término rico, que combina tres nociones relacionadas en una única palabra. *Passana* se traduce literalmente como 'ver'. El prefijo *vi* significa dos cosas: 'aparte' y 'a través de'. Por tanto, en primer lugar, *vipassana* se refiere a distinguir o separar las cosas en sus componentes (partículas). Este es el aspecto analítico o «diferenciador». En segundo lugar, significa empapar la conciencia en esos componentes hasta ver su naturaleza más profunda, que consiste en que no son más que vibraciones del espacio (ondas). Los *sayadaws* (maestros de *vipassana*) birmanos describen a veces este aspecto «diferenciador» como *penetrar* cada suceso sensorial en el momento en que surge. En tercer lugar, el *vipassana* da como resultado el «ver dentro» en calidad de comprensión discriminadora de lo analizado; es el cambio de paradigma que tiene lugar cuando se diferencia suficientemente entre lo observado y se penetra lo bastante en ello.

Así pues, el budismo caracteriza tradicionalmente la meditación en términos de dos aspectos que contrastan, pero que se complementan mutuamente: *samatha* versus *vipassana*. Pero quiero enfatizar que este es uno de los muchos modos de analizar la práctica de la meditación, un modo tradicional que es conveniente conocer. Una forma alternativa de pensar en la meditación es en términos de tres componentes: la concentración, la claridad sensorial y la ecuanimidad. Y aún hay otra más: pensar en ella como la percepción de un tipo de perfección primordial que siempre está ahí, de modo que no se necesita meditar (¡aunque conviene hacerlo de todos modos!). Hablaré de estas otras formulaciones más adelante.

El énfasis budista en el cultivo de la claridad sensorial sistemática supone una innovación única en la historia de la espiritualidad mundial. Por eso, a veces puede haber un prejuicio en el budismo contra el aspecto calmante y relajante de la meditación, conocido técnicamente como *absorciones*. Los maestros no hacen caso de tales prácticas, pues afirman que las prácticas de absorción «nunca te llevarán a ninguna parte». Pero esto no es cierto. Los dos aspectos de la práctica que son el *samatha* y el *vipassana* no están en conflicto. Se ayudan y refuerzan mutuamente. No obstante, la mayoría de la gente comienza con uno u otro aspecto.

Puedes trabajar con la experiencia sutil del descanso del yo mente-cuerpo, que es una manera inteligente de meditar. Entras en absorciones profundas y agradables en meditación, y esto hace que los sentidos parezcan porosos, ligeros y abiertos. Hacer *vipassana* sobre una experiencia así atenuada conduce a la comprensión intuitiva de la transitoriedad, la vacuidad y el no yo... ¡y resulta agradable para empezar!

Por otra parte, puedes trabajar con la experiencia activada, solidificada, del yo mente-cuerpo. Puede parecer obvio que se prefiera empezar con el yo mente-cuerpo en calma y relajado, influenciado por *samatha*, pero no siempre es así. Algunas personas no se sienten atraídas hacia el puro aspecto *samatha* de la práctica. Debido a su personalidad, sus preferencias, sus experiencias o a alguna otra razón, se decantan más por *vipassana*. Además, el *vipassana* tiene la ventaja de que puedes practicarlo en cualquier situación. El *samatha* (al menos al comienzo) requiere que dispongas de una habitación silenciosa, que tengas tiempo para relajarte de verdad, que no haya circunstancias en tu vida que te estén afectando demasiado, etc. El *vipassana*, por otra parte, es compatible con cualquier contexto. Puedes practicarlo perfectamente en un concierto de *rock* o mientras conduces para ir al trabajo. No tiene la cualidad de «flor de invernadero» que a veces se asocia con la práctica inicial del *samatha*.

Comenzar con cualquiera de los aspectos de la meditación tiene sus ventajas. Si te resulta imposible lograr estados de calma, por cualquier razón, no importa, ya que puedes sentarte, tal como estés, y empezar a aplicar el aspecto *vipassana* de la práctica. La aplicación del *vipassana* sin el intento previo de desarrollar el *samatha* se llama a veces *vipassana* «seco». No está diluido por el suave placer de la calma, pero cumple su función.

La mayoría de quienes se ven atraídos por la meditación son cautivados, al principio, por el aspecto del *samatha*. Esto puede ser bueno o malo, según cómo se les enseñe. Si se les enseña de manera hábil, las prácticas de *samatha* pueden llevar a una comprensión intuitiva profunda. Ahora bien, si se les enseña de manera poco hábil, pueden desarrollar un tipo de aspiración o de anhelo en relación con ciertos estados deseables. Y luego, si no pueden alcanzar dichos estados, se frustran y no paran de comparar: «Ayer pude profundizar, pero hoy no he sido capaz de llegar a un espacio tan profundo».

La solución para esto es recordar que el objetivo principal de la meditación no es alcanzar ciertos estados agradables, sino eliminar lo que obstaculiza esos estados positivos. Si se procede así, dichos estados estarán disponibles siempre que lo quiera la persona. Como consecuencia del *vipassana* seco, se trabaja con el deseo ansioso, la aversión y la inconsciencia que impide los estados relajados y gozosos. Como resultado de haber desenredado y clarificado la experiencia, con el paso del tiempo los estados de absorción, relajación y gozo surgirán automáticamente porque se habrá trabajado sobre los bloqueos subyacentes, o con lo que impide que esos estados acontezcan. Hablaré más del trabajo con los bloqueos en el capítulo cinco.

Por tanto, se da una complementariedad entre el *samatha* y el *vipassana*. Si practicas el *samatha* y experimentas estados tranquilos, placenteros, estos indican un yo poroso y atenuado que puede ser fácilmente penetrado por el *vipassana*. Si no puedes lograr los estados de relajación, no te preocupes, no hay ningún problema. Practica el *vipassana* seco y como consecuencia los bloqueos se descompondrán en sus elementos y perderán su fuerza de agarre. Después de eso, encontrarás que entras automáticamente en agradables estados de absorción correspondientes al *samatha*, porque habrás trabajado con las fuerzas que impedían que esos estados acontecieran. Es una situación en la que solo se puede ganar. El *samatha* ayuda al *vipassana*, y el *vipassana* ayuda al *samatha*.

Si entiendes realmente la relación de complementariedad que hay entre la práctica del *samatha* y la del *vipassana*, te darás cuenta de que, independientemente de cuál sea tu situación, siempre puedes hacer algo productivo.

5

COMPRENSIÓN INTUITIVA Y PURIFICACIÓN

A veces tengo el honor de ayudar a alguno de mis estudiantes de meditación en el tránsito del morir. Uno de ellos fue una personalidad extravagante, Gino, que parecía una especie de Popeye, el marino. Gino había sido capitán de marina y habían torpedeado su barco en la Segunda Guerra Mundial. De hecho, su nave fue alcanzada dos veces y él sobrevivió. Era realmente una personalidad dura, la clase de tipo que podía pelearse con otros cuatro tipos en el muelle y ser el único que quedase en pie.

Este individuo extraordinario se me presentó diciendo que lo iban a expulsar del centro zen en el que vivía. Le había tocado las narices al monje que lo dirigía y le había llamado imbécil. ¡Buena presentación! Se preguntaba si podría venir a vivir a nuestro centro de meditación. No sé por qué se lo permitimos, pero lo hicimos. Resultó ser un practicante devoto que meditó conmigo durante cinco o seis años y finalmente se volvió muy diestro.

Años después, le diagnosticaron cáncer de pulmón terminal. Era hora de morir, y él lo sabía, y quería hacerlo bien. Se había trasladado a Tulsa (Oklahoma), así que acudí allí para ayudarle a pasar por el proceso de la muerte. Sin embargo, vivió más de lo que esperábamos, y desgraciadamente no pude quedarme para guiarlo todo el tiempo, hasta el final.

Cuando estaba a punto de irme, me pidió un último consejo para optimizar su experiencia del morir. Le dije que, hasta donde podía ver, estaba haciendo frente a cinco tipos distintos de sensaciones corporales difíciles.

Primero, estaba el dolor del tumor. Luego, había una sensación de agotamiento, porque no podía dormir muy bien. Tercero, tenía náuseas, que constituyen otro tipo de sensaciones. Finalmente, en el aspecto emocional, había cierta irritabilidad y también algo de miedo. Gino estuvo de acuerdo en que estaba sintiendo exactamente esas cinco sensaciones corporales. Le dije que su tarea consistía en seguir la pista de las cinco. Tenía que identificar con gran precisión en qué parte del cuerpo surgía cualquiera de esas sensaciones o cualquier combinación de ellas. Debía observar dónde se ubicaban en primer lugar y por dónde se propagaban en el cuerpo. Debía seguir impregnando cada una de esas cualidades sensoriales con su concentración, claridad y ecuanimidad. Debía permitir que se intensificasen o se suavizasen, que cambiasen y se propagasen, se expandiesen y se contrajesen como quisieran. Le dije que eso reduciría su sufrimiento y haría que morir fuese un buen proceso, en lugar de algo horrible.

Contaba con suficiente formación en meditación para comprender las instrucciones y seguirlas, y ciertamente el proceso del morir se desarrolló bien en su caso. Su sufrimiento se redujo porque fue siguiendo la pista de lo que sucedía en un estado de concentración, claridad sensorial y ecuanimidad –la esencia del *mindfulness*–. E hizo más que esto: empezó a identificar cada uno de esos sabores sensoriales con la *purificación* de los bloqueos psicológicos y espirituales que había adquirido en el curso de su anterior estilo de vida, caracterizado por la rudeza. Percibió que las distintas sensaciones agudas estaban limpiando y eliminando acciones negativas específicas que había llevado a cabo y las malas maneras con las que había tratado a otras personas.

Por ejemplo, en una ocasión en que estuve hablando por teléfono con él, se disculpó diciendo que regresaba enseguida. A distancia, pude oír cómo vomitaba en el baño. Luego volvió y describió cómo, durante el vómito, había limpiado una buena parte del karma que tenía relacionado con su hijo.

Al infundir los cinco tipos de sensaciones corporales con la concentración, la claridad y la ecuanimidad, pudo realmente sentir cómo llegaban al banco de recuerdos en el que estaban almacenados la culpa y el remordimiento, y limpiarlos definitivamente. Para él, cada sensación se correlacionaba con algo específico que estaba purificando. El agotamiento lo limpió en un sentido, y el temor lo limpió en otro sentido. Mientras tanto, fue ganando en comprensión respecto al sentido de su vida, también en relación con la naturaleza de los intensos conflictos que había tenido con la gente. Gracias a esta práctica, el proceso del morir se convirtió en un proceso de comprensión y purificación, de sabiduría y catarsis.

Durante el tiempo que estuve con Gino, guiándolo a través de su transición, recibí una llamada de un estudiante anterior, Ben. Antes de acogerse a la jubilación anticipada, Ben había trabajado en la industria del entretenimiento como productor, escritor y comediante. Su inesperada llamada desembocó en una de las escenas más conmovedoras que nunca he presenciado.

Ben estaba totalmente atemorizado. Esa misma mañana, los médicos le habían descubierto un enorme tumor en el abdomen, y había una posibilidad muy real de que terminara con su vida. Ben era relativamente joven, y este giro en los acontecimientos fue totalmente inesperado. En medio del pánico y la desesperación, me llamó para que lo apoyase. Repasé con él los principios y las prácticas que le había enseñado; le recordé cómo desmontar el miedo descomponiéndolo en imágenes mentales, charla mental y emociones corporales. También le recordé que aún no había recibido un diagnóstico definitivo. Pero mis intentos de tranquilizarlo no tuvieron éxito. Sentí que estaba a punto de perder el control.

Entonces tuve una idea. ¿Por qué no hacer que Ben hablase con Gino? En esos momentos, Gino estaba pasando por el proceso que tal vez Ben afrontaría al cabo de seis meses aproximadamente. Fui a la habitación de Gino y le expliqué la situación, y luego le pasé el teléfono. En los intervalos que le permitían la tos, los vómitos y las convulsiones, Gino le aseguró cariñosamente a Ben que no había nada que temer en el proceso de la muerte, el cual no constituía más que el retorno a un modo de existir más simple, más fundamental. Y describió cómo las sensaciones que estaba experimentando se habían convertido para él en un proceso de limpieza y empoderamiento espiritual. El poder de las palabras de Gino era palpable. No estaba ofreciendo un planteamiento teórico. Hablaba del morir desde la proximidad de su muerte.

Fue una escena increíblemente conmovedora: el previamente agresivo capitán marino, desde su lecho de muerte, confortando al aterrorizado actor de Hollywood. El intercambio ayudó a que Ben se calmase lo suficiente como para comenzar a desenredar el miedo con una técnica de concentración. Aunque la espera de la biopsia se le hizo dura, fue menos infernal de lo que habría sido de otro modo. Contra toda expectativa, el tumor de Ben resultó ser benigno. A menudo, la meditación funciona de esta manera: medimos su valor en términos del sufrimiento que habría podido producirse pero que no tuvo lugar, gracias al hecho de que contamos con una práctica.

Como puedes ver con esta historia, cuando aplicamos concentración, claridad y ecuanimidad a la experiencia sensorial, de instante en instante, generamos un proceso de comprensión y de purificación. Con el tiempo, esto mejora nuestras vidas, las vidas de quienes nos rodean y el mundo en general. Puede hacer que el hecho de morir sea soportable, e incluso que esté lleno de sentido.

DESCOMPONER LAS COSAS

Una estrategia habitual en las ciencias es tomar un fenómeno complejo y descomponerlo en sus componentes naturales. El análisis de estos componentes nos permite entender el fenómeno complejo en un nivel más profundo, tener cierto control sobre él y efectuar predicciones en relación con él.

El campo de la química nos ofrece un buen ejemplo de esto. La serie de sustancias conocidas en el mundo es enorme —desde el glutamato monosódico hasta las nubes, la gasolina, los cristales del azúcar o las macromoléculas biológicas— y sus estructuras a veces son muy complejas. Pero los científicos pueden explicar esta enorme diversidad a partir de unos cien elementos básicos. Esto es así porque llegaron a efectuar una clasificación elegante: la tabla periódica de los elementos químicos. Esto les permitió distinguir los constituyentes básicos y, a su vez, reveló que una serie relativamente pequeña de elementos puede explicar el espectro enormemente diverso de sustancias y propiedades químicas. Esta estrategia básica de analizar fenómenos complejos dividiéndolos en elementos más simples forma parte de la «salsa secreta» que hace que la ciencia sea tan potente.

Un fenómeno muy complejo que es de importancia central para todos los seres humanos es nuestra experiencia sensorial. La experiencia humana es bastante compleja; no tienes más que pensar en todo lo que te ha sucedido desde que naciste. Afortunadamente, hay un modo natural de descomponer cualquier experiencia en componentes mucho más simples. Cuando miramos una experiencia en términos de estos componentes, es mucho más fácil comprenderla, manejarla y obtener conocimiento de ella. Este tipo de análisis es la salsa secreta de la meditación mindfulness.

Si pensamos en ello, podemos darnos cuenta de que toda experiencia humana puede entenderse como una experiencia *sensorial*. Esto es, solo sabemos acerca del yo y del mundo a través de nuestros sentidos. Recuerda que el pensamiento es *sensorial* (consiste en imágenes mentales y charla mental) y que las emociones son *sensoriales* (consisten en imágenes mentales y charla mental más sensaciones corporales emocionales). Así que, siguiendo el ejemplo de la química, se puede crear una tabla periódica de elementos sensoriales, un modo de clasificar los sucesos sensoriales en términos de sus elementos básicos.

En Occidente tendemos a pensar que hay cinco sentidos físicos, pero en la teoría budista hay seis: el oído, la vista, el olfato, el gusto, la sensación corporal y la mente pensante.

Personalmente, me gusta dividir el pastel de la experiencia sensorial de una manera diferente. En la experiencia corporal, distingo entre las sensaciones corporales de tipo físico y las de tipo emocional. Para simplificar, incluyo los sentidos que captan elementos químicos –el olfato y el gusto– en la categoría de las sensaciones corporales de tipo físico. En la experiencia mental distingo entre un componente visual (las imágenes mentales) y un componente auditivo (la charla mental). Esto produce un hermoso sistema simétrico: el yo subjetivo central (los pensamientos, las emociones, la voluntad, las convicciones, las confusiones, los juicios, las reacciones, la memoria, la solución de problemas y las fantasías) surge a través de la *actividad interna* de las imágenes mentales, la charla mental y las sensaciones corporales emocionales. La percepción de que hay un mundo físico a nuestro alrededor surge a través de la *actividad externa* (las visiones físicas, los sonidos físicos y las sensaciones corporales físicas). Veamos brevemente la esencia de esta formulación.

La mente pensante

La mente pensante es un fenómeno bastante complejo. Los pensamientos humanos crearon la teoría de la relatividad, los teoremas de incompletitud de Gödel, las obras de teatro de Shakespeare, la filosofía de Hegel y la ideología de Hitler. ¿Qué sistema de análisis nos permitirá descomponer algo tan complicado como el conjunto del pensar en constituyentes relativamente simples?

Si observas muy cuidadosamente, verás que la mayoría de los pensamientos de los que somos conscientes llegan como conversaciones internas (charla mental) o imaginería interna (imágenes mentales) o una combinación de ambas cosas. En cuanto a la charla mental, hallamos que pensamos con palabras, frases, oraciones y narraciones. Si eres políglota, tu charla mental será en más de un idioma, pero sigue siendo un discurso gramatical humano. A veces escuchamos nuestra propia voz, y a veces las voces de otros. En ocasiones es un diálogo; en ocasiones es un monólogo. Lo que llamo charla mental toma también la forma de tonos no verbales, música u onomatopeyas internas.

El otro modo del proceso de pensamiento son las imágenes. Vemos cosas en el ojo de la mente, como formas vagas, escenas, rostros, situaciones o relaciones espaciales. Las imágenes mentales son como lo que vemos en el mundo externo, pero habitualmente no son tan vívidas ni estables como los objetos físicos o las fotografías. Para la mayoría de la gente, las imágenes mentales son nebulosas, semitransparentes, están a medio formar y son efímeras. Sin embargo, para una minoría de personas, son vívidas y estables. Se dice que estas personas poseen una imaginación eidética. Los artistas suelen tener este tipo de imaginación.

Hay quienes piensan fundamentalmente en el modo auditivo interno, otros piensan más en el modo visual interno, y en la mayoría de nosotros ambos están presentes. Así es como el pensamiento nos aparece generalmente en forma de palabras internas e imágenes mentales. De este modo, podemos descomponer fácilmente el proceso del pensamiento. La miríada de significados complejos puede simplificarse en cuatro estados básicos: imagen mental sin charla mental que la acompañe, charla mental sin imagen mental acompañante, imagen y charla al mismo tiempo o ausencia tanto de imagen como de charla (un momento de total tranquilidad mental). Esta tétrada supone una gran reducción de la complejidad y nos proporciona una buena manera de manejar el pensamiento, porque nos permite seguirle la pista a lo que está pasando por la mente en tiempo real y de un modo tangible.

Pero ¿no existen en el pensamiento más que imágenes superficiales y palabras mentales? ¿Qué hay del pensamiento subconsciente? Resulta que el análisis visual versus el análisis auditivo también puede aplicarse perfectamente bien a este tipo de pensamiento. El pensamiento visual tiene lugar en ciertas ubicaciones. En muchas personas, las imágenes asociadas con la memoria, la planificación y la fantasía tienden a apreciarse delante o detrás de los ojos. Las autoimágenes tienden a verse allí donde está el cuerpo, y cuando los ojos permanecen cerrados, las imágenes que obtenemos del entorno tienden a desplegarse fuera de nosotros y a nuestro alrededor. También, en la mayoría de la gente, la charla mental tiende a acontecer en la cabeza o en los oídos. Las ubicaciones en las que las imágenes pueden tener lugar podrían llamarse *espacio de las imágenes* y las ubicaciones de la charla *espacio de la charla*. El *espacio mental* constituiría la unión de ambos.

Observa que esta formulación no solo hace que la experiencia mental sea cualitativamente tangible (experiencia visual versus experiencia auditiva), sino que también hace que sea tangible la espacialidad (las imágenes mentales y la charla mental tienen lugar en ubicaciones específicas y constan de anchura, profundidad y altura). Podemos pensar en la actividad de las imágenes y la actividad del habla interna como componentes independientes de un *vector del pensamiento*. Así, el pensamiento se convierte en un vector de campo tangible, que varía con el tiempo. La magnitud de ese vector representa la intensidad total del pensamiento, y su dirección representa las contribuciones relativas de las cualidades visuales versus las cualidades auditivas. Para la mayoría, el espacio de las imágenes tiende a situarse frente a los ojos o detrás de estos, una zona llamada a veces la *pantalla mental*. El espacio del habla interna tiende a situarse un poco más hacia atrás, en la cabeza o en los oídos. Visto de este modo, es como si la mente tuviera un lado anterior y un lado posterior, igual que el cuerpo.

El aspecto de la claridad de la práctica del mindfulness tiene varias facetas. Una faceta de la claridad es la capacidad de discriminar, de separar. Otra es la habilidad de detectar, de descubrir lo sutil. Una forma natural de empezar a observar la mente es discernir entre las imágenes y el habla interna. En algún momento, las imágenes superficiales y las palabras explícitas tienden a desaparecer. En ese momento, se empieza a detectar una corriente sutil de fondo, una especie de revuelo subterráneo en el espacio de las imágenes y el espacio del habla interna. ¡Es tu mente subconsciente! No ves imágenes explícitas ni oyes palabras explícitas, pero sabes qué parte es visual y cuál es auditiva por su situación. Desbloquear el fluir espontáneo de esta actividad mental sutil estimula la intuición, la sabiduría y la creatividad. Pero no puedes desbloquearla hasta que la detectes. Diseccionar el pensamiento en las imágenes y en el habla interna abre la puerta a esta posibilidad.

La capacidad de seguir la pista a los distintos componentes de nuestra experiencia es increíblemente útil. Se trata de aprender a descomponer la experiencia en unos pocos componentes básicos. Esto establece el escenario para detectar y desenredar los subcomponentes de estos componentes, y luego, los subsubcomponentes, hasta que llegamos a los últimos constituyentes o a la sustancia que subyace a toda experiencia. Esto permite seguir la pista a la experiencia. El mantra fundamental del mindfulness es sencillo: *detectable* significa 'tratable'.

El cuerpo que siente

Pasando de la mente al cuerpo, vemos un potencial parecido. La experiencia encarnada es un fenómeno muy complejo, pero podemos descomponerlo en dos constituyentes principales: las *sensaciones corporales de tipo físico* y las *sensaciones corporales de tipo emocional*.

Las primeras no requieren una explicación especial: son ejemplos un dolor en la rodilla, la sensación de los músculos funcionando, la sensación de frío y un picor en la cabeza.

Las segundas son, al principio, un concepto inusual para algunas personas. Como cultura, no hablamos muy a menudo de las emociones como algo que ocurra en el cuerpo. Tendemos a pensar en ellas como sucesos mentales, cognitivos. Sin embargo, si tenemos una emoción muy fuerte, es muy fácil establecer contacto con las sensaciones corporales asociadas a ella. Estas sensaciones corporales constituyen el «jugo» primordial de la emoción.

De modo que estas son las dos categorías cualitativas básicas de las sensaciones corporales: físicas y emocionales. Estos dos grandes componentes también pueden descomponerse en muchas más subdimensiones.

Tanto en las sensaciones corporales de tipo físico como en las de tipo emocional, podemos distinguir subcualidades sensoriales: el calor se siente de manera distinta que el frío, la tensión se siente como algo distinto del picor, la vergüenza se siente como algo distinto de la rabia, la rabia como algo distinto del miedo, el miedo de la tristeza, la tristeza de una quemadura, una quemadura de un corte y todo ello se percibe como algo diferente del tacto de la ropa, la sensación de la sangre que circula, la sensación del proceso respiratorio, el cansancio o el hecho de estar muy alerta y lleno de energía. El cansancio tiene una cualidad de sensación corporal asociada a él, como la somnolencia, el aburrimiento y la impaciencia. La duda, la indecisión y la confusión son eventos mentales, pero a menudo tienen también sensaciones corporales asociadas.

Las sensaciones corporales se dividen en muchos sabores o cualidades; sin embargo, estos sabores no son infinitos. Supongo que los psicólogos de la percepción podrían entablar largas discusiones acerca de cuántos tipos de sensaciones fundamentales hay exactamente, pero diría, basándome en mi propia experiencia, que no puede haber más de dos docenas realmente distintas. Si limitamos nuestra consideración a las sensaciones corporales de tipo emocional, los sabores más habituales son la rabia, el miedo, la tristeza, la vergüenza, la impaciencia, la repulsión, el interés, la alegría, el amor, la gratitud, el humor y la sonrisa.

Si quieres ser feliz independientemente de las condiciones, tendrás que aprender cómo tener una experiencia completa de cada tipo básico de sensación corporal. En el camino espiritual, debemos aprender a tener una experiencia completa de la rabia, para que esta no produzca un sufrimiento que distorsione nuestra conducta. Por la misma razón, hemos de aprender cómo tener una experiencia completa del miedo, la tristeza, etc. Incluso a tener una experiencia completa del dolor físico, así como de otras sensaciones desagradables en el cuerpo, como el cansancio y la angustia. Cuando digo «tener una experiencia completa de x», estoy diciendo, de forma rápida, lo siguiente: *experimenta x con tanta concentración, claridad y ecuanimidad que no haya tiempo de que x, ni tú mismo, os coaguléis en una cosa.* Tú y x os convertís en un fluir integrado de energía y espaciosidad.

Aprender cómo tener una experiencia completa de incomodidad nos libera. Aprender cómo tener una experiencia completa de placer nos llena profundamente.

Por ejemplo, la sensación erótico-sexual es una cualidad agradable fundamental. En la India, el Tíbet y China, hay toda una tradición de transmutar la experiencia sexual en energía espiritual. En Occidente, este trabajo se conoce a veces como *práctica tántrica*, pero los estudiosos se apresuran a señalar que utilizar el término sánscrito *tantra* como sinónimo de *sexual* es históricamente engañoso e inexacto. Dejando de lado la controversia sobre el nombre (e ignorando el despliegue publicitario de la nueva era), la espiritualización de nuestra vida amatoria realmente es muy sencilla y directa. Las sensaciones corporales al hacer el amor son espirituales en la medida en que son completas, esto es, experimentadas en un estado de concentración, claridad sensorial y ecuanimidad. Para saber qué es el verdadero amor, necesitamos experimentarlo como verdaderamente es. En el Tíbet, esto se denomina *la unidad del gozo y la vacuidad*.

Además de la cualidad de las sensaciones corporales (de sus tipos básicos), está la cuestión de la intensidad. La intensidad representa una dimensión de la experiencia corporal que es independiente de su cualidad o tipo. Todo el espectro que va desde una ligera irritación hasta una rabia homicida forma parte, en realidad, de una familia: la familia de la ira. Ambas tienen la misma cualidad o sabor básico, pero presente en un nivel de intensidad distinto: la ira no es más que una versión, con una intensidad más elevada, de la irritación. Del mismo modo, todo lo que va desde una ligera anticipación de incomodidad hasta el terror paralizante ilustra el sabor del miedo. Así pues, la intensidad es otro modo de categorizar o trazar la pista de nuestras sensaciones corporales mientras meditamos.

La claridad nos proporciona la capacidad de detectar sucesos sensoriales que son sutiles y no muy intensos. Combinada con la ecuanimidad, nos permite tener un alto grado de satisfacción a demanda durante el día. Así pues, los placeres sutiles pueden ser muy significativos. Si la propagación de una incomodidad sutil no se detecta y «ecuanimiza», puede coagularse como la percepción de un gran sufrimiento. De modo que la combinación de la claridad y la ecuanimidad aplicada a las experiencias sutiles ayuda tanto a elevar la satisfacción como a reducir el sufrimiento.

Una tercera dimensión de las sensaciones corporales es su *distribución espacial*, esto es, su ubicación y su forma. Una vez que entendemos que las sensaciones corporales son tangibles, podemos empezar a hablar sobre la ubicación de una sensación o un sentimiento, sobre la forma geométrica que tienen, etc. Podemos hablar de cómo un sentimiento puede tener su ubicación principal en una parte del cuerpo y propagar influencias más sutiles por el resto. Tal como me gusta definirla, la conciencia atenta es «la concentración, la claridad y la ecuanimidad operando juntas». La claridad nos ayuda a detectar y discernir cualidades, intensidades y patrones espaciales en lo que vemos, oímos y sentimos. Nos da la capacidad de analizar nuestro sistema sensorial en términos de:

- Cuánto.
- Qué.
- Dónde.
- Cuándo.
- Interactuando de qué maneras.
- Cambiando a qué velocidad.

Es interesante observar que esta serie de categorías corresponde a las variables más comunes que los científicos utilizan para cuantificar el mundo natural. La última variable, la velocidad a la que ocurre el cambio, corresponde a lo que los científicos modernos llaman la *derivada temporal* de una función. Es algo fundamental que se aprende si se estudia cálculo.

Hay muchas personas que han contribuido al desarrollo histórico del cálculo, pero el nombre que se asocia más frecuentemente con su invención es el de Isaac Newton. No obstante, Newton utilizó una palabra diferente para lo que hoy llamamos *derivada*. Él la llamó *fluxion*, que es el término latino equivalente a *modo de fluir*. Seguir la pista a la velocidad del cambio en la experiencia sensorial conduce a la comprensión intuitiva de la transitoriedad, uno de los grandes temas de la tradición budista. Esto permite establecer un bonito paralelismo con la ciencia: los meditadores budistas aprenden a «calcular la derivada» de lo que ven, oyen y sienten.

CÓMO SE ENTRELAZAN LOS PENSAMIENTOS Y LOS SENTIMIENTOS

Cuando nos volvemos capaces de seguir la pista a las sutilezas de nuestro paisaje sensorial interno, podemos acercarnos a nuestra experiencia con una mayor claridad. Tomemos, por ejemplo, la experiencia de la ira. Cuando experimentamos ira, nuestra charla interna se dispara: «Él dijo esto y aquello. ¡Cómo se atrevió a hacer esto y aquello! La próxima vez que haga esto y aquello, voy a hacer esto y lo otro. Pero lo que realmente me gustaría hacer es esto y aquello». Oímos palabras como estas en nuestro espacio del habla mental.

Mientras tanto, en la pantalla interna (el ojo de la mente), hay imágenes que acompañan a estas palabras. Podemos imaginarnos contraatacando o marchándonos ofendidos. Juntas, estas palabras e imágenes internas constituyen el componente mental de la experiencia de la ira.

Estos tres componentes de la ira (las imágenes mentales, la charla mental y las sensaciones corporales emocionales) a menudo tienen lugar simultáneamente. Sin claridad, se convierten en una madeja enmarañada. Sin ecuanimidad, esa madeja enmarañada se coagula en una masa sólida de sufrimiento. Y lo que es cierto de la ira es cierto también de *toda* experiencia mentecuerpo. Si desarrollamos la capacidad de discernir los componentes de la experiencia, podemos empezar a seguir la pista de qué parte es pensamiento y qué parte es sentimiento. Pero si no tienes la habilidad de seguir la pista a los componentes, se produce esta mezcla, este enredo del cuerpo sintiente y la mente pensante. Y como resultado pueden sobrevenir dos consecuencias indeseables: la primera, cuantitativa; la segunda, cualitativa.

La primera consecuencia indeseable del enredo es una intensificación ilusoria de la experiencia. Este es un efecto *cuantitativo*. Hace que el sufrimiento asociado con una experiencia desagradable parezca mucho peor de lo que en realidad es. Sin claridad sensorial, los distintos componentes de la experiencia no solo se añaden sin más, sino que se entrecruzan y se multiplican mutuamente. Por ejemplo, si tenemos diez unidades de incomodidad en el cuerpo y diez unidades de negatividad en la mente, lo que en realidad tenemos es veinte (10 + 10 = 20) unidades de experiencia indeseable. Esto es lo que experimentarás si tienes claridad sensorial; solamente lo que hay. Sin embargo, si no haces un seguimiento de lo que está sucediendo, cada una de las diez unidades de malestar en el cuerpo interactuarán con cada una de las diez unidades de negatividad en la mente, y se multiplicarán entre sí para producir la ilusión de cien (10 x 10 = 100) unidades de experiencia indeseable. Si tengo que estar incómodo, prefiero con mucho veinte unidades a cien. Las habilidades de la claridad sensorial me proporcionan esta elección.

Imagina que añadimos unas cuantas unidades más de experiencia indeseable, y resulta fácil ver por qué podemos sentirnos abrumados de repente. Por ejemplo, si se doblase la cantidad de cada componente, habría veinte unidades de malestar en el cuerpo y veinte unidades de negatividad en la mente. Suponiendo que se mantuviese la claridad sensorial, el efecto sería marginal; la aflicción solo aumentaría ligeramente (20 + 20 = 40). Ahora bien, si permitimos que los pensamientos y los sentimientos se enreden, se multiplican y tenemos la experiencia de cuatrocientas (20 x 20 = 400) unidades de malestar, aunque en realidad solo tengamos cuarenta (20 + 20 = 40). Esto explica por qué las cosas pueden írsenos de las manos tan rápidamente. Este sufrimiento exacerbado distorsionará a menudo nuestra respuesta a la situación y nos conducirá a un sufrimiento incluso mayor. Esta es la esencia del círculo vicioso que los budistas denominan *samsara*.

La segunda consecuencia indeseable de ese enredarse es un efecto *cualitativo*, y conceptualmente es un poco sutil. Pero también es muy útil conocerlo. El enredo de tres hebras sensoriales (las imágenes mentales, la charla mental y las sensaciones corporales) imparte una cualidad ilusoria de «sustancialidad» a la experiencia del yo. Si eres capaz de desenredar totalmente estas hebras, la cualidad ilusoria de la sustancialidad desaparece.

Analizaré esto más detalladamente en el capítulo ocho.

EL MODELO BÁSICO

El modelo básico del camino espiritual basado en el mindfulness consiste en tomar un tipo de experiencia e infundirle un alto grado de concentración, claridad sensorial y ecuanimidad. *Concentración* significa mantener la atención solo en lo que se considera relevante. *Claridad sensorial* implica discernir los componentes que constituyen una experiencia y detectar su esencia sutil. *Ecuanimidad* quiere decir que damos permiso para que esos componentes se expandan, se contraigan o se queden quietos, es decir, que hagan lo que harían de manera espontánea. La ecuanimidad es una ausencia de interferencia radical con el fluir natural de nuestros sentidos. En otras palabras, podemos tomar cualquier tipo de experiencia e intentar estar centrados en ella, ser precisos y permitir su desarrollo.

Acoger las experiencias de este modo –tanto en la práctica formal como cuando nos manejamos en la vida diaria– cataliza un proceso de comprensión intuitiva y de purificación. En una reacción química, el papel del catalizador es acelerar un proceso que ocurriría de manera natural, pero quizá muy lentamente. El catalizador interactúa con los elementos reactivos de modo que puede acelerar espectacularmente el proceso. De manera similar, la concentración, la claridad sensorial y la ecuanimidad interactúan con las experiencias de la vida para acelerar un proceso natural de evolución psicoespiritual.

Lo sepan o no, todos los seres humanos están implicados en el camino de la iluminación a través del hecho de vivir la vida diaria. La naturaleza (o la gracia o el espíritu, si estás cómodo con estas palabras) nos empuja constantemente hacia el estado de iluminación. La principal diferencia entre un practicante y otra persona es la velocidad a la que se mueven deliberadamente por este camino.

Resumiendo, infundir concentración, claridad y ecuanimidad a una experiencia funciona como un catalizador que facilita un proceso natural de comprensión intuitiva y purificación que está esperando para ocurrir. Así pues, el teorema fundamental del mindfulness es:

Concentración + Claridad sensorial + Ecuanimidad +
Tiempo = Comprensión intuitiva + Purificación

La comprensión intuitiva

La comprensión intuitiva espiritual (*prajña*) es como una joya de muchas facetas. Ya te he hablado de algunos de sus aspectos: la comprensión intuitiva de que el dolor físico y emocional no tiene que convertirse en sufrimiento, la comprensión intuitiva de que el placer proporcionará una satisfacción más profunda si no nos aferramos a él, la comprensión intuitiva de cómo surge el sentido del yo particular mediante el enredo del pensamiento y el sentimiento y la comprensión intuitiva del mecanismo relativo a cómo podemos experimentar fundirnos o unirnos con otro.

La premisa básica de la meditación mindfulness es que el hecho de infundir sistemáticamente las cualidades de la concentración, la claridad y la ecuanimidad en la experiencia ordinaria provoca, con el tiempo, un cambio fundamental en nuestro paradigma. Por esta razón, el mindfulness se denomina a veces *meditación analítica*.

LA PURIFICACIÓN

La mayoría de las modalidades del desarrollo —desde el psicoanálisis del siglo XIX hasta la cienciología del XX y prácticamente todas las que hay entre ellas— comparten un paradigma en común. Es algo así: almacenamos influencias del pasado en el subconsciente, esas influencias afectan de manera inapropiada a nuestra conducta y nuestra percepción en el presente y nuestro trabajo es, de algún modo, eliminar esas influencias distorsionadoras. Hay muchos nombres diferentes para esas influencias, como *huellas*, *engramas*, *complejos*, *residuos* y *fijaciones*. En la India, y en culturas influenciadas por la India, se conocen como *samskaras*, que significa algo así como 'marcas' o 'impresiones'. *Samskara* es una palabra sánscrita. Otra palabra sánscrita que designa lo mismo es *vasana*, que significa algo parecido a 'hábito'. La noción de que cargamos con fuerzas subconscientes, limitadoras, del pasado fue descubierta en la India milenios antes de que lo hicieran Freud y Jung.

Los *samskaras* se sitúan en el subconsciente profundo. No somos conscientes de ellos en la superficie. Pero nos damos cuenta de que a pesar de nuestras mejores intenciones de ser diferentes, año tras año parece que nos veamos empujados hacia los mismos patrones coagulados de percepción y de acción. Y a pesar de que podamos creer que hay una realidad espiritual constantemente presente, nuestra experiencia diaria es de separación, materialidad, incomodidad y banalidad. No parece que tengamos una visión beatífica cada vez que volvemos la cabeza. Generalmente no percibimos cada suceso corporal como el toque del Espíritu.

Por tanto, si como muchos creen estamos realmente inmersos en la realidad espiritual, ¿por qué no la vemos? ¿Por qué no son beatíficas todas las visiones que tenemos? A causa de estas fuerzas enraizadas profundamente en el subconsciente. Y nuestro trabajo, según una plétora de paradigmas de la autoayuda, es liberarnos de dichas fuerzas.

En las tradiciones contemplativas budistas, hindúes y abrahámicas, el proceso de liberarnos de esas fuerzas limitadoras se conoce a menudo como *purificación* (*vishuddhi* en sánscrito; *catharsis* en griego). La purificación podría describirse como el proceso que descompone este material, lo digiere, lo metaboliza y (perdón por la analogía) lo excreta. La purificación es el sabor de la liberación progresiva respecto de esos surcos limitadores. Es una especie de recompensa inmediata. *Sentimos que las limitaciones del pasado se están metabolizando y se está creando un futuro más brillante por el modo en que experimentamos algo en el presente.* Una vez que aprendemos a saborear la purificación, nuestro crecimiento es exponencial. La capacidad de saborear la purificación es el signo de un paladar espiritual maduro. Es lo que le permitió a Gino morir bien.

Así como el proceso de comprensión intuitiva (*prajña*) tiene muchas facetas, hay muchos modos diferentes de hablar sobre el proceso de purificación (*vishuddhi*). Si se quiere usar un paradigma teológico, diríamos que la purificación constituye el trabajo sobre nuestra pecaminosidad; se va quemando poco a poco lo que se sitúa entre el yo superficial y la Fuente espiritual del yo. Por ejemplo, en la Iglesia ortodoxa oriental se practica una forma de meditación que en ciertos aspectos resulta notablemente similar al mindfulness. Se denomina *nepsis* ('observación serena'). Expresa la idea de purificación utilizando el término griego *catharsis*, que significa 'limpieza'. Según la doctrina de la Iglesia ortodoxa oriental, podemos limpiar nuestra pecaminosidad lo suficiente como para experimentar la *theosis*, que significa literalmente 'llegar a ser como Dios'. Según la Iglesia ortodoxa, la *theosis* es la meta de la vida humana. La noción cristiana de *theosis* es claramente distinta de la noción pagana de *apotheosis*, que hace referencia a la afirmación que hace un ser humano de que es un dios.

En el cristianismo, el pecado es original, pero es posible la purificación mediante una combinación de esfuerzo y gracia. En el budismo, la pureza —a veces denominada *naturaleza búdica*— es original, lo que significa que la conciencia es pura por naturaleza. Pero estamos sujetos a tres impurezas fundamentales (en sánscrito, *kleshas*): el deseo ansioso, la aversión y la inconsciencia (*raga, dvesha* y *moha*, en sánscrito). De manera que nuestra conciencia pura se ensucia, y eso lleva al sufrimiento. El budismo ve los *samskaras* como impurezas, no en el sentido de suciedad o pecado, sino en el sentido de mezcla. Es una metáfora metalúrgica. La conciencia es por naturaleza como el oro, pero esas impurezas están mezcladas en el metal. En este paradigma, la purificación significa la eliminación de lo que es extraño al oro, de modo que solo quede el oro puro. A través de la meditación, fundimos las *kleshas*. Refinamos el oro, y nos quedamos con lo que siempre ha estado ahí: el oro puro de la conciencia pura.

El paradigma psicoanalítico moderno de la purificación señala que hay distintas memorias desagradables, experiencias incompletas y asuntos no resueltos almacenados en la mente profunda —la caldera reprimida de venenos y sufrimientos del subconsciente freudiano—. Desde una perspectiva budista, este antiguo material puede trabajarse derramando claridad y ecuanimidad en la experiencia del momento. La claridad y la ecuanimidad se filtran hacia el subconsciente y le dan lo que necesita para resolver o disolver sus asuntos. Además, como muchos modelos psicológicos, en la formulación budista *no siempre* es necesario recordar sucesos específicos ni el contenido de las experiencias pasadas. El paradigma budista sostiene que la mayor parte de la purificación se produce porque la claridad y la ecuanimidad calan en el subconsciente, y este las utiliza para desatar sus propios nudos.

Cuando meditamos, muchas veces no somos conscientes de que suceden muchas cosas. Parece que no hagamos más que estar sentados. La mayor parte del tiempo, nuestra mente puede estar vagando, y cuando nuestra mente no vaga, se duerme. Después de un tiempo, nos damos cuenta de que estamos incómodos físicamente, y luego volvemos al objeto de nuestra meditación durante un par de segundos. A veces la práctica de la meditación sigue teniendo estas características, y no parece que esté ocurriendo nada de verdadero valor. Cuando les contamos a nuestros amigos lo que experimentamos en un retiro de meditación —sobre todo dolor, sueño y confusión—, tal vez nos digan: «¿Y pagaste un buen precio para eso?».

Pero durante todo ese tiempo, la claridad y la ecuanimidad van filtrándose en el subconsciente. Nos recablean en los niveles más fundamentales sin que *necesariamente* lo sepamos en ese momento. ¿Cómo sabemos que está sucediendo? Nos damos cuenta de que se producen cambios en la vida diaria. Nuestra conducta y nuestra percepción parecen mejorar espontáneamente. Es casi como si alguien estuviera realizando una intervención de cirugía plástica en nuestra alma; hemos estado anestesiados y cuando despertamos parecemos diferentes, pero no estamos muy seguros de lo que ocurrió entretanto. En la meditación, buena parte del aprendizaje que tiene lugar es de este tipo. La meditación puede limpiar materiales almacenados sin que ello requiera necesariamente la evocación de recuerdos, traumas y otros contenidos de este estilo.

Podemos denominarlo modelo del *filtrado* para alcanzar el subconsciente. Este paradigma contrasta con el modelo del *desenterrar*, utilizado en buena parte de la psicoterapia, en el cual descendemos y exploramos un complejo específico. Esto conduce a una determinada comprensión personal que luego mejora nuestra calidad de vida. Desenterrar y filtrar pueden verse como procesos mutuamente complementarios. Para algunos meditadores, la purificación del filtrado puede ser suficiente. Pero cuando no es así, pueden acudir a los servicios de expertos en desenterrar, esto es, profesionales competentes de la salud mental. Es importante valorar el asombroso poder de la práctica de la meditación, pero también lo es darse cuenta de sus limitaciones. A veces se necesitan otros elementos, como terapia, programas de 12 pasos, apertura a la retroalimentación social, tener una lista de directrices éticas explícitamente formuladas, etc.

Otra posible descripción del proceso de purificación es un paradigma un tanto mecanicista que, en realidad, aprecio. En este paradigma, los seis sentidos (lo que me gusta llamar el *ver, oír y sentir internos y externos*) presentan una especie de viscosidad, como la melaza. En inglés existe una expresión que se traduce como 'fluir como melaza en un frío día de invierno', la cual hace referencia a que algo fluye muy lentamente. Ahora bien, si calentamos la melaza, se vuelve incomparablemente más fluida, y fluye con rapidez.

La impregnación de nuestra experiencia del ver, oír y sentir internos y externos constituye una especie de fricción o viscosidad interna sutil que evita que nuestros sentidos fluyan libremente. Esta coagulación microscópica en el fluir natural de los sentidos da lugar a una especie de fricción interna. Hace que nuestro campo visual se coagule, lo cual causa que tengamos la impresión de que el espacio es rígido. Provoca que nuestras conversaciones internas se solidifiquen, con lo cual tenemos la impresión de que los pensamientos son reales. Esta autointerferencia microscópica, segundo a segundo, en los circuitos sensoriales es análoga a la tensión muscular microscópica. Hay docenas de pequeñas microtensiones subliminalmente presentes en cada experiencia interna o externa. Se trata del sistema sensorial operando contra sí mismo, de una especie de autoconflicto diminuto.

En este modelo mecanicista de la purificación, la idea es eliminar la autointerferencia microscópica, subliminal, dentro de los circuitos sensoriales. Esta concepción es congruente con el paradigma de la psicoterapia, que también busca reducir el autoconflicto. No obstante, la diferencia es que la terapia habla de liberarse de los autoconflictos *macroscópicos*. La purificación de tipo psicológico es muy importante, pero en la meditación el énfasis está en los autoconflictos *microscópicos*. Al infundir claridad y ecuanimidad en nuestros circuitos sensoriales, su fricción interna disminuye. La experiencia sensorial interna y externa va desde el hielo sólido hasta el agua que fluye, y desde esta hasta el estado «vaporoso». Químicamente, el hielo, el agua líquida y el vapor son lo mismo, pero sus características físicas son muy diferentes. Análogamente, el ver, oír y sentir congelados y el ver, oír y sentir fluidos son lo mismo, pero sus características espirituales son muy diferentes.

Yo llamo a esto el paradigma *reológico* de la purificación. La reología es una rama de la ingeniería que describe los flujos no lineales en la naturaleza. En el paradigma reológico de la purificación, el objetivo es quitar esta coagulación microscópica, ubicua e invisible de la sustancia de la conciencia.

◆◆◆

Hagamos un repaso. Hemos visto cuatro paradigmas para la purificación: el cristiano, el budista, el psicológico y el reológico. En el paradigma cristiano, el bloqueo que separa al yo de la Fuente se denomina *pecado*. Su eliminación radical se ve, sobre todo, como un asunto de la gracia, pero el esfuerzo personal también desempeña un papel. En el budismo, las impurezas son vistas como secundarias. Su eliminación radical se considera factible, con esfuerzo. Pero también es cierto que algunas tradiciones budistas enfatizan el abandono de todo esfuerzo y permitir que la naturaleza de la propia conciencia haga el trabajo. Esta confianza en la naturaleza de la conciencia es análoga a la fe y la gracia en el cristianismo.

La visión budista contrasta con la visión psicológica en algunos aspectos. La psicología occidental a menudo está interesada en desenterrar material biográfico específico para ayudar a arreglar determinados aspectos de la personalidad. En la práctica budista, la claridad y la ecuanimidad se derraman en los circuitos sensoriales, y dan lugar a una transformación global a través de todo el subconsciente. Puede ser que el practicante ni siquiera sea consciente de ningún contenido biográfico determinado; tal vez solamente perciba que la vida se vuelve más sencilla y que las conductas mejoran, y la única explicación es que el subconsciente debe de estar reorganizándose debido a la infusión de claridad y ecuanimidad. No me malinterpretes; no estoy suponiendo que la concepción budista sea mejor o que los meditadores puedan no necesitar terapia. Me limito a señalar un contraste.

El paradigma reológico considera que la purificación es el aprendizaje, por parte de los circuitos sensoriales, de cómo no interferir consigo mismos. La cuestión de la reducción del auto-conflicto, el aferramiento inapropiado y la fijación parece guardar similitud con mucho de lo que se dice en psicoterapia, pero hay una diferencia fundamental entre el paradigma psicotera-péutico y el paradigma reológico. En el modelo psicológico, el autoconflicto, el aferramiento excesivo y la fijación con los que lidia la persona pertenecen a una escala temporal extensa, a pa-trones que hace semanas, meses, años o décadas que están en su vida. El paradigma reológico se dirige a la autointerferencia en una escala microscópica, a los apegos y las fijaciones que tie-nen lugar continuamente por debajo del umbral de la conciencia en una escala temporal de unos pocos segundos o incluso unos cuantos cientos de milisegundos.

Personalmente, creo que cada uno de estos paradigmas de la purificación puede ser útil. La psicoterapia repara áreas que la me-ditación budista no alcanza. La reología materialista y la teología religiosa no apuntan necesariamente a realidades incompatibles.

El humano anfibio

Cualquier experiencia —simple o compleja, agradable o desagradable, interna o externa, significativa o banal— puede ser acogida con concentración, claridad y ecuanimidad (o no).

Sería conveniente tener una palabra que indicase el grado en que un suceso sensorial determinado está siendo experimentado conscientemente. La palabra que uso con este fin es *completitud*. Cuando recibimos un suceso sensorial con poca conciencia, nuestra experiencia de ese evento sensorial no será muy completa. Si experimentamos un suceso sensorial con un nivel medio de atención, esa experiencia está cerca de ser completa. Si acogemos una experiencia con la mayor atención posible, esa experiencia llega a ser tan completa como puede ser. Independientemente de lo ordinario que pueda ser un suceso sensorial, cuando se experimenta con una completitud radical se convierte en algo completamente extraordinario, lo cual es, ciertamente, paradójico.

Hay una profunda complementariedad entre tener experiencias completas y purificar la conciencia. Al intentar experimentar cada suceso de la vida tan completamente como sea posible, purificamos la conciencia, pero cuanto más se purifica la conciencia, más fácil es tener experiencias completas. Cuando hay concentración, claridad y ecuanimidad máximas, una experiencia llega a ser lo más completa posible, y cualquier experiencia máximamente completa es muy parecida a cualquier otra experiencia completa. Todas tienen *un mismo sabor*: el sabor de una rica vacuidad combinada con una tranquilidad dinámica. Esto es totalmente paradójico. El dolor total produce más bien poco sufrimiento y no se convierte en aversión. El placer completo aporta satisfacción duradera y no se convierte en necesidad. Una experiencia completa de confusión crea una base para la intuición espiritual. Una experiencia completa de deseo no contiene deseo. Una experiencia completa de aburrimiento es interminablemente fascinante. Una experiencia sensorial es solo una mínima parte del universo (el viento tocando nuestro rostro, el acto de hacer el amor, atarnos los zapatos, enfadarnos con un alumno...); sin embargo, cuando experimentamos cualquiera de estas experiencias completamente, ello nos une a la plenitud de la Creación y a la vacuidad del Creador.

Me gusta pensar en la humanidad como destinada a ser anfibia, a ir y venir entre dos mundos, como las ranas. Me imagino que una rana es feliz porque es una criatura que pertenece a dos mundos. Cuando resulta adecuado estar en tierra seca, está cómoda allí. Cuando parece apropiado estar en el agua, está cómoda allí. Una rana puede ir y venir entre el agua y la tierra cuantas veces quiera, tan frecuentemente como lo desee. Si se cansa del agua, puede ir a la tierra, y si se cansa de la tierra, puede ir al agua. Disfruta de una libertad de movimientos carente de trabas entre estos dos ámbitos.

Nosotros, los seres humanos, también estamos destinados a atravesar dos mundos. Estamos hechos para sumergirnos bajo el agua de la unidad en el mundo de la completitud, la fluidez, la conectividad y la vacuidad, y luego salir a la solidez, la separación y la sustancialidad de la tierra para realizar algunos tipos de funciones. El problema es que hemos olvidado cómo volver al agua, y ahora estamos estancados en la zona árida. La mayoría de los humanos no tienen manera de encontrar alivio en las frescas aguas de la Fuente.

◆◆◆

Esto podría servir de resumen:

La experiencia ordinaria, cuando se acoge con concentración, claridad y ecuanimidad, cataliza un proceso de comprensión intuitiva y de purificación que culmina en la capacidad de tener experiencias completas cuando uno quiere.

Esta teoría es muy elegante. Presenta todas las características de la buena ciencia. Una buena teoría científica tiene simplicidad, generalidad y poder. *Simplicidad* significa que no es exageradamente complicada. *Generalidad,* que se aplica a un amplio espectro de circunstancias. Y *poder,* que nos permite manejar bien lo que ocurre.

La teoría de la meditación tiene todas estas características. Bien merece el nombre de *ciencia de la iluminación*.

6

LOS MÚLTIPLES ASPECTOS
DE LA TRANSITORIEDAD

La sabiduría espiritual es como un diamante de muchas caras. Cada maestro enfatiza un aspecto de esta preciosa joya. Por ejemplo, el Buda puso mucho énfasis en cómo la iluminación ofrece libertad respecto del sufrimiento. Algunos maestros zen, sin duda influenciados por el taoísmo, la describen fundamentalmente en términos de hacerse uno con todas las cosas. La faceta de la sabiduría que, personalmente, me ha resultado más enriquecedora es la transitoriedad.

Puedes preguntarte cómo la transitoriedad puede ser enriquecedora para una persona. A primera vista, la transitoriedad parece en el mejor de los casos trivial y, en el peor, pesimista. Trivial: todo el mundo sabe que las cosas vienen y se van; por tanto, ¿dónde está el problema? Pesimista: si todo termina sucediendo, ¿por qué preocuparse por hacer algo?

En este capítulo, mostraré que la noción de transitoriedad no es ni una banalidad ni un fastidio, sino, en realidad, la antítesis misma de ambos: algo a la vez profundo y capaz de empoderar.

Transitoriedad e *impermanencia* son la traducción estándar del término pali *anicca* (pronunciado *a-nii-cha*). *Nicca* significa 'permanente' y *a* significa 'no', así que *anicca* significa literalmente 'no permanente'. Sin embargo, la palabra *impermanencia* no transmite la riqueza que tiene esta noción en la tradición budista. Yo diría que el concepto de impermanencia o transitoriedad en el budismo es tan profundo y variado como el concepto de energía en física. Si estás familiarizado con la historia de la ciencia, sabrás que el concepto de energía se ha desarrollado y ha evolucionado a lo largo de varios siglos. Lo mismo sucede con el concepto de transitoriedad. Así como la sabiduría es una joya con muchas facetas, la faceta particular de la sabiduría denominada *comprensión penetrante de la transitoriedad* tiene a su vez muchas subfacetas, muchos matices y niveles.

En el budismo inicial, la transitoriedad se hallaba estrechamente relacionada con otro concepto, *dukkha*, que generalmente se traduce como 'sufrimiento'. El Buda dijo que el sufrimiento humano está producido por el apego. El apego puede producir sufrimiento cuando depositamos nuestra felicidad en aquello que no puede durar. La mayoría de la gente depende *exclusivamente* de factores como la salud, la riqueza, la reputación, las relaciones, la apariencia, la familia o los niños para ser feliz. El problema es que esos factores no son eternos. Las personas cambian, nuestra salud termina deteriorándose, la riqueza viene y va, la guerra puede seguir a la paz... Todas las fuentes de felicidad condicional son transitorias. En palabras del Eclesiastés: «Todas las cosas pasan». Si hacemos de estas cosas pasajeras la piedra angular de nuestra felicidad, nos exponemos a un sufrimiento inevitable, o *dukkha*. Así pues, en el budismo primitivo, la transitoriedad tenía una connotación negativa. Sufrimos porque confiamos en cosas transitorias para nuestra felicidad. Depositamos *toda* nuestra esperanza en cosas que no durarán.

Pero ¿hay alternativa? Sí. Sigue adelante y confía *algo* de tu felicidad, incluso la mayor parte de ella, a cosas que no durarán. Pero asegúrate de dedicar al menos un tiempo y un poco de energía a investigar la dimensión de la felicidad que sí es duradera. Paradójicamente, la dimensión de la felicidad que permanece es, ella misma, una faceta de la transitoriedad. Es su rostro positivo: el fluir del *Creator Spiritus* que está siempre presente, rodeando cada momento de felicidad condicional, abrazándola desde dentro y desde fuera.

En la vida cotidiana, tendemos a percibirnos como objetos, como cosas. Los idiomas humanos reflejan y refuerzan esta percepción. Pero, en realidad, el yo no es una cosa; visto con profundidad, es también un hacer, una onda. Una onda es algo que atraviesa por fluctuaciones, se fortalece y se debilita, tiene cumbres y valles, ascensos y descensos. Nuestro sentido del yo pasa por estas fluctuaciones, ciertamente. Cuando estás solo por la noche, a salvo bajo las sábanas, tu sentido del yo de algún modo disminuye. Por otra parte, si entras en una estancia llena de extraños que pueden juzgarte, y todo el mundo se detiene para mirarte, tu sentido del yo crece. Surge como una ola, una nube de charla mental, imágenes mentales y sensaciones corporales emocionales autorreferenciales. Más tarde, cuando te sientes más cómodo con las personas que hay en la sala, la amplitud de esa «onda del yo» disminuye.

Cuando miramos cuidadosamente, descubrimos que el sentido del yo no es una partícula que nunca cambia, sino más bien un fluir, una onda de pensamiento y sentimiento que puede aumentar y disminuir y, por tanto, no es permanente. Dado que es una onda que fluctúa, no una partícula sólida, el Buda lo describió como *anatta*. *An* significa 'no' y *atta*, 'el yo como cosa'. No se trata tanto de que no tengamos un yo, sino de que el yo que tenemos no es una cosa. Es una actividad pasajera, fluctuante; es un *proceso*, no una partícula; es un *verbo*, no un sustantivo.

EL BUDA DE PIEDRA DANZA

A veces le hago a la gente una pregunta intencionalmente desconcertante, de elección múltiple: «¿Danzan las montañas?». Las respuestas posibles que ofrezco son: *sí*, *no* y *depende*. La respuesta que me gusta es: *depende*. ¿De qué depende? De lo minuciosa y pacientemente que investiguemos las montañas.

En muchos idiomas, la palabra *montaña* es una metáfora para designar lo que es permanente y no cambia. Sin embargo, si miramos la montaña no en el nivel macroscópico de las rocas sino en el nivel microscópico de las moléculas, nos extrañaría la enorme cantidad de giros, movimientos y vibraciones que se producen. Para tomar prestada una frase de Jerry Lee Lewis, estrella del *rock and roll* de la década de los cincuenta: «Hay un movimiento constante». Por debajo del nivel molecular se encuentra el nivel atómico, debajo de él está el nivel de los protones y los neutrones, y todavía más abajo los cuarks, y debajo de estos quizá las supercuerdas. Cuanto más sutil es el nivel, de una frecuencia más alta y más espectaculares son las vibraciones. En el nivel cuántico de la realidad física, hallamos la frecuencia última de la vibración, conocida como *frecuencia de Planck*, que es más o menos de un millón de trillones de trillones de trillones de ciclos por segundo. En otras palabras, más allá de un determinado nivel de la escala espacial, la montaña básicamente *no es más que* movimiento. Vista con una conciencia microscópica, muy minuciosa, la montaña parecería literalmente una danza de energía. Esta es la perspectiva espacial.

Hablemos ahora de la perspectiva temporal. Si miramos una montaña durante diez años, no parece cambiar mucho. Ahora bien, si hiciésemos un vídeo con imágenes secuenciales, formado por un conjunto de fotogramas que hubiesen sido tomados con el intervalo de un siglo entre ellos, durante millones de años, y luego viésemos esa película a velocidad normal, ¿qué impresión nos daría la montaña? Parecería una corriente de protoplasma que ondulase con un movimiento fluido y elegante, expandiéndose y contrayéndose. Dicho de otro modo, si miramos a cámara lenta, vemos todo tipo de movimientos que de otro modo no percibiríamos. ¿De qué manera resulta esto relevante para la experiencia sensorial ordinaria? ¿Hay algo que podamos hacer y que sea análogo a mirar a cámara lenta? Sí; si miramos con la suficiente paciencia, si tenemos una gran *ecuanimidad*, entraremos en un estado alterado en el que el tiempo se ralentizará espectacularmente. Puede ser que ya hayas experimentado algo, tal vez asociado con una situación de gran riesgo para tu vida o con una situación de gran afirmación de tu vida. Todo parecía suceder a cámara lenta, y tú mirabas como desde la distancia, sin temor, sabiendo exactamente qué hacer y, aparentemente, teniendo una eternidad para hacerlo. En el lenguaje del mindfulness, entraste espontáneamente en un estado de profunda ecuanimidad. En este estado, es posible experimentar el yo y el mundo, habitualmente tan sólidos, como una especie de fluir sin esfuerzo.

Contempladas con la paciencia de siglos (desde la profunda ecuanimidad) o con la precisión de un microscopio (con una gran claridad sensorial), las experiencias aparentemente sólidas son en realidad una danza de energía. Esto es válido también para todas nuestras experiencias, desde la más ordinaria hasta la más inusual. Podemos decir que una determinada sensación parece muy sólida o que un determinado pensamiento parece muy firme. Miramos una pared y nos parece que no cambia y que es rígida. Sin embargo, si podemos mirar con suficiente paciencia y precisión —si poseemos la claridad y la ecuanimidad suficientes—, la experiencia sensorial que tenemos de instante en instante es un fluir espontáneo de transitoriedad.

Hay un antiguo libro zen que ofrece un criterio mediante el cual uno puede saber si está o no iluminado. El criterio dice así: si visitas un templo y el Buda de piedra que está en el altar danza para ti, entonces estás iluminado. ¿Se trata de una especie de metáfora zen disparatada, destinada deliberadamente a hacer estallar nuestra mente? En absoluto. El mensaje es muy literal. La pregunta es: ¿cómo puede danzar un Buda de piedra?

Digamos que estás en un templo chino, observando una estatua gigante del Buda. Miras a la derecha y a la izquierda; te enfocas en su barriga, luego en su pierna; después miras toda la escultura simultáneamente. Tu visión recorre la estatua del Buda, y cada vez hay un cambio en la mirada, surge una impresión visual totalmente nueva del Buda de piedra. La mayoría de las personas no son conscientes, de manera explícita, de este constante cambio visual en la vida cotidiana. Durante un día típico, ¿cuántas veces giras la cabeza, cuántas veces se mueven tus ojos de un lado para otro, cuántos movimientos sacádicos oculares (pequeños cambios en los ejes visuales) tienen lugar? ¡Los neurocientíficos calculan que alrededor de cien mil! Y con *cada* cambio surge un mundo nuevo, y un mundo viejo muere. Habitualmente, no percibimos de forma consciente estas transiciones; forman parte de los procesos automáticos del cerebro. No obstante, si nos ejercitamos para estar atentos al espacio visual, seremos conscientes de que a cada instante, en todo tipo de escalas espaciales y temporales, el centro de nuestra conciencia visual está cambiando constantemente en el llamado mundo material. Percibiremos también que en cada uno de estos cambios algo surge y algo desaparece. Al principio, percibiremos algo semejante a instantáneas tomadas desde distintos ángulos; pero a medida que la atención visual se vaya perfeccionando, empezaremos a ver un fluir suave y continuo de elementos visuales que emergen y otros que menguan. Es muy parecido a los movimientos elegantes de una medusa o un alga marina en el mar, o a los movimientos de la tierra si se ven en una fotografía secuencial. El mundo se vuelve blando, maleable y elástico. Es como una versión fluida de uno de esos cuadros de Picasso en los que se ve una cara desde muchos ángulos. Picasso intentó representar lo que realmente hace nuestro campo visual; quiso pintar este proceso tridimensional dinámico en una superficie estática de dos dimensiones.

La estatua del Buda adquiere vida a través de la danza de nuestros ojos.

LAS MÁSCARAS DE LA TRANSITORIEDAD

Cuando prestamos realmente atención a lo que es, nos hacemos conscientes de que *la transitoriedad es la característica de todas nuestras experiencias*, incluso de las que parecen muy permanentes. Si miramos cuidadosa y pacientemente, cualquier experiencia nos mostrará su transitoriedad. Esto es importante y útil, porque la transitoriedad le puede ofrecer un poder extra a nuestro desarrollo espiritual. Para que eso ocurra tenemos que ser capaces de detectarla. Así que me gustaría describir algunos de los disfraces con los que se presenta.

Con frecuencia los estudiantes me dicen que todavía no han experimentado la transitoriedad, que les gustaría experimentarla o que no entienden lo que significa. Esto me indica que creen que la transitoriedad es algo especial. No lo es. Es algo ordinario que se volverá extraordinario si le prestas de manera sistemática la suficiente atención durante un tiempo lo bastante largo. Si alguna vez has tenido un dolor que primero se intensificó y luego se hizo más débil, has experimentado la transitoriedad. Si has observado cómo se agitaba tu mente y luego cómo se calmaba, has experimentado la transitoriedad. Cuando la gente dice cosas como «todavía no he experimentado la transitoriedad», lo que quieren decir es que no han llegado al punto en el que la transitoriedad las informa y empodera de una manera significativa. Así pues, ¿cómo se llega a una experiencia extraordinaria de la transitoriedad, una experiencia que altere la propia visión del mundo y libere la mente y el cuerpo? Se llega prestando atención a la transitoriedad «ordinaria» *cuidadosamente y de manera regular durante un largo período*.

La transitoriedad no es más que el carácter cambiante de la experiencia. No obstante, la mayoría de las personas no han desarrollado una *intimidad* con la naturaleza cambiante de la experiencia. Puede ser que no tengan el radar sensible para detectar sus distintos disfraces. Quizá no hayan cultivado un paladar que aprecie todos sus sutiles sabores. Tal vez no hayan descubierto su potencial impactante. Es posible que no aprecien su ubicuidad. Pero no puede decirse que no hayan *experimentado* la transitoriedad.

Cuando los budistas hablan de tener una comprensión intuitiva de la transitoriedad, se refieren a apreciar el carácter cambiante de la experiencia en niveles más profundos de intensidad. Una manera de pensar sobre esto es mediante tres aspectos de la transitoriedad: el trivial, el duro y el gozoso. Veamos cada uno de ellos un poco más de cerca.

Al principio, la transitoriedad puede presentarse de un modo *trivial*. Por ejemplo, estás meditando y empiezas a sentir un picor. Durante un momento te preocupas. Luego, algo te distrae, y cuando vuelves, el picor ya ha desaparecido. En realidad no has notado cómo se iba; solamente eres consciente de que algo que antes estaba presente ahora está ausente. Tu atención se ha visto interrumpida, pero aun así te das cuenta de que algo ha cambiado. Este nivel de comprensión de la transitoriedad se basa en que la concentración no es continua. Una apreciación más profunda de la transitoriedad procede de la concentración constante.

A medida que tu habilidad para concentrarte aumenta y eres capaz de centrarte con mayor constancia, sin distraerte, empiezas a apreciar cómo todo cambia *constantemente*. Pero el hecho de que el cambio sea continuo no implica necesariamente que sea tranquilo. En este estadio, tu experiencia del cambio puede ser abrupta, áspera e incluso muy dura. Por ejemplo, estás observando un dolor en tu pierna y te das cuenta de que es torturante, punzante, aplastante, demoledor. Son modalidades muy abruptas e incómodas de movimiento, pero no por ello dejan de ser movimientos. Son formas a través de las cuales la sensación de dolor va cambiando. Parece como si alguien te hubiera clavado un cuchillo en la pierna y lo estuviera moviendo a derecha y a izquierda, clavándolo y extrayéndolo. Es duro, es abrupto, pero supone un contacto continuo con la naturaleza cambiante de las cosas.

Esto no sucede solo con las experiencias dolorosas. Lo mismo puede ocurrir con el placer intenso. Por ejemplo, haciendo el amor puedes tener un contacto constante con sensaciones fuertemente placenteras. Pero a causa del intenso deseo, esas sensaciones impactan en tu cuerpo de una manera dura e intermitente. Hay intensidad, sí, pero está coagulada y actuando de manera impulsiva. No logra proporcionar las olas suaves y agradables de la satisfacción atemporal que se supone que debe ofrecer el amor.

Finalmente, tu capacidad de concentración y ecuanimidad madura hasta el punto de que tu experiencia del cambio no solo es constante, sino también apacible. Se suaviza. La transitoriedad se hace fluida, tranquila, burbujeante, más similar a un inspirar y espirar sin esfuerzo. Esto se debe a que tu concentración es como un monitor de alta resolución o una pantalla de televisión de alta definición, y eres capaz de percibir con claridad movimientos más sutiles. Por poner una metáfora tecnológica, es como si hubieses aumentado la frecuencia de muestreo o el ancho de banda de tu detector de cambios. No puedes forzar esto, pero a medida que prestas atención y desarrollas una aceptación de los tipos más duros de transitoriedad, se descomponen en tipos de transitoriedad más amables —en ondulaciones majestuosas, efervescencia, propagación sin esfuerzo y colapso—. Cuando sucede esto, la transitoriedad empieza a resultarte agradable; se convierte en una especie de masaje.

De hecho, incluso cuando era punzante, cortante, aplastante y demoledora, en realidad te estaba masajeando, pero este es un tipo de masaje que apenas reconocías como tal, porque era demasiado duro para ti. Es como la diferencia entre el masaje sueco ligero y el masaje profundo intenso. Desafortunadamente, la naturaleza a menudo empieza con el masaje intenso y profundo, y no nos damos cuenta de que nos están masajeando. Podemos creer que nos están torturando. Pero tenemos que estar dispuestos a convivir con ello. Si quiere golpear con dureza, deja que golpee; si quiere retorcer, deja que retuerza; si quiere aplastar, deja que aplaste. De esta manera, algunas de las resistencias más burdas al fluir de la transitoriedad se desmoronan, aunque al principio no lo parezca. En algún momento, experimentarás sus aspectos más amables, el estilo de masaje suave. Yo describo este tercer estadio de la transitoriedad como un placentero fluir de la energía, una efervescencia suave y espontánea que es nutritiva y revitalizadora.

En este punto, estamos en el umbral de una transición importante, porque ahora podemos abandonarnos a la corriente y dejar que «nos medite». La percepción *estoy meditando* se retira al fondo y es sustituida por la percepción de que *la transitoriedad está meditándome*. En este sentido, puedes pensar que la transitoriedad es tu ayudante en la meditación.

El gran maestro birmano U Ba Khin tenía un modo interesante y útil de hablar sobre la transitoriedad, que estoy seguro de que nunca se había utilizado en el budismo original. Hablaba de «activar» la transitoriedad. En algún momento, puedes experimentarla como un tipo de energía que se ha activado en tu interior y te ayuda durante la meditación. Es una especie de transitoriedad que puedes cabalgar y surfear. En la meditación hindú, se denomina a veces *kundalini* o *shakti*.

Aquí comenzamos a percibir un aspecto de la transitoriedad que es más positivo que la anterior asociación de esta con el sufrimiento. En lugar de representar solo una filosofía pesimista, hablamos de un ayudante en el camino. Hasta donde yo sé, el Buda nunca habló explícitamente sobre la transitoriedad en estos términos. Creo que deberíamos tener un nombre para el aspecto positivo de la transitoriedad, así que en mi sistema lo llamo *Fluir*, con mayúscula. Me parece que disponer de una palabra que enfatiza el aspecto positivo de la transitoriedad es muy útil para enseñar *anicca* al mundo moderno.

El Fluir se presenta con distintos sabores. Las principales formas del Fluir que me gusta distinguir son el Fluir *ondulatorio*, el Fluir *vibratorio* y el Fluir *expansión-contracción*. El primero es constante, un movimiento ondular, como el de una medusa, una ameba o una lámpara de lava. La mayoría de la gente experimenta al principio este sabor del Fluir sobre todo su cuerpo. El cuerpo entero se siente como un alga en una marisma.

El Fluir vibratorio es como burbujas de champán o chispas eléctricas. Si has experimentado alguna vez el «subidón» que tienen los corredores o el «impulso» del que hablan los levantadores de pesas, has establecido contacto con este sabor del Fluir. Una sensación parecida es la sensación vibratoria que experimentas después de darte una ducha revitalizadora, la sensación resplandeciente que tienes después de hacer el amor o la irrupción de adrenalina que algunas personas buscan. Si tienes una claridad microscópica suficiente, descubrirás que estos tipos de placer son realmente el Fluir en forma de neblina centelleante o de burbujas de champán efervescente por todo tu cuerpo.

Correr, darse una ducha vigorizante o hacer el amor... ¿Qué tienen en común estas acciones? Todas ellas suponen una intensa experiencia del cuerpo. En el período de relax que las sigue, si observas microscópicamente, descubrirás un sutil fenómeno vibratorio. En realidad, esta es la naturaleza de toda experiencia corporal, pero es más fácil detectarla en esos momentos debido a la intensa implicación del cuerpo que acaba de tener lugar.

El Fluir expansión-contracción implica movimientos hacia dentro y hacia fuera, fuerzas de extensión y contracción y un hinchamiento y deshinchamiento que se producen sin esfuerzo. No es infrecuente que en meditación la gente tenga una sensación de amplitud que lo abarca todo y una sensación de ligereza que lo impregna todo. Pero mira cuidadosamente. Esta inmensa vastedad no es estática; es una fuerza dinámica que se propaga hacia fuera. Y esta ligereza omnipenetrante no es estática; propaga un sabor de sutil contracción que llama constantemente a la conciencia a retroceder hacia el punto adimensional del que surge. El Fluir expansión-contracción es fundamental en el sentido de que subyace a todos los demás sabores del Fluir. Los tres (ondulación, vibración y expansión-contracción) a menudo están presentes al mismo tiempo.

Para muchos, su primera experiencia del Fluir que tienen es de tipo corporal. Más tarde comenzarán a percibir distintos sabores del Fluir en los otros sentidos, incluso en el mismo proceso del pensar. Desde luego, no todo el mundo experimenta la transitoriedad de las maneras que he descrito, y ciertamente no se debería intentar tener las experiencias de ondulaciones, vibraciones o expansiones y contracciones. Ahora bien, si experimentas el Fluir, como resultado de la meditación formal o espontáneamente como resultado del vivir diario, es útil que entiendas lo que significa y cómo trabajar con él.

Antes de seguir adelante, necesito hacer una pequeña aclaración respecto a la terminología. Los términos técnicos significan cosas diferentes en contextos distintos. En el campo de la psicología positiva, *fluir* hace referencia a la gratificación intrínseca asociada a un estado de alta concentración, un tema que hemos analizado antes en este libro. Ha llegado a ser de uso popular en este sentido. No es poco frecuente oír decir fases como «entré en un estado de fluidez», con lo que se refieren a que entraron en un estado de concentración gozosa. Es hermoso que contemos con los términos para designar este fenómeno, y deberíamos dar las gracias a expertos en psicología positiva como Mihaly Csikszentmihalyi por ello. Ahora bien, observa que, en mi formulación, Fluir hace referencia a las cualidades dinámicas que pueden estar presentes en la experiencia sensorial: el cambio, la energía, la fuerza, el movimiento, etc. En términos científicos, detectar el Fluir corresponde a tener en cuenta la «derivada temporal» de la experiencia sensorial. Obviamente, el fluir del que se habla en la psicología positiva y el Fluir del que hablo en mi sistema están relacionados de forma natural: el primero facilita el segundo.

El Fluir como purificador

Cuando un masajista te masajea, sus dedos trabajan la sustancia de tus músculos y les transfieren energía. Esto resuelve los tirones y las inflamaciones presentes en la sustancia muscular. He aquí una buena analogía del Fluir de la transitoriedad. Cuando permites que esta trabaje en ti, la energía de sus ondas y vibraciones reblandece la sustancia de la conciencia, disuelve los nudos de tu alma. Descompone los coágulos de todos tus sentidos: visual, auditivo y somático. Esto es la transitoriedad como purificadora: algo que deshace los bloqueos, limpia las impurezas, refina el metal que eres. Cuando esto sucede, puede parecer que la conciencia se estuviese volviendo porosa. En esta porosidad, puedes percibir cómo las ondas y las vibraciones de *anicca* remueven la porquería de las profundidades de tu alma. Hacen que salga, se digiera y luego se expulse de tu ser. Puedes notar cómo tus sentidos se ven acariciados por el Fluir de la transitoriedad. La purificación de las puertas de la percepción no es una metáfora poética, sino una realidad palpable.

La transitoriedad se relaciona con ideas centrales que se hallan en varias tradiciones espirituales. Las palabras utilizadas puede que al principio no parezca que tengan nada que ver con la *transitoriedad*. Si solo miras su significado literal, nunca, ni en tus sueños más salvajes, imaginarás que tengan algo que ver con lo que los budistas llaman transitoriedad.

Por ejemplo, la cultura china reconoce algo llamado *qi*, que se describe como una especie de energía que fluye por canales a través del cuerpo humano. La noción médico-marcial que el este asiático tiene del *qi* se relaciona estrechamente con la experiencia budista de la fugacidad. Si recibes un tratamiento de acupuntura y sintonizas de verdad con lo que está sucediendo con las agujas, detectarás lo que en chino se llama *deqi* ('obteniendo *qi*'). Sentirás ondas que salen de las agujas y se expanden, se contraen y vibran, ondas que tienen efectos que parecen buenos para el cuerpo. Quizá no pienses que esto pueda estar relacionado con un concepto filosófico como el de transitoriedad, pero sí lo está.

Como recordarás, en la práctica budista comprendemos de una manera penetrante la transitoriedad siendo muy precisos y estando muy abiertos a lo que haya. Cuando el acupuntor clava una aguja en tu piel, el pinchazo te produce una sensación de dolor. No es una sensación fuerte, no más que la picadura de un mosquito, de manera que te resulta bastante fácil estar totalmente abierto a ella, especialmente si crees que la aguja va a ayudarte. Es fácil mantenerse ecuánime con esos pequeños pinchazos. También es fácil ser muy preciso respecto a ellos, estar muy atento acerca de dónde se sienten exactamente. En inglés incluso existe un verbo, *to pintoint*, que significa 'localizar con precisión', ser espacialmente preciso respecto a algo. Recibir acupuntura nos ofrece automáticamente una experiencia de conciencia precisa y acogedora del cuerpo.

¡Y esto es exactamente lo que hacemos en la práctica del mindfulness! Cuando desarrollamos el mindfulness del cuerpo, intentamos ser muy precisos en cuanto a la localización de las sensaciones y tan ecuánimes como podamos con ellas. En esencia, tomamos los dolores ordinarios que experimentamos al sentarnos y los convertimos en una especie de estímulo de acupuntura. Como consecuencia de localizarlos y abrirnos a ellos, comienzan a fluir y a vibrar, y ello genera una experiencia análoga al *deqi* de la acupuntura.

Me gustaría aclarar algo sobre la relación existente entre la noción taoísta del *qi* y las enseñanzas budistas sobre la transitoriedad. Las personas familiarizadas con la tradición budista tienden a asociar el concepto de transitoriedad con la naturaleza de la realidad objetiva y la ubicuidad del sufrimiento. Todo lo que se ve exacerbado acaba por desaparecer. De modo que si depositamos toda nuestra felicidad en las personas, los objetos y las situaciones, nos encaminamos de manera inevitable, y quizá horrorosa, hacia el sufrimiento. Este aspecto de la transitoriedad constituye una tesis *filosófica* importante y útil. Pero hay también un aspecto *experiencial*. Cuando observamos nuestros sentidos, nos volvemos intensamente conscientes de su naturaleza vibrante, vibratoria y dinámicamente espaciosa.

El *qi* se concibe generalmente como una entidad objetivamente existente que puede ser controlada y manipulada. Pero ¿cuál es el origen histórico de este concepto? Sospecho que originalmente surgió como resultado de que la gente detectaba el fluir de la energía en su cuerpo y se daba cuenta de que este fluir tendía a moverse según determinados patrones. Si el *qi* existe objetivamente como una fuerza física es algo debatido, pero como experiencia sensorial su significado es innegable. En eso consiste el vínculo entre la transitoriedad budista y la energía taoísta. Como conceptos intelectuales, parecen muy diferentes, pero como experiencias sensoriales están estrechamente relacionadas.

La transitoriedad se relaciona también con lo que se llama el Espíritu Santo en las religiones abrahámicas (el cristianismo, el judaísmo y el islam). La denominación *Espíritu Santo* pueden sonar un tanto mística o pseudomística, e incluso puede resultar molesta o intimidadora, o causar rechazo. Pero esta denominación procede del latín *spiritus sanctus*, que a su vez es una traducción del griego *hagia pneuma*, que a su vez es una traducción del hebreo *ruach ha-kodesh*. En hebreo, *ruach* significa 'el viento', algo que tiene poder pero es insustancial y está en constante movimiento. El Espíritu Santo es una especie de viento que sopla a través de nosotros y nos conforta. Es el Paráclito, el confortador que nos purifica y nos une a la Fuente (consulta el capítulo diez para un enfoque cristiano acerca de cómo el Espíritu Santo disuelve la sustancialidad del yo). De modo que activar la transitoriedad, recibir el Espíritu Santo y obtener *qi* son denominaciones muy distintas, basadas en paradigmas muy diferentes, pero pueden hallarse estrechamente relacionadas en calidad de *experiencias*.

En el camino espiritual, hay que desarrollar una sensibilidad hacia el vocabulario. Dos maestros pueden utilizar un vocabulario muy parecido y sin embargo referirse a realidades bastante distintas. Por otra parte, dos maestros pueden utilizar palabras que no parecen similares en nada, pero que en realidad hacen referencia a fenómenos relacionados. Desarrollar el discernimiento, una sensibilidad hacia cómo se utilizan las palabras en distintos contextos, es una señal de madurez espiritual.

Hace cuarenta y cinco años, estudiaba idiomas y filosofía en la universidad, y nunca había practicado la meditación. Si alguien me hubiera dicho: «Dentro de varias décadas publicarás que el concepto judeocristiano del Espíritu Santo, el concepto del *qi* de las artes marciales y el concepto budista de *anicca* están relacionados», probablemente le habría respondido: «¡Por favor!, no te lo crees ni tú». Como erudito, pensaba que estos conceptos no tenían nada que ver entre sí, que no presentaban ninguna relación histórica, lingüística ni conceptual. Pero eso era antes de que tuviera experiencia. La experiencia hizo que pasase de ser un académico solemne a ser alguien que habla de aparentes incongruencias. ¡Esto es la transitoriedad!

La idea de que la transitoriedad puede ser una fuerza positiva, purificadora, es revolucionaria. Al principio, la noción de transitoriedad puede atemorizarnos un poco, porque parece eliminar todo sentido de la seguridad. Si todo en el universo cambia y se desvanece, podría parecer que no hay nada en lo que podamos confiar. Lo único que no cambia y desaparece es el cambio y la desaparición. Pero, como hemos visto, este cambio y este desvanecimiento pueden convertirse en una poderosa fuente de confort y seguridad. Obtenemos una especie de «sabor» cuando nos hacemos conscientes de que el Fluir de la transitoriedad es purificador y nos limpia. A falta de una formulación más adecuada, lo llamo el *sabor de la purificación*. La capacidad de saborear la purificación es la señal de un paladar espiritual maduro, por así decirlo.

Los niños generalmente no entienden cómo a un adulto puede gustarle un sabor amargo como el del café o que te hacer arder la boca como el del chile picante. Pero cuando vamos haciéndonos mayores, llegamos a apreciar y a buscar sabores que de niños no nos agradaban. Llamamos a esto *maduración del paladar*. Lo mismo puede ocurrir con nuestro paladar espiritual. A medida que nuestro gusto madura, comenzamos a saborear algunas cualidades que no podíamos detectar ni apreciar previamente.

El sabor de la purificación es muy difícil de describir, pero, en esencia, es un tipo de alegría. Puedes sentir mucho dolor, pero también una profunda alegría porque percibes que hay bloqueos que se disuelven cada vez que acoges el dolor con ecuanimidad. Puedes sentir cómo la energía del dolor está erosionando la separación existente entre tú y tu Fuente espiritual. Percibes que los apegos del pasado se están triturando, digiriendo y metabolizando a través de los movimientos peristálticos y vibratorios de la transitoriedad. La trituración y la digestión son dolorosas y liberadoras al mismo tiempo. Este es el sabor de la purificación. Una vez que puedes detectar y apreciar este sabor, te vuelves capaz de llevar a cabo prácticas que eran impensables cuando empezaste a meditar.

Para desarrollar este gusto, tienes que empezar por alguna parte. Puedes comenzar con experiencias que sean relativamente fáciles y no demasiado abrumadoras. Por ejemplo, puedes sentarte y observar el picor o pequeños dolores que vienen y van en tu cuerpo. Cuando meditamos, a menudo observamos un picor sin que necesariamente debamos rascarnos, o nos sentamos con la espalda recta aunque los músculos se cansen un poco. Estas son pequeñas cosas que todo el mundo puede realizar. Si lo hacemos en la medida suficiente, empezamos a percibir qué es el sabor de la purificación. Más tarde, ya no tememos hacer lo mismo con sensaciones que sean un poco más intensas, o quizá *mucho* más intensas.

No es necesario que busquemos activamente situaciones incómodas para purificar nuestra conciencia. Podemos limitarnos a esperar a que la vida nos las presente, algo que, antes o después, siempre sucede. Si comprendemos el sabor de la purificación, no tendremos miedo ante la perspectiva de aquello desagradable que nos ocurrirá en la vida. Con el tiempo nos hallaremos frente a molestias intensas, hechos que desearíamos que no tuviesen lugar; pero si comprendemos el sabor de la purificación, está garantizado que todas las molestias que nos veremos obligados a afrontar tendrán un lado positivo. Es conveniente practicar con pequeñas perturbaciones para haber alcanzado un cierto ritmo cuando acontezcan hechos de mayor calado.

Algunas personas se sienten inclinadas a buscar activamente situaciones muy retadoras; no se conforman con las dificultades del estilo picores y dolores menores. ¿Por qué lo hacen? Para ponerse en una situación en la que, literalmente, se vean conducidas a un estado de ecuanimidad y de Fluir a causa de la intensidad del sufrimiento. A quienes hemos vivido en Asia y participado en entrenamientos monásticos tradicionales nos gusta contar lo que llamo «historias de guerra budistas», acerca de las experiencias realmente duras e intensas que tuvimos o presenciamos allí. Ahora bien, el hecho de contar estas historias presenta un peligro, y es que cuando la gente las oiga, diga: «Si esto es lo que tengo que hacer para obtener la iluminación, creo que lo intentaré en otra vida».

Desde luego, no es cierto que sea absolutamente necesario someterse a este tipo de trances para alcanzar la iluminación. La cuestión es experimentar lo que sea *plenamente*, se trate de un picor, un dolor o una sensación agradable como una sonrisa. Podrías recorrer todo el sendero de la iluminación si tuvieras una experiencia radicalmente completa de tu sonrisa cada vez que sonríes. Si cada vez que sonrieses durante el resto de tu vida llenases tu sonrisa con una total concentración, claridad y ecuanimidad, en medio de tu sonrisa descubrirías que, simultáneamente, los músculos faciales se contraen y la sensación de sonreír se expande: ambos aspectos de la transitoriedad se encontrarían ahí, trabajando juntos para manifestar el yo del momento en calidad de sonrisa. Y no te quepa duda de que finalmente experimentarías toda la expansión y la contracción, todo el yin y el yang del universo dentro de tu sonrisa diaria. De modo que algo tan suave y ordinario como una sonrisa tiene el potencial de aportar el mismo grado de iluminación que el intenso y extraño sufrimiento que voy a describir.

Cuando viví en monasterios de Asia, vi prácticas tan intensas que me dejaron boquiabierto. Pero lo que más me chocó fue que los monjes no llevaban a cabo esas austeridades aplicando un esfuerzo tenso. Pasaban por ellas con una sonrisa en los labios y sintiendo el cuerpo ligero, porque no las emprendían hasta estar preparados. Esto quiere decir que habían desarrollado la necesaria fuerza purificadora de la transitoriedad. En el caso de estas personas, el sabor de la purificación surge inmediatamente cuando la experiencia se vuelve intensa. La recompensa es instantánea, de manera que el sufrimiento no degenera en una mueca de esfuerzo competitivo.

Existe la tradición de ir a lugares especiales para realizar las prácticas intensas. Por ejemplo, los primeros cristianos se retiraban al desierto, los tibetanos van a cuevas y los monjes *theravada* se adentran en los bosques. En Grecia, el centro cristiano más famoso de contemplación está en el monte Athos. Japón tiene dos equivalentes al monte Athos: el monte Koya, donde fui ordenado en 1970 como monje *shingon*, y el monte Hiei. Las guías en lengua inglesa siempre comparan el monte Koya con el monte Athos. Ambos son montañas ubicadas en lugares remotos y presentan un entorno físico arduo. Originalmente no había más que monasterios en el monte Koya, y no se permitía la presencia de mujeres. La regla contraria a las mujeres se abandonó en el monte Koya hace bastante tiempo, aunque creo que aún se observa en el monte Athos.

Como expliqué en un capítulo anterior, mi entrenamiento inicial en la meditación *shingon* tuvo lugar durante cien días de práctica constante en aislamiento, en mitad del invierno y en total silencio. Lo empecé con una personalidad –como un futuro erudito disperso y tímido– y lo acabé como alguien muy distinto. No me iluminé, pero pasé a estar incomparablemente más centrado y a sentirme mucho más valiente. Que yo sepa, fui el primer occidental en terminar el entrenamiento *shingon* básico. Tras haber acabado, pensé de mí mismo que era el no va más. Mi mejor amigo en ese momento era un monje de la escuela *tendai* que había estudiado en el monte Hiei, cerca de Kioto, la antigua capital de Japón. Cuando hube terminado mi entrenamiento de cien días, me sugirió que fuese a conocer a su maestro al monte Hiei. Resultó que su maestro era uno de los miembros de un pequeño grupo de ascetas extraordinarios conocidos como los «monjes maratonianos» del monte Hiei.

Como acabo de decir, yo creía ser el mejor porque había estado esos cien días en aislamiento. Pues bien, ¡los monjes maratonianos se comprometen a estar *doce años* en aislamiento! Durante ese tiempo deben afrontar varias pruebas aparentemente imposibles. Por ejemplo, tienen que bajar de la montaña, ir a Kioto, visitar todos los santuarios y templos importantes de la ciudad, cantar los mantras apropiados delante de ellos y volver a subir la montaña. Este ciclo dura unas veinte horas y deben pasar por él durante cien días consecutivos, una vez al año durante doce años. Esto les deja muy pocas horas para dormir, y el resto del tiempo están haciendo senderismo y cantando mantras durante más de tres meses.

Es una hazaña casi inconcebible, pero he visto que la llevan a cabo con una sonrisa en los labios. ¿Por qué? Porque a cada instante son intensamente conscientes de que esta austeridad está haciendo algo por ellos; realmente pueden sentir la purificación que está teniendo lugar en sí mismos a pesar de la intensidad. Con el tiempo, el sabor de la purificación se hace tan fuerte y gozoso que eclipsa el dolor.

Dos veces durante este período de doce años, tienen que realizar una ceremonia especial en la que básicamente se sientan durante nueve días sin comer, sin dormir ¡y sin tomar líquidos! Puedes pensar que es una leyenda, o quizá incluso un fraude piadoso, pero se trata de un evento público. De hecho, a veces se televisa en vivo por la red de televisión japonesa. El maestro con el que hablé me contó que los dos primeros días de la práctica sentada de nueve días eran bastante duros, pero que después de eso no eran tan malos; la intensidad de la transitoriedad y la purificación acababan y el tiempo transcurría bastante rápidamente. No obstante, me dijo que, en su caso, le costó todo un mes recuperar su ciclo normal de sueño después de esa práctica.

Puedes pensar que esto es muy interesante, pero que después de todo, ¿cuál es el sentido de estas austeridades? ¿Hacen algún bien? ¿Cómo se manejaba ese hombre en la cotidianidad tras terminar sus doce años? Por lo que observé, el maestro de mi amigo pasaba sus días sirviendo a la gente. Iban a visitarlo con sus problemas. Necesitaban algún consejo, o que se les diera ánimos o un poco de inspiración. Ciertamente, conocer a alguien como él supone una prueba viviente de que sea lo que sea por lo que estés atravesando en tu vida puedes superarlo y, quizá, verte empoderado por ello, del mismo modo que él se había visto empoderado por su práctica. Pasó a ser una figura inspiradora para una gran cantidad de gente corriente que acudía a hablar y sentarse con él.

Ya sé que lo que he contado puede parecerte bastante extraño, exótico y apartado de tu realidad. Quizá te preguntes qué tiene que ver contigo todo esto. Pero es algo totalmente relevante para la vida moderna corriente. Hay muchas probabilidades de que una persona con una vida tranquila en Norteamérica, por ejemplo, tenga que pasar por experiencias comparables, en intensidad, a las de los monjes maratonianos. Porque tarde o temprano algo le sucederá a ella o a alguien que le importa profundamente.

Por ejemplo, cuando mi padre murió de cáncer de pulmón, contemplé cómo estuvo toda una semana sin dormir, hiperventilando las veinticuatro horas del día, ahogándose lentamente hasta morir. Esto, desde luego, es físicamente tan intenso como cualquier prueba de los monjes del monte Hiei. Contaba con todos los cuidados que la medicina occidental puede proporcionar y todas las comodidades de la vida propia de la clase media norteamericana, pero aun así tuvo que hacer frente a esa realidad. No sé hasta qué punto era subjetivamente consciente de ello, pero como observador externo pude ciertamente ver todos los tipos de transitoriedad obrando en él, esforzándose en su sustancialidad. Creo que probablemente era consciente de esto a cierto nivel, a pesar de que no podía hablar para decirlo. Aunque nunca había meditado, y no había seguido un camino espiritual explícito, había vivido como una persona realmente buena y todo el mundo lo quería. Ese buen karma estaba ahí, y aunque no tenía formación alguna en conceptos como la acción purificadora de la transitoriedad, su bondad básica debió de ayudarlo. Así que los tipos de austeridades e intensidades que la gente se impone en los entrenamientos tradicionales pueden convertirse en algún momento en una realidad para ti, aunque hagas todo lo posible por evitarlo.

La transitoriedad como purificadora puede compararse, en cierto sentido, al proceso de la digestión. Durante la digestión, los movimientos peristálticos, o las ondulaciones del estómago y los intestinos, ayudan a descomponer los alimentos en sus componentes más simples. Luego, lo que resulta útil de esos componentes se absorbe y se convierte en parte de nuestra masa y nuestra energía, y lo que no es útil se elimina mediante otros movimientos peristálticos. He hablado acerca de la idea de que todos tenemos una especie de depósito de veneno y dolor dentro de nosotros, en el subconsciente profundo, que consiste en apegos del pasado —lo que podría describirse como una capa de residuos—. Cuando experimentamos el aspecto purificador de la transitoriedad, podemos percibir cómo sus movimientos peristálticos descienden hasta este «cuerpo de dolor» y lo deshacen en una especie de energía. La transitoriedad absorbe lo que es nutritivo del pasado para mejorar los contenidos de nuestro ser. También podemos percibir cómo se elimina lo que no es nutritivo, en una especie de proceso liberador por el que aspectos espiritualmente tóxicos de estos residuos son expulsados. Sé que esto puede sonar un poco raro, incluso desagradable. Sin embargo, la experiencia en sí misma es muy natural y hermosa.

COMBUSTIBLE PARA EL REACTOR ESPIRITUAL

Cuando hablamos del Fluir de la transitoriedad, es muy importante que nos demos cuenta de que no es algo separado de la experiencia ordinaria. No hay un mundo especial de energía que fluye, del que en algún momento tengamos que ser expulsados para volver al burdo y tosco mundo ordinario. Por el contrario, el fluir de la energía *es* el mundo ordinario; es lo que le sucede al mundo ordinario cuando se experimenta con una atención extraordinaria. En la ciencia de la iluminación, el nombre del juego es *experiencia completa*. Algunas personas que encuentran el Fluir no se dan cuenta de esto, y caen en la creencia de que el mundo es una cosa y el espíritu otra muy distinta. Esto crea una dicotomía conceptual entre el espíritu y la materia, entre Dios y el mundo. Este es un error común, y en cierto sentido es fácil ver cómo la gente puede caer en él. Pero el Fluir, el espíritu, el *qi* no es sino lo que les sucede a los sentidos ordinarios cuando son experimentados con una concentración, claridad y ecuanimidad extraordinarias. Dios es el modo como el mundo aparece cuando se experimenta con una plenitud radical. El espíritu es el sabor de la materia cuando se saborea hasta el fondo.

Cuando la gente experimenta el Fluir en cualquiera de sus sabores agradables (expansión, contracción, ondulación, vibración, burbujas, electricidad, *kundalini*) tiene tendencia a querer centrarse solo en eso, a verlo como lo positivo, la meta de la meditación. Pero el objetivo de la meditación es algo más profundo y más sutil: se trata de obtener comprensión intuitiva, de saber que la energía del espíritu es lo que le ocurre a la experiencia ordinaria cuando se acoge con una atención extraordinaria. Y, a la inversa, la materialidad de los objetos, la sustancialidad del yo, la rigidez del espacio y la linealidad del tiempo son lo que le ocurre al Espíritu cuando se encuentra con la nebulosidad y la viscosidad del sistema nervioso humano no ejercitado. Esto me recuerda la famosa afirmación de Einstein de que la materia es energía congelada.

En rigor, mi comentario sobre el «sistema nervioso no ejercitado» no es demasiado exacto. La situación real es más compleja. *Durante los primeros pocos cientos de milisegundos del procesamiento preconsciente, toda experiencia es un fluir del espíritu puro. La nebulosidad y la viscosidad entran un poco más tarde, al hacernos conscientes de la experiencia.* De modo que el entrenamiento espiritual abarca dos aspectos. Uno implica el desarrollo de la claridad y la ecuanimidad. La claridad reduce la nebulosidad y la ecuanimidad reduce la viscosidad. El otro aspecto del entrenamiento implica detectar la perfección primordial momentánea que siempre está ahí para todo el mundo. ¡El éxito con este segundo aspecto del entrenamiento te lleva a la comprensión de que nunca necesitaste realizar ningún entrenamiento! Hablaré más de esto en el capítulo diez.

Para que tenga lugar la comprensión intuitiva de la transitoriedad, hemos de establecer la siguiente correlación una y otra vez: surge un evento sensorial ordinario, sólido. Lo acogemos con concentración, claridad y ecuanimidad. Como resultado, finalmente se diluye; se convierte en el Fluir. Para pasar por este proceso de tres pasos las veces suficientes, debemos estar dispuestos a mirar las partes de nuestra experiencia que todavía son sólidas y están separadas. Esto significa que tenemos que estar dispuestos, y ciertamente entusiasmados, ante la perspectiva de centrarnos en lo que es sólido y opaco, y no querer centrarnos *solo* en lo que es fluido y transparente.

Cuando empiezas a experimentar el Fluir y la energía, si no quieres experimentar más que eso, y no estás igualmente interesado en observar los sucesos sensoriales ordinarios, solidificados y objetivados, te estarás limitando en tu camino espiritual. Te disolverás hasta cierto punto, pero serás incapaz de ir más profundamente, porque tu reactor espiritual se habrá quedado sin combustible. $E = mc^2$. La fuente de la energía subsiguiente (E) se halla en tu masa (m) remanente, es decir, en los sucesos sensoriales ordinarios, coagulados, opacos. Hay un proceso alternante natural, como el ciclo de las estaciones. Congelamos, fundimos, congelamos, fundimos, pero con cada repetición, el congelamiento se hace más sutil, lo que permite que las siguientes fusiones sean más profundas.

Comprender la no dualidad de la energía espiritual y la experiencia ordinaria es muy importante. Tenemos que observar cómo la experiencia ordinaria se convierte en ondas de transitoriedad una y otra vez —cien veces, mil veces, cien mil veces— antes de que podamos creer de verdad que *toda* experiencia ordinaria es transitoria. Finalmente se hace evidente: toda estatua danza.

Cuando fluye sin obstáculos, decimos que estamos viviendo en el mundo de la unidad y el espíritu. Cuando el Fluir se endurece, decimos que estamos en el mundo de la separación y la materialidad. No hay absolutamente nada erróneo en el mundo de la separación y la materialidad, mientras no sea el único mundo en el que nos limitemos a vivir. Desafortunadamente, esto es lo que sucede en el caso de la gran mayoría de los seres humanos: se limitan a vivir en un espacio rígido y un tiempo lineal.

Ridículo el triste tiempo perdido
que se extiende antes y después.

T. S. ELIOT, «BURNT NORTON»

El Fluir como guía

Cuando los cristianos hablan del Espíritu Santo, lo describen no solo como aquello que conforta y purifica, sino también como aquello que *guía*. Y, ciertamente, otro de los muchos aspectos de la transitoriedad es su función como guía. Por una parte, la transitoriedad puede actuar como una especie de bucle de retroalimentación, porque nos dice cuándo nos acercamos a la experiencia completa. A medida que la concentración, la claridad y la ecuanimidad se vuelven más profundas, la experiencia se presenta más como onda que como partícula.

Pero la fugacidad es también una guía en otro sentido. Cuando la gente habla de tener un guía interno, generalmente se refiere a una figura arquetípica que ofrece comunicación mediante el diálogo interno y las imágenes mentales. Sí, si quieres puedes considerar esto un guía interno, pero no es el guía *más íntimo*. La guía más íntima no enseña a través de palabras ni de visiones arquetípicas, sino más bien a través del ejemplo. Sin duda, esta declaración parece un poco enigmática; intentaré explicarla.

El Fluir de la transitoriedad opera sin el concurso de la voluntad ni del deseo. Es una especie de efervescencia que tiene lugar sin esfuerzo. Cuando encontramos esta efervescencia, comienza a informar todo nuestro ser, y empezamos a adoptar algunas de sus cualidades. En el nivel microscópico, preconsciente, todo ser humano opera como un fluir natural carente de esfuerzo. Pero en el nivel macroscópico, consciente, hay todo tipo de tira y aflojas, de impulsos y de rigideces, y también hay solidez. Cuando conocemos la ausencia de esfuerzo del Fluir en el nivel microscópico de nuestro ser, algo de esa ausencia de esfuerzo comienza a influir al nivel macroscópico de nuestro ser y nos enseña a través del ejemplo.

La analogía que utilizo resulta extremadamente indigna dada la nobleza de la experiencia; sin embargo, no puedo evitar utilizarla. Imagina una pastilla efervescente de vitamina C. Es muy sólida, pero tiene un cierto potencial en su interior, el cual se activa cuando ponemos la pastilla en el agua. Mira por dónde, una gran cantidad de burbujas emanan de esa solidez. Cuantas más burbujas hay, más rápidamente desaparece la solidez de la pastilla, hasta que literalmente se disuelve.

Del mismo modo, tenemos un sentido muy sólido del yo, un sentido muy sólido del cuerpo, un sentido muy rígido del espacio y un sentido muy solidificado de la materia. Si ponemos esas pastillas sólidas en las aguas de la concentración, la claridad y la ecuanimidad, resulta que algo se activa. Todo lo que tenemos que hacer es mantener esa parte burbujeante cerca de la parte sólida, y la parte burbujeante empezará a influir en la parte sólida. Le presenta un modelo, «le enseña». Finalmente, la parte solidificada, densa, se entrega a las burbujas y se convierte en burbujas. En otras palabras, las partes de nosotros que *están* en el Fluir muestran a las partes que no lo están cómo estarlo. El Fluir establece un bucle de retroalimentación positivo. Cuanta más atención prestamos a alguna parte que está en el Fluir, más influye ese Fluir a todas nuestras partes.

EL FLUIR COMO UNIFICADOR

Otro aspecto del Fluir es su papel como *integrador* o *unificador*. Al comienzo de la práctica del mindfulness, debemos hacer distinciones. Tenemos que efectuar una clara distinción entre la experiencia mental y la experiencia somática, de modo que cuando ambas surgen juntas no se confundan, se entrecrucen y se multipliquen. Descubrimos que cuando podemos mantener estos dos campos de la experiencia diferenciados, se unen y resultan manejables, pero que cuando se funden, se multiplican mutuamente de manera abrumadora.

Si vamos más allá, aprendemos a descomponer la experiencia mental en pensamiento visual (imágenes mentales) y pensamiento verbal (charla mental). Y aprendemos a descomponer la experiencia somática en sabores emocionales y sabores físicos. Todas estas son *distinciones que empoderan*. El hecho de poder monitorizar nuestros procesos mentales en términos de componentes visuales y auditivos nos permite experimentar el pensamiento como un suceso sensorial tangible. El hecho de poder detectar los sabores emocionales a menudo sutiles que surgen en el cuerpo evita que estos distorsionen nuestra percepción y nuestra conducta. Aprendemos a distinguir los estímulos externos (las visiones físicas, los sonidos físicos, las sensaciones corporales físicas) de las reacciones internas a ellos (las imágenes mentales, la charla mental, las sensaciones corporales emocionales).

La palabra inglesa *mindfulness* es más o menos equivalente al término pali *vipassana*. El prefijo *vi* en pali implica separación, y *passana* significa 'ver'. Pero a medida que este proceso de ver las cosas como separadas alcanza niveles cada vez más sutiles, comenzamos a experimentar lo que tienen en común. Al estudiar anatomía, al principio aprendemos a distinguir los distintos órganos y sus partes. Pero cuando llegamos al nivel celular, nos damos cuenta de que hay un principio unificador que subyace a los componentes separados del cuerpo. Además, en el nivel de este principio unificador, el cuerpo humano, el de un gusano e incluso el de un árbol están compuestos esencialmente de las mismas piezas básicas: las células. Del mismo modo, en un nivel microscópico de observación, las imágenes mentales, la charla mental y los sentimientos emocionales que constituyen el *yo* pueden experimentarse todos ellos como hechos de la misma sustancia: el Fluir vibrante de la transitoriedad.

Percatarse de esto hace que la personalidad se integre en un nivel profundo. La personalidad se convierte en un único fluir, un puro hacer, una actividad integrada. Esto es lo que hay detrás de la aparente paradoja de que aquellos que afirman vehementemente que «no existe el yo» generalmente tengan personalidades potentes, impactantes.

Además, el mismo Fluir de la transitoriedad que constituye el mundo interno del pensamiento y la emoción constituye también el mundo exterior de la vista física, el sonido físico y las sensaciones corporales físicas. Dicho de otro modo, tanto el *yo* como el *eso* están hechos del mismo material: el Fluir. *Darse cuenta de esto desmonta la barrera fundamental entre lo interior y lo exterior y unifica lo subjetivo y lo objetivo en un hacer único del yo-tú.* Cuando sintonizamos de manera lo suficientemente profunda con la transitoriedad, no hay distinción fundamental entre la mente y el cuerpo, ni entre lo interior y lo exterior. Un único arabesco de energía atraviesa todas las cosas.

Imagina un valle que contiene diversos tipos de vegetación muy distintos. Imagina también que el viento está constantemente soplando en ese valle. Si te fijas en los distintos tipos de vegetación, tienes una sensación de separación. Si te fijas en cómo se mueve el viento a través de ellos, tienes una sensación de unidad. Del mismo modo, al prestar atención a la actividad sensorial interior como onda y a la actividad sensorial exterior como onda, ambas fluyen juntas en una única onda yo-mundo integrada.

Esto podría describirse como una experiencia de fusión, un trascender la separación entre lo interior y lo exterior. Al tener experiencias como esta muchísimas veces, empiezan a desaparecer dos profundas fuentes de sufrimiento: nuestra alienación básica y nuestro miedo profundamente arraigado.

Cuando todo lo que vemos, oímos o sentimos comienza a fluir, todo se convierte en un solo sabor: el sabor de la transitoriedad, el sabor del Fluir. El Fluir es el gran nivelador. Desmonta las diferencias de un modo que empodera. Una persona que esté en un sendero espiritual maduro se familiariza tanto con las diferencias que empoderan como con las unificaciones que empoderan. Las unificaciones desmontan las diferencias y preparan el terreno para la detección de distinciones más sutiles todavía, que a su vez se descomponen para crear una unificación aún más profunda.

Imagina que escuchas un sonido en el mundo exterior, por ejemplo el sonido de un pájaro cantando. Si experimentas este sonido como parte del Fluir, tienes la sensación de que es como una onda que aparece y desaparece. Al mismo tiempo, en el ojo de tu mente puedes ver un pájaro, pero también esto es una onda, una onda-imagen, una onda de luz interior que se muestra en tu pantalla mental durante un rato y luego se desvanece. También al mismo tiempo, puedes tener una reacción emocional al canto del pájaro, una reacción de alegría por ejemplo. Esta alegría la experimentas, asimismo, como una onda de placer en el cuerpo, que emerge y luego desaparece. Más que tres objetos separados de la experiencia sensorial (el canto del pájaro, la imagen del pájaro y la alegría que te provoca el pájaro), experimentas tres ondas burbujeantes que se interpenetran y se integran en una sola. Lo experimentas como un fluir ininterrumpido de movimiento sensorial más que como fragmentos separados de impresiones sensoriales. La unidad deja de ser una abstracción filosófica y pasa a ser una realidad sensorial cotidiana.

Sasaki Roshi hablaba de una manera muy excéntrica. Por ejemplo, a veces en lugar de referirse a un pino mediante su nombre japonés habitual, *matsunoki*, decía *matsunoki toyu hataraki*, 'la actividad llamada pino'. También utilizaba frases como *ningen toyu hataraki* ('la actividad llamada ser humano') y *kami toyu hataraki* ('la actividad llamada Dios'). Esta es una manera muy personal de utilizar la lengua japonesa. Hablaba de este modo para recordarle a la gente que todos los objetos del mundo pueden experimentarse como ondas de transitoriedad y no solo como cosas concretas, separadas.

Así pues, la transitoriedad es unificadora, en el sentido de que proporciona una característica subyacente que unifica la mente y el cuerpo, lo interior y lo exterior. Llegamos a experimentar las cosas en términos de su actividad. Cada componente individual del universo tiene su naturaleza ondulatoria, y por tanto puede pensarse en el universo mismo como en una onda mundial integrada. Esto suena bien, pero ¿qué significa realmente? Veamos, advertir un grano de arena quiere decir que algo está apareciendo en el espacio de la visión externa. Para saber qué es un grano de arena, han de aparecer asociaciones visuales en tu espacio de imágenes. Estas asociaciones visuales generalmente están por debajo del umbral de la conciencia. Además, cada asociación visual desencadena una cascada de asociaciones visuales más sutiles, y cada una de estas asociaciones visuales sutiles provoca otra cascada de asociaciones visuales más sutiles incluso. La onda de asociaciones visuales se propaga cada vez más, pero a medida que lo hace, sus componentes se vuelven cada vez más finos. Para tomar prestada una noción del cálculo, esta onda de asociaciones apunta hacia el universo entero *en el límite*. Si la ecuanimidad no es profunda, el intenso Ver Fuera (la vista física) y el sutil Ver Dentro (las imágenes mentales) se coagulan, y se tiene la experiencia ordinaria de un *yo* que mira un *ello*. Pero si el Ver Fuera del grano de arena y el Ver Dentro de las asociaciones visuales no quedan fijos, se convierten en una única onda. El universo entero señala al grano de arena como su hijo, y el grano de arena señala al universo entero como su padre.

Hay que admitir que esto puede sonar un poco místico o pseudomístico. Lo que quiero decir es esto: en el mundo objetivo hay una pirámide de causalidad física que subyace a la superficie. La base de esta pirámide se extiende hasta abarcar el universo entero, ya que cualquier cosa procede de una red relacional que en última instancia está conectada con todas las cosas. Por otra parte, hay una onda de asociaciones visuales provocada por la visión del grano de arena. Aunque puede ser que esta onda de asociaciones no incluya todo lo que hay en el subconsciente de la persona, apunta implícitamente a toda la *imago mundi* interna del individuo. El grano de arena desencadena imágenes mentales subliminales. Esto es lo que permite que se entienda el grano de arena en su contexto. Ahora bien, cada una de esas imágenes asociadas requiere su propia onda de asociaciones, y cada una de *esas* imágenes asociadas produce una onda de asociaciones más finas todavía. Desde luego, esto, en realidad, no prosigue eternamente, pero potencialmente apunta a todo lo que ha visto alguna vez la persona, o incluso a lo que podría imaginar ver. La luz se propaga de un modo ligeramente análogo: cada punto de la onda esférica que se propaga se convierte en una nueva fuente de otro frente ondular esférico.

Todo esto sucede por debajo del umbral de la conciencia. Un meditador experimentado puede detectar estas ondas de asociación que se propagan constantemente en el espacio imaginario. Como el contenido se halla por debajo del umbral de la conciencia, la onda está vacía en cierto sentido, pero como apunta hacia todo lo que se conoce o se puede imaginar, resulta también enorme. En conjunto, la experiencia combinada es una sensación que es simultáneamente de vastedad, sutileza y conectividad omniabarcante.

En el mundo objetivo, el grano de arena aparece a través de una red de conexiones físicas. Y en la conciencia del observador, el grano de arena se entiende a través de una red divergente de asociaciones mentales. Una red relacional converge desde todo el mundo y crea un producto: el grano de arena. Una red asociativa diverge en la mente y crea un concepto: el grano de arena. La materia y la mente son duales en el sentido matemático de la palabra. Cada una es una imagen especular parcial de la otra; son matrices inversas, por así decirlo. Como escribió William Blake:

Realmente puedes «ver un mundo en un grano de arena
y un cielo en una flor silvestre,
sostener el infinito en la palma de tu mano
y la eternidad en una hora».

El Fluir como la Fuente espiritual

Hemos hablado de muchos aspectos, muchas modalidades y muchas funciones de la transitoriedad. Hemos hablado de la transitoriedad como una especie de cosmovisión pesimista, como una característica de la experiencia y como algo que nos ayuda en nuestra meditación. Hemos hablado también de la transitoriedad como un integrador que nos libera de nuestra alienación fundamental y nos conecta con el Todo. No obstante, hay otra faceta de la transitoriedad, que es la que encuentro más fascinante. Ahora bien, hasta que no se han experimentado algunos de estos otros aspectos de la transitoriedad, este último aspecto puede parecer enigmático, esotérico e irrelevante. Si lo que voy a exponer te parece extraño y absurdo, espero que te limites a leer las palabras y seas ecuánime ante cualquier confusión y molestia que pueda surgir en ti. A veces tenemos que estar satisfechos con el nivel de sabiduría consistente en recordar las palabras de alguien.

En el nivel más profundo, la transitoriedad no es sino la actividad de nuestra Fuente espiritual. El Fluir es el movimiento peristáltico de una matriz sin forma. Esta matriz sin forma trae a la existencia el tiempo, el espacio, el yo y el mundo, de instante en instante. Soy muy consciente de que esto puede parecer un punto de vista muy extraño para la mayoría de la gente. ¿No está siempre ahí el mundo? ¿No es el yo una cosa? ¿No son el tiempo y el espacio un escenario estable, que existe siempre? Y si para una persona iluminada el tiempo, el espacio, el yo y el mundo pasan a existir y dejan de hacerlo de instante en instante, ¿cómo puede manejarse una persona como esta en el mundo material?

Hubo un tiempo en el que mucha gente creía que los eclipses lunares suponían que un monstruo se estaba comiendo la Luna. Si no se sabía nada mejor, eso podía parecer cierto. A medida que el eclipse avanza, puedes imaginar la mandíbula del monstruo mordiendo cada vez más, hasta tragarse la Luna. Casi ninguna persona del mundo actual vería el fenómeno de esta manera. Ha tenido lugar un cambio de paradigma. El fenómeno del eclipse lunar se interpreta ahora como la sombra de la Tierra que cubre la Luna. Los eclipses siguen teniendo lugar, como siempre y con la misma frecuencia que siempre, pero no son *interpretados* como antes.

Para los seres humanos, el mundo y el yo parecen ser objetos sólidos, y el tiempo y el espacio parecen ser una plataforma rígida que existe siempre. Esta percepción la tienen tanto las personas iluminadas como las no iluminadas. Ahora bien, en el caso de una persona iluminada ha tenido lugar un cambio de paradigma, un cambio en la interpretación. Antes de experimentar la iluminación, cuando el yo y el mundo surgían como objetos sólidos, ella creía que realmente eran sólidos. Después de la iluminación, el yo y el mundo todavía surgen como objetos sólidos gran parte del tiempo, pero la persona iluminada ahora sabe que *parecen ser sólidos porque no está prestando la atención necesaria*.

Incluso en el caso de alguien profundamente iluminado, la experiencia de contacto con el Fluir y la vacuidad no es necesariamente continua, ininterrumpida. Puede tenerla frecuentemente a lo largo del día, pero no necesariamente de manera continua. Incluso una persona muy liberada pasa mucho tiempo experimentando el mundo de la forma ordinaria. ¿Cuál es entonces la diferencia entre una persona corriente y una persona liberada? La diferencia tiene que ver con la libertad. Un individuo iluminado tiene la capacidad de experimentar el yo y el mundo como una onda de la Fuente. Y cuando no está experimentando las cosas de este modo, comprende por qué es así. ¡Se debe solo a que no está prestando suficiente atención!

La libertad radica en ser capaz de vivir en estos dos mundos —el paradigma normal y el paradigma iluminado—, saber cuándo ir a cada uno y ser capaz de hacerlo en cualquier momento. Por eso la iluminación se denomina a veces *liberación*. Quienes están liberados viven mucho tiempo en su cuerpo-mente, igual que todos los demás, pero no se hallan *limitados* por ello. Cuando una persona liberada conduce hasta la tienda del barrio, entra y sale de ambos paradigmas cientos de veces durante ese viaje. El yo como algo separado y el escenario como algo sólido surgen justo en el momento de dar el giro correcto, de tocar el claxon o hacer una señal, y luego se disuelven de nuevo en contacto directo con la onda de la Fuente. Un instante después, todo se congela en el momento justo para emprender la siguiente acción. A continuación se regresa a la ausencia de forma. De modo que incluso las experiencias aparentemente no espirituales como conducir en una hora punta en una neblinosa autovía de Los Ángeles puede ser celestial, tan agradable y apacible como sentarse en una ermita de montaña.

Hay una historia sobre esto que me encanta contar. Puede ser que hayas oído algunos pintorescos relatos zen procedentes de Asia, pero esta es una historia zen que ocurrió en los Estados Unidos, en Los Ángeles. Hace años se puso de moda pasar algún tiempo en tanques de privación sensorial —bañeras llenas de agua de alta salinidad, de manera que la persona flota como un corcho; la sensación de gravedad queda más o menos erradicada—. El agua está a la temperatura del cuerpo, de modo que no se experimenta ni calor ni frío, y el tanque está protegido de toda luz y acústicamente insonorizado, de manera que no entra en él luz ni sonido alguno. En un entorno sensorial tan simplificado, la gente tiende a relajarse mucho y también a entrar en interesantes estados alterados de conciencia.

Unos amigos míos eran propietarios de un lugar en el que se podían alquilar esos artilugios por un tiempo determinado, y me contaron esta historia. Habían escuchado una conversación entre dos monjas budistas del Centro Zen de Los Ángeles. Una era una practicante veterana, y la otra era relativamente neófita. Al terminar sus sesiones en los tanques de privación sensorial, la monja joven dijo:

—¡Hala, ha sido fantástico!

A lo que la monja más mayor respondió:

—¡Sí, tienes razón!, realmente fantástico. ¡Ha sido exactamente lo que experimento cuando conduzco por la autovía!

7

EL ÁMBITO DEL PODER

Un modo de contemplar el camino de la iluminación es como un viaje desde la superficie de la conciencia hasta la Fuente de la conciencia. Una pregunta razonable cuando se emprende un viaje físico es: «¿En qué dirección vamos? ¿Este, sureste, oeste?». Del mismo modo, podríamos preguntar también en qué dirección viajamos cuando emprendemos el viaje *espiritual*. A menudo, la gente piensa en la espiritualidad como en una especie de retirada del mundo. Desde un punto de vista geométrico, esto representaría un giro de ciento ochenta grados para dirigirse en una dirección que es la opuesta a la del mundo. En esta manera de pensar, el viaje espiritual consiste en alejarse *del* mundo. Pero a mí me gusta describir el viaje espiritual no como un giro de ciento ochenta grados, sino como un giro de noventa grados. Voy a explicarlo.

Podemos ver la conciencia como constituida por distintos niveles, como un pastel de varias capas o como los estratos geológicos de la Tierra. Nuestra experiencia ordinaria del yo y del mundo surge en el nivel superior. Nuestra Fuente espiritual es el nivel más profundo. Entre la superficie y la Fuente, hay una zona espesa, dura, que ha de atravesarse. Por tanto, un giro en la dirección de nuestra Fuente espiritual sería un giro de noventa grados. En lugar de movernos por la superficie de la experiencia, comenzamos a cavar en ella, hacia su Fuente.

Al atravesar el nivel intermedio entre la superficie y la Fuente, algunas personas encuentran fenómenos inusuales que pueden provocarles terror, empoderarlas o ambas cosas. En este capítulo voy a hablar de estos fenómenos y cómo trabajar con ellos. Pero primero veamos un poco más de cerca este modelo de tres niveles.

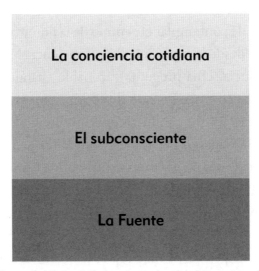

Figura 2. Un modelo de tres niveles del viaje espiritual

Como ya he dicho, el nivel superficial (la conciencia cotidiana) representa el mundo de la experiencia ordinaria. ¿Qué caracteriza a esta experiencia? Tenemos la sensación de que hay algo dentro de nosotros llamado *yo*; el yo está rodeado de otros yoes que también son cosas; los objetos materiales son sólidos; y estos están básicamente separados. Además, los sucesos del mundo objetivo y los estados subjetivos de pensamiento y emoción surgen y pasan a lo largo de un continuo de tiempo que parece extenderse de un modo lineal, interminablemente hacia delante y hacia atrás. Finalmente, nosotros, los otros yoes y las cosas materiales parece que estamos incrustados en un marco rígido de un espacio que existe siempre. Así pues, en la superficie de la conciencia, el yo es una cosa, los objetos son sólidos, el espacio es rígido y el tiempo una línea bidireccional interminable. Esta es la visión ordinaria de las cosas; es la perspectiva que resulta natural en la superficie de la conciencia.

No hay nada intrínsecamente problemático en esta perspectiva ordinaria. El problema viene cuando es la única disponible para una persona, lo que desafortunadamente suele suceder. La iluminación, o la libertad, llega cuando disponemos también de una perspectiva complementaria a la que podemos tener acceso en cualquier momento. Para tener esta perspectiva complementaria, debemos entrar en contacto directo con el tercer nivel de conciencia, la Fuente. Cuando estamos en contacto directo con la Fuente, el yo no se percibe como una partícula separada, los objetos no se perciben como sólidos y el espacio se vuelve elástico y puede colapsar en un punto adimensional, llevando con él todas las cosas hasta lo No Nacido. Y el tiempo es cíclico: el yo y el escenario surgen de esa Fuente no nacida y a ella retornan, una y otra vez. Podemos llamar a esta perspectiva de muchas maneras: Dios, Brahman, el Tao, lo No Nacido, lo Inmortal, la naturaleza de la Naturaleza, Cero, Vacuidad, Perfección... Las palabras no importan mucho. Lo que importa es el contacto directo.

En algunas descripciones, a la Fuente se la llama el *fundamento de nuestro ser*. Es una expresión utilizada por el maestro Eckhart, uno de los más grandes místicos cristianos. Nacido en 1260, fue obispo de Colonia, fraile dominico, académico famoso y también un gran maestro de meditación. Influyentes teólogos protestantes contemporáneos, como Paul Tillich, todavía emplean la metáfora del maestro Eckhart de que Dios es el fundamento del ser.

Si queremos pensar que el tercer nivel es el fundamento del ser, está muy bien. La única dificultad que presenta esta terminología es que cuando decimos la palabra *fundamento*, tendemos a pensar en algo que está extendido en el espacio y de algún modo es sólido. El fundamento de nuestro ser es la fuente de la experiencia del espacio: genera la experiencia del espacio; no está dentro de él. ¡Y es todo menos sólido! Ahora bien, si pensamos que la palabra *fundamento* hace referencia a aquello de donde surgen las cosas y a lo que retornan, en ese caso sí es un buen término para referirse a Dios. Si quieres pensar en Dios como tu fundamento, puedes denominar *Dios* a esa experiencia. Por otra parte, si eres un materialista escéptico, probablemente no te gustarán palabras como *fundamento*, *Fuente* o *Dios*. No hay problema. Llámalo como quieras. Por ejemplo, denomínalo *el estado de máximo reposo consciente*, *el análogo sensorial de un sistema físico en su estado fundamental* o *regresión al servicio del ego*. Puedes denominarlo como quieras, siempre que realmente lo *experimentes*. Cualquiera que haya tenido la experiencia está autorizado a describirla del modo que desee. (Que conste que me considero un racionalista escéptico. Lo que ocurre es que me encuentro cómodo con la palabra *Dios*. También soy materialista, pero para mí, la materia sabe a Espíritu). El filósofo griego presocrático Heráclito lo dijo de manera hermosa:

«Está dispuesto, y no lo está, a ser denominado con el nombre de Zeus».

Pasando de la filosofía antigua a la ciencia moderna, piensa en la palabra *fundamento* tal como se usa en física. El *estado fundamental* de un sistema es el estado de mayor estabilidad, de reposo más profundo. Ciertamente, esta sería una buena descripción de lo que experimenta el sistema cuerpo-mente cuando tenemos un encuentro directo con la Fuente de la conciencia.

Uno de los temas fundamentales en física es que todo tiende hacia su estado fundamental. De modo similar, nosotros los seres humanos nos vemos constantemente atraídos hacia la Fuente. Es como una fuerza gravitatoria, pero podemos no ser conscientes de ella, y muchas veces corremos en la dirección contraria. Pero cuando tenemos la oportunidad volvemos a reposar en nuestro estado fundamental. Cuando digo «cuando tenemos la oportunidad», me refiero el cultivo sistemático de la concentración, la claridad y la ecuanimidad. En otras palabras, la meditación es lo que nos da la oportunidad de percibir la atracción del estado fundamental, de Dios. El estado fundamental carece de forma —de hecho es un hacer, una actividad, no una cosa— y, por eso, describirlo como un estrato o un nivel de la conciencia es útil, pero también puede prestar a confusión.

De modo que una manera de describir el camino espiritual es como un viaje desde la experiencia superficial ordinaria hacia el estado fundamental, la Fuente de todos los estados, tanto los ordinarios como los alterados. El vehículo que conducimos, y que nos lleva desde la superficie a través de estratos intermedios de la conciencia, hasta la Fuente, es el de la concentración, la claridad y la ecuanimidad. Hablemos ahora de algunas experiencias que pueden tener lugar a lo largo del camino.

El subconsciente: el estrato intermedio

Cuando hablo del ámbito intermedio de la conciencia, puede sonar abstracto y esotérico, pero no es sino lo que generalmente se denomina *subconsciente* en Occidente.

Resulta muy revelador observar cómo describen el subconsciente las distintas escuelas de psicología. La noción del subconsciente entró en el mundo occidental a través de las obras de Freud y Jung, pero estos dos hombres tenían puntos de vista radicalmente diferentes. Freud lo describía metafóricamente como una celda oscura llena de fantasmas, demonios, telarañas, serpientes y ciempiés. Es el lugar en el que se almacenan el veneno y el dolor reprimido de nuestras vidas, los traumas no resueltos de nuestras experiencias pasadas, nuestras fijaciones y conflictos.

Desde la perspectiva del budismo, este modelo contiene algo de verdad, porque el aspecto del subconsciente en el que Freud estaba interesado corresponde a lo que en budismo se llama el *samskaraskandha*, el 'agregado de condicionamientos (limitadores)'. Según el budismo, son los condicionamientos los que impiden que nuestra conciencia ordinaria establezca contacto directo con el nirvana, esto es, la Fuente. Si tienes algo entre las dos manos, como un globo, impedirá que las manos se toquen. Las impurezas y los bloqueos presentes en el espacio intermedio son como ese globo, que separa la mente cotidiana de la mente iluminada. Si pincháramos el globo, las dos manos podrían juntarse y permanecer unidas.

Desde esta perspectiva, el camino no consiste tanto en viajar desde la superficie hasta la Fuente como en eliminar lo que se interpone entre ambas. Como resultado de esta eliminación, la superficie y la Fuente se unen, y nos hallamos tocando constantemente la trascendencia en cada momento de la experiencia ordinaria.

EL ÁMBITO DEL PODER

De manera que una concepción del espacio intermedio es la que lo entiende como el lugar en que se hallan los bloqueos, y cuando dirigimos la luz de la claridad sensorial y vertemos el agua de la ecuanimidad en toda experiencia, la luminosidad y la suavidad se filtran hacia esas zonas para clarificar y disolver los bloqueos. La superficie se acerca cada vez más a la Fuente hasta que, finalmente, las dos se tocan en la experiencia de la iluminación. A partir de ese momento, la experiencia ordinaria de la vida cotidiana se mantiene en contacto con el fundamento de toda experiencia.

Carl Jung, alumno de Freud, tomó una dirección algo diferente en su comprensión del subconsciente. Para él, el subconsciente es el mundo de los arquetipos, el mundo en el que ángeles, antepasados, entidades y seres espirituales son reales y relevantes. Desde la perspectiva budista, este punto de vista también contiene cierta verdad, porque el subconsciente puede verse como el *sambhogakaya* (el 'ámbito de los cuerpos arquetípicos'). Al viajar desde la superficie hacia la Fuente, algunas personas encuentran en el *sambhogakaya* experiencias celestiales y empoderadoras. Puede parecerles que están encontrando seres espirituales o ángeles, visitando los mundos de los dioses o consiguiendo poderes psíquicos y sanadores. Puede parecerles que son capaces de recordar vidas anteriores o que pueden viajar fuera del cuerpo.

No sé si existen realmente estos poderes en el mundo objetivo, pero en general tiendo a ser más bien escéptico. No obstante, una cosa es cierta. En este espacio intermedio, algunas personas tienen ciertamente experiencias subjetivas muy vívidas de estos fenómenos. Sea como sea, no pretendo conocer el estatus ontológico de los espíritus y las entidades. No cabe duda de que pueden parecer reales, si por *real* entendemos una experiencia sensorial que puede ser extremadamente vívida y tangible. Pero *viveza sensorial* no es lo mismo que *existencia objetiva*. Para mí, la cuestión realmente importante es cómo utilizar estos fenómenos en favor de un crecimiento óptimo. Para hacer esto, necesitamos volvernos más o menos indiferentes a lo que significan, pero permanecer totalmente fascinados en cuanto a cómo se mueven y cambian.

Teniendo en cuenta lo dicho hasta ahora, el estrato intermedio podría describirse, de manera paradójica, como el ámbito del poder o como el ámbito de los bloqueos.

Es de la máxima importancia recordar que no todo el mundo encuentra experiencias inusuales o poderes especiales cuando atraviesa este espacio intermedio. Como tampoco todo el mundo encuentra allí los monstruos arquetípicos de sus impurezas. Muchos recorren todo el camino desde la superficie hasta la Fuente y nunca son conscientes de nada que no sean experiencias ordinarias, como el contacto con su ropa, los dolores de su cuerpo o la sensación de su respiración. Eso es todo lo que les ocurre, y sin embargo son capaces de atravesar todo el territorio.

Con frecuencia oigo decir a la gente cosas como esta: «Llevo tantos años meditando, pero nunca he tenido experiencias inusuales o emociones fuertes. ¿Qué estoy haciendo mal?». Yo les pregunto a estas personas si están llevando de manera constante la concentración, la claridad y la ecuanimidad a las experiencias ordinarias, y si perciben que su vida cotidiana ha ido mejorando. Si su respuesta es sí a ambas cuestiones, les digo que lo están haciendo bien. Los fenómenos extraordinarios no son necesarios para un excelente crecimiento.

Cuando se tienen experiencias inusuales en el espacio intermedio, estas experiencias pueden manifestarse de distintos modos. Pueden verse imágenes raras, monstruos o esqueletos.

Puede sentirse mucho calor o mucho frío. Uno puede temblar, moverse de maneras extrañas o volverse hipersensible y emotivo sin razón aparente. Estas manifestaciones representan *samskaras* o bloqueos que surgen del subconsciente y se hacen tangibles. Si tienes este tipo de experiencias, el truco es que te limites a observarlas con concentración, claridad y ecuanimidad, para que el proceso de purificación continúe. Por más intensa, extraña o potente que sea una experiencia, solo puede surgir como cierta combinación de sensaciones físicas en el cuerpo, sensaciones emocionales en el cuerpo, actividad mental con imágenes y charla interna —nuestros viejos amigos—.

Así como algunas personas tienen experiencias muy ordinarias durante todo el camino, y algunas encuentran contenidos extraños y perturbadores, otras tienen visiones celestiales y empoderadoras. Y algunas viven una mezcla de experiencias infernales y celestiales. Hay muchas posibilidades, y nunca deberíamos pensar que si no encontramos un arquetipo o si no salimos de nuestro cuerpo hemos dejado de progresar. Tampoco tendríamos que creer que en algún momento debemos descubrir monstruos ocultos o experimentar sensaciones inusuales para realizar avances.

Sean cuales sean las experiencias, lo que verdaderamente importa es cómo nos relacionamos con ellas. Ciertamente, podría decirse que un excelente test para comprobar la madurez espiritual es cómo uno se relaciona con las experiencias del espacio intermedio. La persona espiritualmente madura trata todos los sucesos que encuentra en el camino desde la superficie hasta la Fuente exactamente del mismo modo: agradeciéndolos con concentración, claridad y ecuanimidad. La persona espiritualmente *inmadura* desarrolla deseos y rechazos respecto a estos fenómenos. Teme algunos tipos de experiencias y desea otros, o se preocupa por no tener experiencias especiales.

Había una vez un monje zen que comenzó a tener mucho éxito en su meditación. Podía sentarse hora tras hora y día tras día sin moverse. Profundizaba tanto en la meditación que incluso los dioses comenzaron a admirarlo. Aparecían cada día y hacían llover flores sobre su cabeza, le hacían ofrendas y lo adoraban. Esto siguió durante un tiempo. Finalmente, gritó: «¡Largaos, chicos; me aburrís!», y los ahuyentó con su bastón.

Esta historia se cuenta a los monjes zen como advertencia: no desarrolléis un deseo de que se os aparezcan los contenidos más celestiales durante la meditación.

Irrupciones en la vida cotidiana

Durante los primeros cinco o seis años de práctica, nunca tuve ninguna experiencia inusual. Mi foco principal de atención estaba puesto en intentar gestionar el dolor de mis piernas y el vagabundeo de mi mente. Pero después comencé a tener intensas experiencias de visiones. El material de las visiones es muy interesante: una vez que se pone en marcha, no necesariamente se limita a los momentos en los que estamos sentados en la práctica formal. Las imágenes pueden irrumpir al despertarnos y continuar mientras estamos caminando.

En mi caso, las irrupciones de imágenes consistían en insectos grandes y con apariencia de ser muy reales. No eran como fotografías estáticas, sino que se movían de manera articulada, como los artrópodos vivos. Eran extremadamente vívidos y daban toda la impresión de existir realmente, ¡y lo que es peor todavía, de ser gigantescos! Diría que medían un metro y medio de longitud.

Tuve estas visiones durante un año, mientras era estudiante universitario. Iba caminando a las clases y esa plaga de monstruos me saludaba durante todo el camino.

A pesar de todo, no me supuso un problema. En realidad, lo manejaba bastante bien. No era como un estado psicótico o esquizofrénico, sino un fenómeno del espacio intermedio. Yo lo interpretaba como que había penetrado en ese espacio y algún material perteneciente a él se me presentaba. Me limité a tratarlo como a cualquier otra actividad imaginaria de la mente: como una forma más de pensamiento visual. Seguía la pista a cómo se movía mi conciencia por la superficie de las imágenes —si se veía atraída hacia la derecha o la izquierda, hacia arriba o hacia abajo—. Intentaba mirar las imágenes con ecuanimidad. Si provocaban reacciones emocionales en mi cuerpo, trataba de aportar concentración, claridad y ecuanimidad a esas sensaciones: observaba el sabor (miedo, tristeza o interés, por ejemplo); la ubicación, el tamaño y la forma, y si el impacto era local (en una parte de mi cuerpo), global (sobre todo mi cuerpo) o ambas cosas.

Como esos artrópodos se movían de manera realista, me fijaba también en las características de su movimiento como un fluir de expansión y contracción. Prestaba una gran atención a cómo las partes de esas imágenes aparecían y desaparecían. Era muy consciente del Fluir de transitoriedad de las imágenes. En otras palabras, aplicaba los procedimientos convencionales del mindfulness a la hora de hacer frente a esas extrañas alucinaciones. No intentaba ignorarlas. No intentaba suprimirlas. No recibía mensajes de ellas. Me limitaba a reciclarlas como objetos de la práctica meditativa, por extrañas que llegasen a ser.

A medida que este proceso seguía teniendo lugar, descubrí algo bastante extraordinario. Se podría suponer que cuando se lleva la atención a este tipo de material, automáticamente se debilita y empieza a disolverse. Y, de hecho, es lo que suele ocurrir. Pero también sucede lo contrario. A veces, cuanto más se fija uno en lo que hay, más *reales* parecen las alucinaciones. Y esto es lo que empezó a sucederme. Pensé en las consecuencias lógicas de esto. Si continuaba llevando concentración, claridad y ecuanimidad a ese fenómeno y le daba total permiso para que siguiera su curso, podía volverse tan tangible como el llamado mundo real. Decidí permitir que ocurriera esto, y ello me condujo a una gran comprensión.

La transitoriedad no es solo una característica de la experiencia sensorial. Es también el fluir creativo de la naturaleza que hace fermentar la experiencia sensorial en existencia, de instante en instante. Cuanta más concentración, claridad y ecuanimidad llevaba a esas visiones, más podía ver cómo el Fluir de la transitoriedad las moldeaba como reales. Cuando me entregué totalmente al Fluir de la expansión y la contracción, comenzó a manifestarse esa realidad paralela del mismo modo que se manifiesta la realidad ordinaria.

Esta fue la razón por la que esas imágenes se hicieron tan aparentemente reales: yo podía detectar el Fluir creativo de la transitoriedad que las animaba desde dentro, como la mano de algún invisible titiritero que se expandía y contraía para aportar vida a una marioneta vacía. Cuanto más permitía que fluyera sin bloquearlo, más creativamente funcionaba, como lo hace en la naturaleza, y por tanto más apariencia de realidad tenía el material visual que se manifestaba. Lo que me sucedía era que si desbloqueaba por completo el Fluir, las manifestaciones podían llegar a ser tan vívidas y tangibles como el mundo real.

Podría pensarse que esto es motivo de miedo. En realidad, ocurre lo contrario: ofrece una comprensión liberadora. Se ve cómo la transitoriedad crea algo que evidentemente no está ahí. Se produce una inversión de la pareja figura-fondo. No es que uno se convenza de que las alucinaciones son reales, sino que más bien comprende hasta qué punto la realidad convencional es, en cierto modo, una alucinación.

RELACIONARSE CON EL ÁMBITO DEL PODER

Como he dicho ya, un criterio importante para medir la madurez espiritual de una persona consiste en ver cómo se relaciona con los fenómenos del estrato intermedio, el ámbito del poder. Ciertamente, podemos clasificar el viaje espiritual de un individuo basándonos en su modo de reaccionar a este ámbito. En primer lugar, examinemos tres casos extremos: el temor, el entretenimiento y la plomada. Después de eso, veremos otra posibilidad: un escenario conciliador.

El temor

En el caso del temor, comienzas viviendo en la superficie de la conciencia, como todos los demás. Luego, por alguna razón —un camino que has cultivado o alguna circunstancia especial como una enfermedad, un trauma, la privación del sueño, drogas, un ayuno o quizá una situación azarosa— das un giro de noventa grados desde la superficie y comienzas a descender al estrato intermedio. Allí encuentras algunos fenómenos inusuales y te asustas. Como alguien a quien se le mantiene la cabeza bajo el agua, te agitas para volver a la superficie de la conciencia, a la realidad ordinaria, y jadeas para recuperar el aliento. La experiencia es tan incómoda que decides no arriesgarte a repetirla. Te quedas en el desierto para el resto de tu vida. Estás demasiado asustado como para volver a descender, de modo que nunca atraviesas el espacio intermedio para llegar a lo que está más allá. Esto representa una relación extrema: giras noventa grados (hacia abajo), comienzas a dirigirte hacia la Fuente, te asustas y das un giro de ciento ochenta grados (hacia arriba) para volver a la normalidad.

El entretenimiento

En el caso del entretenimiento, encuentras fenómenos del espacio intermedio cuando empiezas a dirigirte hacia la Fuente, y te gustan. Resultan interesantes, te empoderan, son seductores. Así que entras en ese espacio y comienzas a explorar.

Pero aquí está el problema. Recuerda que para dirigirte a la Fuente hiciste un giro de noventa grados desde la superficie. Si te quedas ocupándote de los fenómenos del espacio intermedio, has girado otra vez noventa grados, y ahora viajas *horizontalmente* por ese espacio, más que *verticalmente* hacia la Fuente. Es como si estuvieras conduciendo desde San Francisco hacia Los Ángeles para participar en una reunión importante pero, por el camino, girases por aquí y por allá para entretenerte con el paisaje. En algún punto del trayecto, *sin darte cuenta*, dejas de dirigirte desde el norte hacia el sur. En lugar de eso, ahora te diriges hacia el este, ¡hacia Denver!

Una vez que comienzas a caminar horizontalmente por el espacio intermedio, la cantidad de experiencias nuevas e interesantes que puedes tener es ilimitada: encuentros con ángeles o entidades, capacidades psíquicas, experiencias fuera del cuerpo, luces o colores brillantes, vidas pasadas, extraños sonidos internos... El paisaje es realmente fascinante, pero nunca pasas a lo verdaderamente importante. Te vas desplazando más y más, pero en paralelo a la superficie; tienes experiencias nuevas y fascinantes, pero no te acercas más a la Fuente.

Este es el territorio de la nueva era. Desde luego, *nueva era* es solo una denominación del siglo xx para un fenómeno sobre el cual los maestros de la liberación han estado advirtiendo a la gente durante milenios. Pero aclaremos una cosa: estos fenómenos, en sí mismos, no constituyen un problema. El problema surge cuando se empieza a poner toda la energía espiritual en ellos.

Cuando ocurre esto, uno cree que está realizando progresos espirituales, pero en realidad no es así, y, lo que es todavía peor, no se da cuenta. El vocabulario utilizado por quienes dan vueltas en el espacio del poder a veces es muy semejante al vocabulario usado por quienes van directos a la Fuente.

En épocas anteriores, por cada persona que estaba interesada en atravesar el sendero vertical hacia la Fuente había muchas más que estaban interesadas en los adornos del ego, propios del espacio del poder. Esto tiene mucho sentido. El ámbito del poder se desarrolla en paralelo a la experiencia superficial ordinaria, de modo que resulta más fácil relacionarse con él. En el mundo de la superficie, la realidad convencional, la gente está preocupada por el estatus. El espacio del poder puede alimentar esta preocupación, del mismo modo que el «comparar y valorar» se ve alentado en la superficie. Por eso, el hecho de quedar atrapado en el ámbito del poder se conoce como *materialismo espiritual*. A veces bromeo diciendo que me gustaría tener una camiseta en la que se lea: «Mi entidad es más antigua que tu entidad». Desde luego, es solo una broma, pero esto es exactamente lo que sucede en el viaje por el estatus en el ámbito del poder. ¡He oído que algunas personas incluso han reivindicado derechos de patente y han intentado tener un logotipo de empresa para las entidades que afirman canalizar!

No me malinterpretes. Como he dicho, los poderes no constituyen un problema por sí mismos. De hecho, *son algo positivo*. Son una buena señal en tu viaje, porque son una forma de establecer contacto con niveles profundos de la mente. Si ves las formas de determinados espíritus, significa que estás acercándote al Gran Espíritu carente de forma. Además, puedes utilizar los poderes de este ámbito para ayudar a otros, pero eso es mejor hacerlo *después* de haber atravesado este espacio y haber llegado a la Fuente.

Wuguang, mi maestro en el templo budista de Taiwán, era un mago tántrico. Su interés primordial era adquirir poderes psíquicos, pero había desarrollado este interés *después* de haber alcanzado la iluminación. Cultivaba esos poderes porque era su manera de ayudar a la gente. Era lo normal, dada su formación cultural. Curaba enfermedades, localizaba niños extraviados y exorcizaba a las personas que padecían una posesión demoníaca. No era porque estuviera especialmente interesado en estas *mishegas* él mismo. Él estaba ya liberado; vivía en la Fuente. Si te interesan estas cosas, está bien que les dediques mucho tiempo y energía *después* de haber contactado con la Fuente. Porque solo entonces ves los poderes como lo que son. Te das cuenta de dónde proceden en última instancia y de qué están hechos realmente.

Los maestros zen se refieren a menudo al espacio intermedio como *makyo*. *Ma* es una abreviatura de *mara*, a veces traducido como 'el diablo'. Pero en este contexto *mara* hace referencia a los bloqueos o impedimentos, a aquello que dificulta el propio progreso. Los maestros zen no quieren que sus alumnos se entretengan excesivamente con los contenidos del espacio intermedio y que pierdan, de este modo, la oportunidad dorada de lograr una comprensión intuitiva de la naturaleza de la naturaleza. Es muy tentador que haya ángeles que te bañen con flores, pero esta es una experiencia trivial respecto a la satisfacción que llega cuando se establece contacto directamente con la Fuente de todas las cosas, la matriz sin forma cuyos movimientos peristálticos dan lugar a los ángeles, los demonios, las flores y los cubos de basura.

La plomada

En esta reacción ante el ámbito del poder, surja lo que surja, acógelo con concentración, claridad y ecuanimidad. Si no ocurre nada especial, presta atención a ello con concentración, claridad y ecuanimidad. Si sucede algo especial, y te provoca miedo y dolor, acógelo con concentración, claridad y ecuanimidad. Si acontece algo especial, y es gozoso y satisfactorio, acógelo con concentración, claridad y ecuanimidad. No hagas distinciones. Limítate a cavar cada vez más profundamente, hasta llegar a tocar *Lo Que No Tiene Forma*, el lugar del que brotan tanto la realidad convencional como la realidad alterada.

Un buen ejemplo histórico de la plomada lo ofrece san Juan de la Cruz, místico y poeta cristiano que vivió en España en el siglo XVI y que pertenecía a los carmelitas, una de las principales órdenes meditativas de la Iglesia católica romana. San Juan describió el viaje a la Fuente como un ascenso, en lugar de un descenso, pero la idea es la misma. Describió metafóricamente el camino en su *Subida al monte Carmelo*. En esta obra hizo un dibujo del monte Carmelo y de las distintas etapas del ascenso, desde la base hasta Dios, situado en la cumbre. Cada etapa del camino la etiquetó como «nada», y en la cima escribió «y en el monte nada». Desde luego, la nada de esta cumbre es una nada muy, muy especial; es la Nada divina, a veces denominada *vacuidad* en el budismo. Es una nada que simultáneamente es *todo*.

San Juan escribió que si quieres subir al monte Carmelo, no puedes dejarte amedrentar por las bestias que encuentres en el camino ni puedes detenerte a recoger flores. Esta descripción refleja, de forma muy bella, la esencia de la madurez espiritual: uno no se deja amedrentar por lo extraño de la situación ni se engalana con adornos atractivos.

El escenario conciliador

Entre los extremos que son caminar en horizontal, que podríamos llamar el camino de la brujería, e ir hacia abajo, que podemos llamar el camino de la liberación, hay un continuo de puntos intermedios —caminos oblicuos, por así decirlo—. Un camino oblicuo tiene dos componentes en movimiento. Hay un movimiento horizontal en la exploración de los fenómenos del espacio intermedio, pero, al mismo tiempo, hay un movimiento vertical hacia la Fuente espiritual. Un camino oblicuo podría ser de cuarenta y cinco grados, en el que simultáneamente se camina por el espacio del poder y hacia la Fuente, y a la misma velocidad. O puede haber una inclinación ligeramente mayor hacia la brujería —más horizontal; uno recorre más el ámbito de los fenómenos— o hacia la liberación —más vertical; uno profundiza más hacia la Fuente de lo que se entretiene con los fenómenos—. Muchas personas siguen uno de estos ángulos oblicuos; ni se identifican con el materialismo espiritual ni se dirigen de manera pura y directa hacia la Fuente. De modo que se puede medir un continuo de orientaciones espirituales, dependiendo de la proximidad del vector a la vertical. Como regla general, cuanto más vertical es el camino, mayor es la madurez espiritual. *Este abanico de ángulos oblicuos entre el viaje de poder y el viaje de la purificación total representa el espectro del chamanismo clásico.*

Me gusta considerar el chamanismo como la religión de los tiempos antiguos en este planeta. Incluso religiones relativamente antiguas como el hinduismo y el judaísmo hace pocos milenios que existen. El chamanismo, la religión natural de la humanidad tribal, tiene al menos veinte mil años de antigüedad, probablemente más —nadie lo sabe con seguridad—. En el panorama general, la religión natural de nuestra especie ha sido el chamanismo; comparadas con él, todas las otras religiones mundiales son recién llegadas.

Dentro de las culturas chamánicas, a menudo se hace una distinción entre el camino que se dirige hacia los poderes especiales y el camino que se dirige hacia la trascendencia del ego. El primero proporciona conocimiento de los espíritus. Pero el segundo proporciona conocimiento del Gran Espíritu.

La única práctica chamánica con la que he tenido contacto directo es una procedente de Norteamérica, concretamente la de los lakotas, o los siux occidentales. En su idioma, tienen dos palabras: *pejuta-wichasha wichasha-wakan*. *Pejuta* significa una 'hierba', una 'medicina' o un 'poder', y *wichasha*, 'persona', de modo que *pejuta-wichasha* designa a un médico o una persona con poder. *Wakan*, por otra parte, significa 'el Gran Misterio o el Gran Espíritu', así que un *wichasha-wakan* es un líder espiritual, una persona cuyas pruebas chamánicas la han llevado más allá del ego.

En los primeros libros de Carlos Castaneda, su maestro, don Juan, lo expresa de la manera más clara posible. Utiliza exactamente el mismo lenguaje que utilizaba mi maestro Wuguang. Don Juan dice que hay algunas personas que tienen poder pero no pueden ver. Hay algunas personas que pueden ver pero no tienen poder. Y hay algunas personas que pueden ver y tienen poder, ambas cosas. Aquello a lo que se refiere don Juan con el término *ver* es, desde luego, la visión interna: la comprensión de cómo opera la conciencia en su nivel más profundo.

El Buda dijo básicamente lo mismo. Él tenía un discípulo que era un *arhat*, es decir, un ser plenamente iluminado, una persona totalmente liberada, como él mismo. Pero la gente dudaba de que esa persona fuese un *arhat* porque no tenía ningún poder especial. Acudían al Buda y le decían: «¿Qué pasa aquí? Él no puede levitar, no puede decirnos el futuro, no puede sanar a la gente». El Buda respondía diciendo que no entendían la naturaleza del camino. La liberación es una dimensión independiente de esos poderes. El Buda confirmó que el *arhat* estaba liberado, pero su camino no implicaba experiencias inusuales.

En contraste, el Buda tenía otro discípulo que era un maestro de los poderes psíquicos, pero estaba muy poco liberado. No estaba iluminado, pero creía que era el mejor. De modo que el Buda utilizó una inteligente estrategia para mostrarle lo confundido que estaba a un nivel visceral. La historia cuenta que los poderes psíquicos de este discípulo eran tan grandes que cuando visualizaba fenómenos, otras personas que se encontraban a su alrededor también los veían. El Buda le dijo:

—Tengo una petición. Utiliza tus poderes psíquicos para manifestar un tigre.

El discípulo obedeció enseguida y evocó, mágicamente, un feroz tigre a partir de los éteres. Era tan real que quedó aterrorizado por su propia creación, por lo que el Buda le dijo:

—¿Ves?, no estás donde creías estar. No estás liberado. Todavía no te has liberado del miedo.

Upaya: utilizar los poderes para la liberación

Podría dar la impresión de que estoy advirtiendo contra los fenómenos del ámbito del poder, hablando de ellos como algo negativo. Pero en realidad es lo contrario: establecer contacto con experiencias tan inusuales puede ser, potencialmente, algo positivo desde el punto de vista de nuestra meta última. Esto se debe a que si experimentas alguno de estos fenómenos, es señal de que has profundizado en la conciencia, y, por tanto, si aportas las cualidades de la concentración, la claridad y la ecuanimidad a dicha experiencia, podrás purificarte a un nivel muy profundo.

Dicho de otro modo, estoy sugiriendo una especie de inversión en la forma de ver los fenómenos relacionados con los poderes. La manera habitual de considerar estos fenómenos es verlos como un canal que trae mensajes de la mente profunda a la superficie. Yo sugiero que es más productivo considerarlos a la inversa: los fenómenos de poder representan un canal que puede llevar claridad y ecuanimidad desde la superficie hacia la mente profunda, a la cual proporciona lo que necesita para desatar sus propios nudos, para autopurificarse. Lo más importante al trabajar con fenómenos inusuales o con estados alterados de conciencia es verlos como un campo adecuado para alcanzar y liberar las profundidades de nuestra conciencia. Vistos de este modo, se convierten en lo que el budismo denomina *upaya*. Esta palabra se traduce generalmente como 'medios hábiles', pero una traducción más actual y precisa podría ser 'funcionamiento inteligente'.

Hay varios modos de operar inteligentemente en el ámbito del poder. Veamos algunos casos específicos. Supongamos que estás meditando y sientes un enorme calor, o una energía que es como un néctar que recorre todo tu cuerpo. Desde la perspectiva de la práctica del mindfulness, consideraríamos esto como una manifestación de *anicca*, o transitoriedad. En lugar de quedar estancado en la propia sensación —en el *contenido* intrínseco de la experiencia—, fascínate con el *perfil* de la experiencia. Sigue la pista, de instante en instante, de la ondulación o el movimiento vibratorio. Mira la experiencia como un verbo, no como un sustantivo; como un hacer, no como un objeto. Esto te aportará comprensión sobre la transitoriedad hasta al nivel celular de tu ser y te encaminará en la dirección de ese hacer carente de forma que es la Fuente.

O imagina que tienes la impresión de haber abandonado tu cuerpo. Hay algo significativo en esta experiencia, y hay algo que no lo es. Desafortunadamente, a menudo, la gente se centra en la parte insignificante y deja de utilizar la parte significativa. La parte insignificante es la impresión de que puedes moverte alrededor de tu cuerpo, fuera de él. La parte significativa es que has entrado en un estado de radical ecuanimidad, un estado de testigo profundamente desapegado, desde el que puedes observar tus pensamientos y tus sensaciones corporales con una gran objetividad. Casi todo el que tiene experiencias extracorporales se queda atrapado por la impresión divertida de poder moverse fuera del cuerpo. Casi nadie lo toma como una plataforma desde la que llevar a cabo una observación deconstructiva sistemática, y esto es triste, porque se pierde una oportunidad de oro. Al centrarte en la impresión fugaz de haberte liberado de tu cuerpo, pierdes la oportunidad de obtener la comprensión transformadora de que *para empezar, nunca has estado atrapado en él.*

Y ¿qué tal la experiencia de leer las mentes de las personas o recordar vidas anteriores? Cuando se tienen experiencias como estas, se está tocando la parte de la mente profunda que es una especie de mente universal. También aquí se abre una ventana, la oportunidad de experimentar la unidad con todas las mentes y todas las vidas —las pasadas, presentes y futuras, las místicas y las reales—. En este caso, la unidad es una expansión de conciencia que abarca toda posible experiencia, sin detenerse en ninguna en particular. Si uno se implica demasiado en las impresiones de poder leer las mentes o recordar determinadas encarnaciones, pierde la oportunidad de tener la experiencia de abrazar todas las mentes y todas las encarnaciones. Si descubres tu capacidad de saber lo que otras personas están pensando o puedes conocer otras vidas, date cuenta de lo espaciosa que se está volviendo tu conciencia y dale permiso para hacerse más amplia incluso, tan grande que se convierta en el espacio mismo, que lo vea todo sin mirar nada en particular. En ese momento experimentarás el estado de absorción carente de forma (*jhana*) llamado *conciencia ilimitada* (en terminología del budismo tradicional).

Algunas personas tienen experiencias de intenso placer o dicha extática durante la práctica. Algunas incluso aseguran que el objetivo de la meditación es experimentar este placer. Sin embargo, el objetivo de la meditación es sutil pero significativamente distinto: consiste en transformar la propia relación con el placer, de manera que cualquier tipo de placer aporte una profunda plenitud. Llevar concentración, claridad y ecuanimidad al placer incrementa en gran medida la plenitud que el placer ofrece. Si aquello sobre lo que te concentras es el intenso placer de la dicha meditativa, esto reprogramará tus «circuitos de la realización» en un nivel celular. De hecho, cuando lees los sermones originales del Buda que aparecen en la primera parte del Canon Pali, se habla mucho acerca de qué es lo que se experimenta cuando se entra en la dicha meditativa más elevada.

Es magnífico experimentar gozo durante la meditación. Experiméntalo de manera tangible como una sensación corporal y observa tu nivel de ecuanimidad en relación con ello. Date cuenta de cómo de vez en cuando recibes una oleada de gozo sin aferrarte a su surgimiento ni apegarte a él cuando pasa. Cuando suceda esto, observa cómo el placer desapegado te conduce a experimentar una satisfacción mucho más profunda. De este modo, el gozo de la meditación se convierte más en una fuente de comprensión y purificación y menos en una fuente de diversión y deseo compulsivo.

La dicha va unida a veces al fenómeno de la luz. La luz que puede aparecer en ocasiones en el espacio intermedio puede ser muy intensa. Quizá hayas experimentado algo así. ¿Te has medio despertado alguna vez y has sido consciente de una luz clara que no es externa? Es de esto de lo que estoy hablando. En la tradición cristiana, la experiencia de una luz brillante durante la meditación se conocía como *la luz increada del monte Tabor*. Los contemplativos cristianos creen que esta luz es lo que Jesús experimentó durante la transfiguración en el monte Tabor, una colina situada en Israel, cerca del mar de Galilea. De modo que consideran que esta luz es una gracia especial. Pero también dicen que para alcanzar la verdadera unión con Dios hay que ir más allá de esta luz y entrar en la oscuridad.

Es cierto. Si experimentas luminosidad en tu meditación, obsérvala muy cuidadosamente. Verás que surge debido a unas vibraciones increíblemente sutiles y rápidas. En otras palabras, en ella puede hallarse el sabor vibratorio de la transitoriedad, tan fino que resulta casi inconcebible. A medida que te centras más y más en la sutil transitoriedad de la luz, esta estalla y pasas más allá de ella y accedes a la Fuente que está más allá de la oscuridad y de la luz brillante.

Finalmente, ¿qué ocurre si ves ángeles, aliados, antepasados, entidades o avatares? Es hermoso utilizar a veces estos arquetipos como un canal para obtener información *de* las profundidades, pero te recomiendo que los uses sobre todo como canales para llevar claridad y ecuanimidad *a* las profundidades. Fascínate con el modo que tienen de moverse, y no te obsesiones con lo que quieren decir. Si lo logras, podrás ver cómo las manos del titiritero carente de forma animan estas imágenes desde el interior; te darás cuenta de que la acción que es el Gran Espíritu subyace a la sustantividad de cada espíritu específico.

Esta es la manera de operar inteligentemente en el ámbito del poder: utilizar los fenómenos como plataformas para alcanzar y abrir el fluir de la Fuente.

◆◆◆

Los maestros de meditación tienden a ubicarse en tres categorías en cuanto al modo de tratar con el espacio intermedio. Los maestros zen o *vipassana* tienden a prevenir a la gente sobre este. Los maestros hindúes o tibetanos tienden a ser positivos al respecto. Personalmente, a mí me gusta adoptar el punto medio. Es beneficioso que experimentes el ámbito del poder. Por una parte, es señal de que estás profundizando, y por otra, es una plataforma desde la que puedes realizar un trabajo muy profundo de comprensión y de purificación. Pero para hacer esto tienes que poder abordarlo como cualquier otro fenómeno. Descomponlo en sensaciones corporales, imágenes mentales y charla interna, luego descompón eso en ondas de transitoriedad, y por último observa adónde van las ondas cuando dejan de existir. Cuando diriges la atención al lugar adonde van las cosas cuando dejan de existir, diriges la atención hacia la Fuente de donde las cosas proceden cuando surgen.

Ahora tienes un modelo de la conciencia en tres niveles y que puede utilizarse como un mapa del camino espiritual. En el budismo tradicional, estos tres estratos se conocen como el *trikaya*, que en sánscrito significa 'tres cuerpos': *nirmanakaya, sambhogakaya* y *dharmakaya*. *Nirmanakaya*: los fenómenos de la superficie, de los que todos somos conscientes. *Sambhogakaya*: los fenómenos del espacio intermedio, que he descrito antes con cierto detalle. *Dharmakaya*: la Fuente misma, la matriz carente de forma cuyos movimientos peristálticos traen el tiempo, el espacio, el yo y el mundo a la existencia; se expande y contrae y da lugar a los dioses, los espíritus, los ángeles, los avatares, los santos, los pecadores, las guirnaldas y los cubos de basura.

8

EL VERDADERO NO YO

Una de las enseñanzas más desconcertantes y potencialmente poco atractivas del Buda es la enseñanza de *anatta*, a menudo traducido como 'no yo'. En la lengua pali, *an* significa 'sin' y *atta*, 'yo' en el sentido de cosa, esencia o partícula separada. El Buda enseñó que no hay nada en nuestro interior llamado *yo*.

Este concepto es totalmente ilógico. Va contra nuestro modo ordinario de pensar; va contra nuestra percepción normal. En el mejor de los casos, puede parecer que es un modo más bien insatisfactorio de ver las cosas. En el peor de los casos, resulta realmente ridículo. Todavía recuerdo la primera vez que tuve noticia de esta noción budista. Era un adolescente. Caminando por una librería en algún lugar de Los Ángeles, tomé un libro sobre budismo, abrí una página al azar y leí una línea. Decía algo así: «Todos tus problemas derivan de la creencia de que tienes un yo. No existe tal cosa llamada *yo*». «¡Sandeces!», grité mentalmente mientras cerraba de golpe el libro muy irritado. Ahora, sesenta años después, me encuentro afirmando lo mismo que leí en el libro. ¿Me he dejado convencer por el budismo? Bueno, quizá un poco. Pero fundamentalmente mi postura se debe a que he dedicado algún tiempo a observar cuidadosamente cómo surge la percepción *yo soy*.

Desde luego, todo adulto humano tiene una *experiencia sensorial* del yo. Si nos preguntamos a través de cuál de las puertas de los sentidos surge esta percepción del yo, veremos que surge de una mezcla de pensamientos y sensaciones. Algunos tipos de sensaciones corporales son más autorreferenciales que otros. El contacto de nuestras ropas se relaciona de algún modo con nosotros, pero lo que experimentamos físicamente cuando alguien nos critica o nos elogia se relaciona más con el sentido del yo. Tanto el contacto con nuestra vestimenta como el sentimiento que experimentamos en el cuerpo cuando pasamos vergüenza o somos alabados en público son sensaciones corporales. Sin embargo, este segundo tipo de sensaciones están cualitativamente más asociadas con nuestro sentido de la existencia individual o yo. Y además del componente corporal está el pensamiento autorreferencial: las conversaciones internas y las imágenes mentales que se asocian con quiénes somos, el aspecto que tenemos, etc.

En realidad, podemos utilizar varias escalas para analizar la experiencia de nuestra identidad finita. En la escala más amplia, tendemos a identificarnos con cualquier experiencia de la mente y el cuerpo: *soy mis imágenes mentales, mi charla mental y mis sensaciones corporales*. En la escala más estrecha, tendemos a identificarnos de manera especialmente fuerte con las imágenes mentales, la charla mental y las sensaciones corporales autorreferenciales. Las primeras son imágenes mentales de nuestra propia apariencia. La charla mental autorreferencial es el juicio que hacemos acerca de hasta qué punto somos maravillosos, o lo contrario.

Las sensaciones corporales autorreferenciales son las sensaciones emocionales que asociamos con los elogios y las críticas que recibimos. Entre la escala sensorial del yo más amplia (*soy todos y cada uno de mis estados mentales y físicos*) y la escala sensorial del yo más estricta (*soy los estados mentales y físicos autorreferenciales*) hay una escala intermedia: *soy los pensamientos más las emociones corporales.* Este es el sistema de las imágenes mentales, la charla mental y las sensaciones corporales emocionales que describía en el capítulo cuatro. Es el sistema con el que trabajan fundamentalmente mis alumnos para alcanzar la comprensión del no yo. Desde luego, cualquiera de las tres escalas puede ser interesante y productiva si trabajamos con ella, y cada una es, a su manera, natural. Definir el yo sensorial de forma amplia como todas y cada una de las experiencias mentales y físicas que tenemos se corresponde con la intuición; incluso un niño puede entenderlo. Por otra parte, trabajar con los pensamientos y las emociones autorreferenciales puede ser tanto un reto enorme como algo profundamente liberador.

Hay una razón por la que propongo a la gente trabajar con la escala intermedia. El motivo es que las imágenes mentales + la charla mental + las emociones corporales representan un sistema natural, un sistema que puede ser reactivo, proactivo, interactivo y ocasionalmente inactivo. Quiero decir que cuando tenemos la percepción de ver el mundo externo, oír el mundo externo y ser tocados por el mundo externo, surge el sentido de un *yo* que ve externamente, oye externamente y siente externamente, porque el sistema interno reacciona a estos estímulos exteriores. Cuando el sistema interno no reacciona a los estímulos exteriores, puede comenzar a dar vueltas proactivamente a memorias, planes y fantasías. También tiene un modo interactivo: una imagen mental puede desencadenar el parloteo mental o emociones corporales. El parloteo mental puede provocar imágenes mentales o emociones corporales. Las emociones corporales pueden desarrollarse hasta llevarnos a formar imágenes mentales y parloteo mental. De este modo, el sistema interactúa consigo mismo. ¿Hay algo más que este sistema haga, además de mostrarse reactivo, proactivo e interactivo? Sí; a veces se vuelve inactivo y crea *una especie* de experiencia del no yo.

Algo que reacciona a su entorno, proactúa para cambiar su estado interno e interactúa consigo mismo constituye un sistema natural. Sería conveniente contar con una forma de referirnos a este sistema. Llamémoslo *actividad interna*. Observemos por un momento el impresionante espectro de fenómenos que abarca esta denominación más bien insulsa: la memoria, la planificación, la fantasía, la solución de problemas, la voluntad, el deseo, la duda, la indecisión, la confusión, la convicción, las emociones desagradables, las emociones agradables, la intuición, la comprensión, la iluminación... ¿La iluminación? ¡Sí! La iluminación es la capacidad de formarnos una clara representación visual, auditiva y sensitiva de aquello que precede a cada surgimiento de una impresión visual, auditiva y sensitiva.

¿Esto es todo lo que hay respecto a la identidad personal? Sí y no. Es todo lo que hay respecto a la identidad personal *finita*. Pero si miras cuidadosamente, podrás hallar lo que podría denominarse la identidad *transfinita*, una identidad que es, simultáneamente, ilimitadamente amplia e ilimitadamente pequeña. Y ¿dónde buscamos *eso*? Una manera de hallarlo sería observar constantemente la identidad que hay detrás de la propia identidad que está detrás de la propia identidad que está detrás... hasta llegar a una identidad que no se limite al cuerpo-mente. Este es el método llamado *autoindagación*.

Un enfoque alternativo es observar cuidadosamente la experiencia mental y corporal y dividirla en sus componentes, subcomponentes y subsubcomponentes, hasta llegar a la comprensión de que la experiencia del cuerpo-mente está hecha, literalmente, de espacio que se expande y se contrae. Este último enfoque es la clásica práctica de observación característica del sudeste asiático: el *vipassana*.

Aunque el enfoque de la autoindagación y el de la observación analítica son, en cierto sentido, diferentes, ambos requieren y desarrollan el poder de concentración, la claridad sensorial y la ecuanimidad, y ambos tienen como resultado una experiencia del yo transfinito. Los miembros de la comunidad de la autoindagación tienden a denominar a esta experiencia el *yo verdadero*, mientras que los de la comunidad budista tienden a referirse a ella como el *no yo*. Son distintas formas de designar lo mismo.

Cuando no podemos seguir la pista a las imágenes mentales, el parloteo mental y las emociones corporales como componentes, se enredan entre sí. Y en ese caso tenemos una percepción del yo como una partícula separada y vulnerable más que como una desinhibida onda interactiva de personalidad. El *yo como partícula* es una especie de ilusión. Cuando el pensamiento y el sentimiento se *desenredan* mediante la claridad sensorial y dejan de parecer sólidos a través de la ecuanimidad, obtenemos una percepción muy distinta de lo que es el yo.

La sustancialidad del yo y la dualidad sujeto-objeto son inherentes a la estructura de todo lenguaje humano que yo conozca. No puedo hablar sobre el tema del no yo sin emplear la palabra *yo*. Y cada vez que digo «yo» estoy usando un pronombre y, al hacerlo, refuerzo la sensación de que hay una cosa llamada *yo*.

El asunto da lugar a mucha confusión, porque cuando la gente plantea preguntas, estas tienen siempre una forma gramatical, y las respuestas han de darse también bajo una forma gramatical. La gente hace preguntas como ¿quién se ilumina?,

¿quién medita? o ¿quién me está hablando ahora?, pero el pronombre interrogativo *quién* exige gramaticalmente un sustantivo o un pronombre para contestar a estas preguntas. Para construir una respuesta adecuada, tienes que usar *esto*, *eso*, *él* o *ella*. No hay otro modo, en ningún idioma humano, de responder gramaticalmente a estas preguntas, de manera que la respuesta siempre refuerza la ilusión. Sospecho que esta es la razón por la que algunos maestros de meditación se niegan totalmente a responder a preguntas de este estilo: se limitan a quedarse en silencio, dan un grito o dicen algo aparentemente absurdo. Por ejemplo, el discípulo pregunta: «Maestro, ¿qué es el yo?», y el maestro responde: «Cien gramos de lino».

LIBERARSE DE ALGO QUE NUNCA EXISTIÓ

El sentido del yo como una partícula separada y vulnerable es una especie de ilusión que surge cuando le perdemos la pista a la actividad interna de ver, oír y sentir. El mundo físico ofrece una buena analogía para este tipo de ilusión. Si tengo dos hilos, uno blanco y otro rojo, y los entrelazo y mantengo a cierta distancia de ti, tendrás la clara impresión de que hay una masa rosa unificada. Ahora bien, si te acercas y miras más cuidadosamente, ¿qué le sucede al rosa? Parece desaparecer. Cuando ves con claridad lo que realmente hay, distingues los hilos individuales rojos y blancos, y no ves ya el color rosa. En el caso del yo, el análogo del rosa, la propiedad que desaparece es la *sustancialidad*.

Pero podemos ir más lejos todavía. En el siguiente paso, penetramos en los componentes del ver, oír y sentir interno, y luego penetramos en sus subcomponentes y sus subsubcomponentes. Cuando rastreamos en la infraestructura de la mente pensante y del cuerpo sintiente de este modo, descubrimos sus átomos. Pero estos átomos tampoco son cosas; son una especie de «espuma cuántica» efervescente.

Esto abre la puerta a una comprensión de la sustancia fundamental de la que están constituidos los pensamientos y las sensaciones, y surge un nuevo sentido del yo. No es un yo en el sentido ordinario de la palabra. El yo en el sentido ordinario de la palabra es una ilusión; es ese rosa, y la ilusión del rosa ha desaparecido. El nuevo yo no es un nombre; es un *verbo*. Es la actividad de la personalidad que surge sin esfuerzo de la Nada, a cada instante. Podemos llamar a eso *yo fluido, nuestro verdadero yo* o *gran yo*. Pero en la tradición budista, generalmente se elige denominar a esta experiencia *la comprensión del no yo*. Sé que esta terminología confunde. El problema empieza cuando hablamos de la desaparición del rosa, porque no es totalmente correcto. ¡Para empezar, el rosa nunca existió!

Se dice muchas veces que si practicamos la meditación, perdemos nuestro ego o que nos liberamos de él. Esta afirmación no es muy precisa, porque no podemos liberarnos de algo que nunca ha existido. En lugar de eso, lo que ocurre es que vemos la situación sensorial tal como es.

El hecho de que desaparezca el sentido del yo como cosa no implica que la actividad de la personalidad deje de existir. Las personas iluminadas que hablan constantemente del no yo suelen tener personalidades fuertes, carismáticas. Puede pensarse que esto es paradójico, pero se trata de una consecuencia lógica de la experiencia del no yo. Esto es así porque el sentido del yo como algo material ha desaparecido, y toda la energía que estaba constreñida en esa noción del yo queda libre para expresarse fluidamente como personalidad.

Podemos utilizar una metáfora del ámbito de la física. Cuando expresamos en unidades convencionales la ecuación $E = mc^2$,* ello implica que un poco de materia equivale a una gran cantidad de energía (porque c^2 es mucho). Cuando alguien ha visto más allá de la ilusión del yo limitado, se libera una gran cantidad de energía para la expresión de la personalidad. Por eso quienes están profundamente iluminados a menudo tienen personalidades expresivas.

Cuando se habla de la experiencia de la autoconciencia, generalmente se produce cierta incomodidad. Cuando se piensa sobre ello, parece muy extraño. ¿Por qué debería suscitar incomodidad la autoconciencia? Miremos cuidadosamente la experiencia. Lo que provoca la incomodidad es el aferramiento al fluir natural de los pensamientos y sentimientos autorreferenciales, o el hecho de interferir en este fluir, lo cual es una especie de viscosidad dentro de la actividad interior del ver, oír y sentir. El «yo en tanto que onda» no puede fluir suavemente.

Una vez que somos capaces de experimentar el yo en términos de sus componentes sensoriales, podemos permitir que estos surjan sin inhibiciones, de instante en instante. Cuando lo hacemos, nuestra experiencia subjetiva de quiénes somos se convierte en un fenómeno ondulatorio. Experimentar nuestro yo del ver, oír y sentir internos como una actividad carente de esfuerzo resulta extremadamente satisfactorio, pero también es algo vacío, porque no se solidifica en una cosa.

De modo que los iluminados a veces tienen personalidades expresivas, atractivas y carismáticas. Esto se debe a que su fluidez interna se manifiesta como espontaneidad externa. Poseen el hacer del yo en lugar de estar poseídas por la sustancialidad del yo.

---

* Ecuación que expresa la teoría de la relatividad. «E» es energía, «m» es masa y «c» es la velocidad de la luz en el vacío.

ANIMADOS A DEJAR IR

Para muchas personas, el pensamiento de experimentarse como «no siendo una cosa» parece como si fuera una experiencia negativa. No les resulta una idea atractiva. Les suena como si hiciéramos de nosotros y del mundo algo muerto o inhóspito. Al principio, yo tuve exactamente esta misma reacción ante esta idea, pero un maestro zen japonés me ayudó a superar este miedo.

Antes de decirte cómo sucedió esto, déjame que hable de la importancia de tener un maestro. Hay un par de razones por las que es difícil progresar en la meditación sin un maestro. Generalmente necesitamos a alguien que nos inspire, que conteste nuestras preguntas y nos anime. No es necesario rendirse a los pies de algún presunto «maestro perfecto». No voy por ahí. Pero he observado que la mayoría de la gente progresa más si cuenta al menos con un instructor competente. Necesitamos que alguien nos estimule, alguien que trabaje con nosotros y que conozca el territorio, alguien que pueda hablar con confianza a partir de su experiencia, alguien con quien podamos interactuar cuando tenemos preguntas y estamos confusos.

Personalmente, la noción de entrega o sometimiento a un maestro me parece poco atractiva. Además, aunque en cierto sentido pueda ser una creencia confortante, mi experiencia es que la noción de un maestro perfecto es un mito —y, ciertamente, un mito potencialmente peligroso—. Por otra parte, muchas preguntas y mucha confusión respecto a la práctica se resuelven mejor mediante la interacción con un guía competente. Un guía competente sabe cómo lidiar con cada dimensión de la felicidad humana a través de la práctica, y te estimulará finalmente a aplicar tu práctica a cada una de estas dimensiones. Por *dimensiones de la felicidad* me refiero a lo siguiente: reducir el sufrimiento, elevar la satisfacción, comprenderte a ti mismo a todos los niveles, un cambio positivo de la conducta y manifestar un espíritu de amor y servicio. Además, un guía competente conoce las limitaciones potenciales de la meditación y te animará a complementar tu práctica con otras opciones, si es necesario (por ejemplo, recibir terapia o seguir un programa de doce pasos).

Además de estas funciones obvias, otra que corresponde a un maestro es ejemplificar la práctica y ayudarnos a superar ciertos miedos que pudiéramos tener respecto a dónde esta puede llevarnos.

En mi primera entrevista con Sasaki Roshi, hace unos treinta años, hizo que mi mente estallase. Me dijo: «Shinzen, tú has sido monje en Japón. Sabes en qué consiste este camino. ¡Espero que vayas al lugar en el que ya no necesites convertir nunca más el yo o el mundo en un objeto!».

Lo dijo de manera muy enfática, con mucha fuerza. Luego, hizo sonar su campanita para indicar el final de la entrevista.

Había escogido cuidadosamente sus palabras. No dijo: «Espero que vayas al lugar en el que ya no *conviertas* el yo y el mundo en objetos», sino: «Espero que vayas al lugar en el que ya no *necesites* convertir el yo o el mundo en objetos». No dijo que debería ser *incapaz* de convertir el yo o el mundo en objetos, sino que tenía que ir al lugar en el que ya no me viese *empujado* a convertir el yo o el mundo en objetos.

Entendí lo que querían transmitir esas palabras cuidadosamente elegidas; sin embargo, me aterrorizaron. Temía las consecuencias, porque me sonaba más o menos como a estar muerto. Básicamente, me había retado; era como si me hubiese dicho algo así: «Aquí está el borde del Gran Cañón. ¡Salta!».

Esta es una de esas situaciones en las que contar con un modelo puede ser realmente útil. A lo largo de las décadas, he tenido la oportunidad de observar con mucha atención a maestros asiáticos veteranos. Quizá yo no sea capaz de hacer lo que hacen ellos, pero entiendo lo que están haciendo. Un tenista profesional quizá no pueda hacer lo que hace un maestro mundial del tenis, pero puede *ver* claramente qué hace.

Cuando se observa a maestros profundamente realizados, se puede decir por el modo en que mueven sus cabezas y sus cuerpos, y por el modo en que miran, que no tienen ninguna creencia en que haya un mundo ahí. Cuando miran dentro, no tienen expectativas de que ahí haya una mente. Los maestros profundamente iluminados muestran el lenguaje corporal de Ray Charles: se encuentran totalmente cómodos conviviendo con el hecho de que el mundo ya no existe como objeto. A pesar de esto –en realidad, a causa de esto– son increíblemente felices, increíblemente autoexpresivos e increíblemente eficaces a la hora de influir en el mundo que los rodea.

En contraste con mi miedo, tuve esos ejemplos de que no ocurre nada malo si saltas desde el borde del Gran Cañón.

NO LUCHES CONTRA ELLO

Si bien es habitual encontrar la idea del no yo poco atractiva en un primer momento, también es frecuente terminar apegándose a las experiencias del no yo una vez que comienzan a acontecer en la meditación. Al principio de interesarme por el budismo, lo estudié intelectualmente en la universidad. Leí mucho sobre el no yo. Cuando empecé a meditar, tenía la idea de que solo progresaría si de algún modo me liberaba del yo. Por otra parte, si era consciente de tener un yo, pensaba que mi meditación había fracasado.

Sin darme cuenta, desarrollé una aversión al surgimiento natural del yo. Si cantaba y me perdía en el canto, creía que eso era correcto. Si sentía mi yo mientras cantaba, creía que eso era incorrecto. Esta creencia me atormentó durante mucho tiempo.

Hace muchos años, viví en una comunidad residencial llamada Centro de Meditación Budista Internacional, ubicada en el centro de Los Ángeles. A pesar del nombre, no era imprescindible meditar para residir allí. Algunos de los residentes practicaban y otros no.

Brian Victoria, un buen amigo mío que tiene mucha experiencia en los monasterios budistas japoneses, también vivía allí. Los dos estábamos realmente entregados a la meditación, y cada mañana dirigíamos una práctica sentada y después cantábamos. Todos los que estaban en la casa eran invitados, pero acudían relativamente pocos.

Al final de esas prácticas, solía encontrarme en un hermoso estado de concentración —mi *samadhi* era bueno—. Después cantábamos un poco, y ese estado se volvía aún más profundo. Me disolvía en el canto. Creía que eso era realmente fantástico. ¡No hay yo, no hay problemas! Al final del canto, tocábamos la campana para terminar y tras eso saboreábamos brevemente el silencio matutino durante un momento mágico.

Pero, inevitablemente, uno de los no meditadores elegía exactamente ese momento para tirar de la cadena, dar un portazo o comenzar una conversación en la escalera. De inmediato, mi estado de no yo se evaporaba. En su lugar brotaba un espasmo de reacción interna, una tormenta del ver, oír y sentir interiores: «¡Maldición, estaba *allí*! ¿Por qué han tenido que tirar de la cadena? Ahora ya no estoy en el no yo». Realmente lamentaba el surgimiento de esa activación interna. Enloquecía por no poder permanecer en el no yo. Sentía que había fracasado, y me sentía molesto con quien hubiese hecho el ruido.

No sé si hubiera entendido cómo superar esa aversión si no hubiese sido por mi relación con Sasaki Roshi. Comencé a traducirle mientras daba conferencias. Él siempre decía que hay dos cosas que hay que aprender: a abandonar el yo y la forma de expresar el yo. Escuché eso una y otra vez.

A veces también decía: «¿Queréis saber qué es un maestro zen? Os diré lo que es. Un maestro zen es una agencia de viajes. Proporciona billetes de ida y vuelta reutilizables que permiten viajar sin esfuerzo entre el cielo y el infierno».

Durante uno de mis *sanzens* (una entrevista personal con un maestro zen), como siempre, yo había dado una respuesta totalmente incorrecta a mi *koan*. Como respuesta, él había dicho algo que no parecía relacionado con nada: «Jesucristo murió y fue al cielo, pero yo prefiero ir al infierno». A continuación hizo sonar su campana para indicar el final de la entrevista. Y me fui.

No tenía ni idea de qué había querido decir. Me limité a recordar sus palabras y confié en que al final calarían en mí y les encontraría el sentido. Me costó años que la bombilla metafórica se encendiera, pero finalmente comprendí su mensaje: había puesto de manifiesto en qué punto de la práctica me había estancado.

Traduzcamos la poesía de su zen a la prosa de la práctica del *vipassana*. Me había dicho algo así: «Shinzen, sé que has meditado durante muchos años, y cuando te sientas en el *zendo*, entras en algunos estados muy profundos. Disfrutas realmente cuando el yo no está presente; esta es, para ti, una experiencia de tipo celestial. Pero cuando madures, como yo, disfrutarás incluso más la experiencia *opuesta* a esta».

Lo opuesto a la experiencia del no yo es un espasmo coagulado de actividad interna, un calambre subjetivo, una tormenta interior del ver, oír y sentir. Dado que él era un maestro, podía discernir que yo todavía me resistía, que aún no aceptaba al cien por cien el surgimiento del yo. Me estaba diciendo que, cuando por fin madurase, llegaría a preferir el surgimiento del yo a la experiencia de su no surgimiento.

Finalmente lo logré: no combatas el surgimiento del yo de manera abierta y no lo combatas de manera sutil. Cuando surja, déjalo que surja. No te resistas. Pero intenta llevar claridad y ecuanimidad a ello, porque vas a aprender tanto de la erupción del yo como aprendes de la cesación del yo. En otras palabras, cuanto más pronto y más alto puedas decir *sí* a cada nuevo surgimiento del yo, más profundo y claro será el *no* (el estado de no yo que inevitablemente seguirá).

Si te encuentras en un estado profundo verdaderamente hermoso y luego, de repente, ya no estás en ese estado, puedes tener un disgusto. Puedes sentirte como si te hubieran expulsado del Jardín del Edén y un ángel con una espada de fuego te impidiera volver al paraíso. Lamentas haber sido expulsado del cielo y te agitas para poder regresar, pero no logras ningún resultado.

Sin embargo, hay algo que puedes hacer en ese estado de frustración y agitación. ¡Sube a bordo del programa de la naturaleza! Permite totalmente que el yo del ver, oír y sentir surja sin impedimentos. No intentes desinflarlo ni lamentar su aparición. Disponte a empezar de nuevo, porque en realidad no es volver al comienzo. Permítete amar y disfrutar de la tormenta del ver, oír y sentir. Tu trabajo consiste en *clarificarla*, en ambos sentidos del término: algo está claro cuando conocemos sus componentes y algo se clarifica cuando se vuelve transparente. Hay un vínculo

EL VERDADERO NO YO

íntimo entre estos dos tipos de claridad: el ver las cosas *de manera separada, independiente* y el ver *a través* de ellas se refuerzan mutuamente. Permite el espasmo del yo y dale permiso para que se manifieste el tiempo que quiera, sea mucho o poco. Y en lugar de lamentarte, agradece. Tal vez no estés ya en el cielo, pero tampoco estás en el infierno. Estás en el purgatorio. No siempre es un lugar divertido, pero desde luego sí es productivo.

EL NO YO: LA VERSIÓN DE LA FUERZA INDUSTRIAL

Para mí, la versión más potente del no yo se manifiesta cuando puedes experimentar tu identidad siendo amada al entrar y al salir de la existencia, de instante en instante, mientras realizas las actividades del día a día. Llamo a esto el *verdadero* no yo. Puede parecer un verdadero desafío, pero vayamos paso a paso.

Se empieza vigilando la experiencia del yo en cuanto a las imágenes mentales, el parloteo mental y las sensaciones corporales emocionales. Esto implica la dimensión de claridad que llamo *resolución*, es decir, la capacidad de separar los componentes y subcomponentes de un evento sensorial. La claridad te permite seguir la pista a tu identidad desde el punto de vista de las mismas variables que caracterizan a la ciencia cuantificada: cuánto, de qué, cuándo y dónde, interaccionando de qué maneras y cambiando a qué velocidad.

Además de la resolución, la claridad implica también sensibilidad, es decir, la habilidad de detectar. Esta es la capacidad de ir recogiendo los elementos de los sucesos sensoriales sutiles. Antes de que surja una imagen mental consciente, hay una propagación de pensamiento visual subliminal muy sutil. Antes de que surja cada frase mental consciente, se produce una análoga difusión del pensamiento auditivo sutil. Además, una sensación corporal local a menudo producirá una difusión global de la activación sutil.

La habilidad de detectar sucesos sutiles se relaciona estrechamente con la habilidad para detectar el instante en el que algo surge, una habilidad que podríamos denominar *sensibilidad temporal*. Con el tiempo, tu habilidad para detectar los comienzos *absolutos* de las cosas mejorará. Y, esperémoslo, en algún momento te darás cuenta de que cada instante del yo nace como una onda de puro espacio que se propaga y colapsa simultáneamente.

William James describió la primera experiencia sensorial del bebé como una «confusión floreciente y zumbadora». Ciertamente, florece y parece una actividad frenética, un zumbido, pero no confunde, sino que reconforta. La agitación es una especie de efervescencia cremosa; el florecimiento es el brotar y el desvanecerse del espacio mismo. Este florecer y este zumbido constituyen no solo la situación original de un recién nacido, sino que se hallan también constantemente presentes en la vida adulta. Es la situación que precede a cada momento consciente de identidad que experimentamos durante el día. Pero si nacemos muchas veces durante el transcurso de un día típico, ¿significa esto que también morimos muchas veces? ¡Sin ninguna duda! Esto puede sonar desalentador, pero no lo es; en absoluto. De hecho, es algo que empodera profundamente. Yo lo llamo *el poder de «lo que acaba de pasar»*.

9

El poder de «lo que acaba de pasar»

Y hasta que no sabes esto
—cómo crecer a través de la muerte—
no eres más que otro huésped oscuro
sobre la sombría tierra.

GOETHE, «ANHELO SAGRADO»

A menudo mis alumnos me preguntan si hay un sendero hacia la iluminación que sea el más rápido. Mi respuesta habitual es que puede que lo haya, pero no creo que la humanidad lo conozca todavía. En nuestra etapa actual de la ciencia de la iluminación, parece que hay varios enfoques que funcionan para distintas personas. Por eso me gusta dar un amplio abanico de técnicas diferentes para que los estudiantes elijan. Ahora bien, aunque solo a modo de experimento mental, a veces me he preguntado qué diría si solo se me permitiera enseñar una técnica. ¿Cuál elegiría como el sendero más rápido hacia la iluminación? Es una elección difícil, pero creo que sería la técnica que llamo *limitarse a observar lo que acaba de pasar*.

La mayoría de las personas son conscientes del momento en que comienza un suceso sensorial, pero rara vez lo son del momento en que *se desvanece*. Nos vemos instantáneamente atraídos por un nuevo sonido, algo nuevo que hemos visto o una nueva sensación corporal, pero pocas veces notamos cuándo desaparecen el sonido, la visión o la sensación corporal anteriores. Esto es natural, porque cada nuevo surgimiento de la experiencia sensorial representa aquello de lo que debemos ocuparnos en el momento siguiente. Pero el hecho de ser siempre conscientes de los surgimientos sensoriales y apenas serlo de cómo desaparecen las sensaciones da lugar a una visión desequilibrada de la naturaleza de la experiencia sensorial. También hace que nos perdamos una de las maneras más interesantes de establecer contacto con la Fuente.

La práctica de *limitarse a observar lo que acaba de pasar* es muy directa. Cuando una experiencia sensorial desaparece de repente, advierte este hecho: reconoce claramente cuándo detectas el punto de transición entre el hecho de que toda esa experiencia esté presente y el hecho de que al menos una parte no esté ya presente. Puedes utilizar la etiqueta mental *pasó* para ayudarte a observar el final de la experiencia. Si durante un tiempo no hay nada que se desvanezca, está bien; espera hasta que algo lo haga. Si empiezas a preocuparte porque nada termina, advierte cada vez que termina este pensamiento. Solo hay una cantidad finita de elementos disponibles en la conciencia en un momento dado, y cada surgimiento produce un desvanecimiento.

Hay mucho que decir sobre el pasar de las experiencias sensoriales. Al principio, al comenzar a practicar, puede resultar difícil seguir la pista a lo que está sucediendo. Pero con el tiempo comienzas a observar claramente la actividad sensorial interna y externa. En algún momento te haces muy consciente de que estos sucesos sensoriales no solo emergen, sino que también cesan. Después, más adelante, cada vez te interesas más por cómo se desvanecen; tu atención se dirige hacia el pasar de las cosas. El progreso clásico desde el simple darse cuenta de los sucesos hasta seguir el patrón rítmico del surgimiento y la desaparición, hasta la fascinación por la desaparición constante, se describe en el *Visuddhimagga* ('el sendero de la purificación'), el manual clásico del sudeste asiático para la práctica del *vipassana*.

Yo defino el momento del desvanecimiento como aquel en el que toda una experiencia sensorial, o parte de ella, desaparece. Es posible que no desaparezca todo el suceso sensorial, pero al menos una *parte* de él se desvanece abruptamente. Una disminución gradual no es algo que *acaba de pasar*, pero la experiencia seguirá disminuyendo, y luego, en algún momento, habrá una transición desde el nivel sutil de su existencia hasta su verdadera no existencia. En el momento en el que la experiencia desaparece de golpe nos encontramos con que *acaba de pasar*.

La única palabra, sencilla, que empleo para etiquetar los finales es *pasó*. Pero como en el caso de muchas de las etiquetas que utilizo, tenemos que ser cuidadosos, porque el significado que le doy a esta palabra no es idéntico al que tiene en el lenguaje coloquial. Cuando decimos «pasó», generalmente está implícito que *afortunadamente* eso pasó, y no volverá. Pero como etiqueta en mi sistema de mindfulness, *pasó* denota el momento en que se detecta una disminución abrupta. Y no significa que lo que terminó no volverá; de hecho, puede regresar instantáneamente.

Pasó tampoco implica que haya desaparecido toda la experiencia sensorial. Supongamos que estás observando la imagen mental de una persona: «ves» la cabeza, el tronco, los brazos, las piernas, etc. En algún momento, quizá se evapora abruptamente el brazo derecho, pero el resto de la imagen de la persona sigue estando ahí. Hay un desvanecimiento parcial; desapareció parte de lo que observabas. Esto cuenta como *algo que acaba de pasar*.

De modo que *lo que acaba de pasar*, etiquetado como *pasó*, no implica que eso haya pasado para bien. Ni quiere decir que todas las partes de lo que estabas observando hayan desaparecido. Quiere decir que la totalidad de algo o una parte de ello ha desaparecido súbitamente. Y ni siquiera tiene que desaparecer por completo; basta con que disminuya abruptamente hasta un nivel inferior o un tamaño menor.

Tal como defino las cosas, Fluir hace referencia a cualquier cambio. Algo puede cambiar aumentando de algún modo; otra cosa puede cambiar disminuyendo en cierto sentido. *Pasó* es la etiqueta que utilizo para indicar cualquier disminución *abrupta*. Dicho de otro modo, *lo que acaba de pasar* hace referencia a un determinado acontecimiento, abrupto, dentro del Fluir.

El modo que tengo de definir en este capítulo *lo que acaba de pasar* puede parecer más bien complejo y sutil. ¿Qué sentido tiene? Recuerda que en el capítulo uno he descrito cómo algunas definiciones científicas fundamentales a veces se van perfeccionando durante un largo período. Un estudiante universitario actual, si está dispuesto a tener paciencia con su libro de texto, puede tener una comprensión del cálculo más profunda de la que tuvieron sus geniales creadores –Newton y Leibniz–. Tardé veinte años en pulir mi actual definición de *lo que acaba de pasar*. Con ella, un meditador principiante a veces puede degustar la etapa que, según el *Visuddhimagga*, precede inmediatamente a la iluminación.

Podría decirse que el momento del surgimiento representa la afirmación, por parte de la naturaleza, de un suceso sensorial –metafóricamente hablando, es como si le dijese «sí» a ese suceso–. De forma paralela, podría decirse que el momento del desvanecimiento es la negación, por parte de la naturaleza, de dicho suceso –le dice «no», metafóricamente hablando–. Ser capaces de detectar claramente *lo que acaba de pasar* podría considerarse la capacidad de experimentar cómo la naturaleza dice «no». La capacidad de apreciar las bondades de *lo que acaba de pasar*, como el alivio, la tranquilidad, etc., podría considerarse la capacidad de experimentar *profundamente* el *no* de la naturaleza.

Hay cuatro factores que facilitan que se tenga una experiencia clara y profunda de *lo que acaba de pasar*: la totalidad de la concentración momentánea, la totalidad de la ecuanimidad momentánea, la rapidez de la concentración momentánea y la rapidez de la ecuanimidad momentánea. Lo que quiero decir es lo siguiente: la totalidad de tu concentración hace referencia a lo profundamente que te abres a cada nuevo surgimiento. Derramar todo el cubo de tu conciencia en cada surgimiento al mismo tiempo que estás abierto a ello podría describirse como afirmar ese surgimiento –decir «sí» en voz alta en respuesta al «sí» de la naturaleza–. La capacidad de hacer estas dos cosas en el preciso instante en el que algo surge podría describirse como decir «sí» rápidamente. Esto nos lleva al axioma fundamental de la percepción del desvanecimiento: cuanto más rápida y completamente afirmes cada surgimiento, más profunda y clara será tu experiencia de su desaparición.

Me he dado cuenta de que hay una tendencia a suponer que *lo que acaba de pasar* es una categoría muy esotérica. A menudo, las personas creen que si se dedican a meditar en ello durante veinte años, quizá adquieran la capacidad de advertir *lo que acaba de pasar*. Por favor, quítate esta idea de la cabeza. Cada inspiración llega a su fin. Cada espiración llega a su fin. Estas son sensaciones corporales de tipo físico, y tienen un final. No digas nunca que no puedes detectar ningún desvanecimiento. Puedes encontrar dos eventos *que acaban de pasar* en cada respiración que haces.

Tal vez pienses que este tipo de hechos *que acaban de pasar* son triviales, pero no lo son. Todos los hechos *que acaban de pasar* son creados iguales. O, como a veces me gusta decir, todos los hechos *que acaban de pasar* son *increados* iguales. Lo digo como una broma. Tal vez parezca un modo de hablar enigmático y extraño, alguna especie de truco que utilizo para atraer tu atención o para dar la impresión de que sé algo que tú no sabes. Pero todos los acontecimientos *que acaban de pasar* son increados iguales. Lo que se desvanece puede ser algo muy ordinario y banal, pero el momento de su desvanecimiento apunta a algo extraordinario y profundo: lo Increado, la Fuente de la conciencia.

Oyes maullar a un gato, y ese sonido llega a su fin: *pasó*. Enciendes una luz en una habitación, y la oscuridad termina: *pasó*. Un pensamiento verbal surca tu cabeza, lo observas y se desvanece: *pasó*. Puedes pensar que todo esto es demasiado cotidiano, demasiado banal para ser en modo alguno significativo, pero todo ello está incluido en la definición de *lo que acaba de pasar*.

A medida que prestas atención a estos acontecimientos cotidianos *que acaban de pasar*, estás desarrollando gradualmente una sensibilidad: la capacidad de detectar la Fuente no nacida de la conciencia. Cada una de las detecciones de *lo que acaba de pasar* representa un minúsculo aprendizaje que en sí mismo y por sí mismo parece más bien trivial. Pero cuando este aprendizaje se vuelve acumulativo (a lo largo de semanas, meses, quizá años de práctica), empezamos a percibir que esos momentos *que acaban de pasar* dirigen momentáneamente nuestra atención hacia algo que en realidad no es una cosa, y por tanto no puede verdaderamente ser experimentado a través de los sentidos, si bien puede *establecerse contacto* con ello. Esta *no cosa* con la que estamos contactando es la Fuente.

Puede establecerse el *contacto* directo con la Fuente mediante el momento evanescente de los sentidos, aunque esto, en sí mismo y estrictamente hablando, no es una experiencia. Dicho de otro modo, las consecuencias de cada desvanecimiento pasan a estar cada vez más bien definidas sensorialmente.

Respecto a *lo que acaba de pasar*, hay algunas cosas que son intuitivamente obvias, y otras que son muy contrarias a la intuición. Es intuitivamente obvio que si estás teniendo una experiencia desagradable en tu cuerpo o en tu mente y puedes prestar atención a los momentos en los que partes de ella se desvanecen, obtienes una sensación de liberación. Darte cuenta de *lo que acaba de pasar* te permite experimentar que también eso *es* pasajero, lo cual te dará mucho más bienestar que tratar de recordarte a ti mismo «esto también *pasará*». Del mismo modo, tiene sentido que percibir *lo que acaba de pasar* pueda crear silencio y tranquilidad en tu interior. El alivio y la tranquilidad son una consecuencia natural de la naturaleza del desvanecimiento. Intuitivamente, tiene sentido.

Pero algunos efectos de *lo que acaba de pasar* no son obvios de manera intuitiva. No es intuitivamente obvio que advertir el desvanecimiento de una experiencia neutra o agradable pueda resultar en algo placentero, pero puede suceder. Ciertamente, cuando cualquier experiencia sensorial –sea agradable, dolorosa o neutra– se desvanece, es posible que deje una sensación de satisfacción. Esto es difícil de explicar lógicamente, pero puede experimentarse personalmente. En la India, hay una palabra que significa tanto 'cesación' como 'satisfacción' en un único concepto relacionado. La palabra es *nirvana*. Significa 'apagarse', como la llama de una vela. Significa también 'saciar la sed', en el sentido de estar completa y totalmente satisfecho.

Aquello que ha surgido regresa allí de donde procede. Cada vez que adviertes *lo que acaba de pasar*, durante un breve instante tu atención se dirige directamente hacia la riqueza de la Fuente. Esto es lo que hay detrás de la aparente paradoja de la «nada satisfactoria».

Es intuitivamente obvio que percibir los desvanecimientos podría reverberar a través de tus sentidos como una experiencia de descanso; que como consecuencia de observar el momento en que una secuencia de palabras termina, a ello puede seguirle cierto silencio. Los estados de descanso relativo (la pantalla mental en blanco, la mirada externa no enfocada en nada en particular, la relajación física, la neutralidad emocional, el silencio físico, la calma mental) pueden empezar a impregnar tu experiencia sensorial como resultado de que percibes los desvanecimientos.

También es intuitivamente obvio que si pasas por una experiencia difícil, el hecho de centrarte en los desvanecimientos puede aportarte un pequeño alivio. Y no cuesta mucho imaginar que si tu habilidad de seguir centrándote en *lo que acaba de pasar* es elevada, esos momentos de microalivio pueden acabar por desembocar en un gran alivio.

No es intuitivamente obvio que percibir *lo que acaba de pasar* proporcione plenitud, pero muchas personas a lo largo del tiempo han descubierto esto; de ahí la palabra sánscrita *nirvana*. ¿Tiene otros resultados deseables, pero contrarios a la intuición, el hecho de captar *lo que acaba de pasar*? Sí, ciertamente. Hay uno que es incluso más fundamental que el mencionado.

Advertir *lo que acaba de pasar* puede conducir, espontáneamente, a un espíritu de amor y servicio (*bodhicitta*). Como he dicho, los sucesos sensoriales regresan allí de donde vienen. *Lo que acaba de pasar* apunta a la Fuente de tu propia conciencia. Cuando llegas a conocer esta, puedes llegar a conocer también la Fuente de la conciencia de todos los demás; la matriz carente de forma compartida por todos los seres. Alguien con quien compartes matriz se considera un hermano. De modo que percibir *lo que acaba de pasar* puede conducirte, espontáneamente, a un sentimiento de unidad, y compromiso, con todos los seres. A los maestros tibetanos les gusta enfatizar la complementariedad existente entre la vacuidad y la compasión.

El hecho de que las cosas pasen, aunque aparentemente frío e impersonal, está profundamente conectado a la realización humana y el cuidado humano. Este hecho constituye el misterio central de la palabra *misticismo*: la copa del vacío es el Amor Puro, y el toque del vacío es el propio Amor.

Fluye y adelante

Como recordarás, *Fluir* es el término que utilizo para referirme a cualquier cambio detectable que tenga lugar en la experiencia sensorial. El Fluir abarca un amplio espectro de fenómenos. Por definición, un suceso sensorial determinado o es perfectamente estable o está fluyendo. Cualquier aumento o disminución en intensidad, frecuencia o extensión espacial de un suceso sensorial es Fluir. Cualquier ondulación, remolino o vibración en un suceso sensorial es Fluir. Algunas fluencias son suaves. Otras veces el Fluir es repentino. Algunos son continuos. Otros abruptos. Entre los distintos sabores del Fluir, el Fluir expansión-contracción y el Fluir vibratorio sutil son especialmente significativos. El Fluir vibratorio sutil a menudo es muy agradable. Y el Fluir expansión-contracción es fundamental.

El Fluir vibratorio sutil es como una ducha de burbujas, una ráfaga de aerosol o un sedoso campo homogéneo de destellos minúsculos. Cuando el «subidón» del corredor y el impulso del levantador de pesas se ven a través del microscopio del mindfulness, se perciben como el Fluir vibratorio sutil que son. El Fluir vibratorio sutil (luminoso y suave) y *lo que acaba de pasar* (abrupto y espectacular) contrastan maravillosamente. A veces se desarrolla un patrón en el que alternan: aerosol burbujeante/«pasó»; aerosol burbujeante/«pasó»; aerosol burbujeante/«pasó»...

Al principio, probablemente serás consciente de dónde está el Fluir vibratorio sutil, qué está fluyendo, etc. Pero puede ser que alcances un punto en el que los distintos espacios comiencen a fluir juntos y se pierdan las distinciones. Realmente no te preocupa y ni siquiera sabes si el Fluir vibratorio sutil es somático, visual o auditivo. Esas discriminaciones se vienen abajo. La separación entre lo subjetivo y lo objetivo colapsa. La distinción entre los estados de actividad y los estados de reposo se desmorona. No estás interesado más que en los surgimientos del Fluir vibratorio sutil y sus desvanecimientos. Este efecto homogeneizador del Fluir vibratorio sutil es muy agradable, pero no puedes *hacer* que tenga lugar. Es el resultado de un proceso dialéctico. La mitad del proceso implica hacer distinciones de una manera saludable y empoderadora; esto es, implica separar lo interno de lo externo, lo activo de lo que está en reposo, lo visual de lo auditivo y de lo somático. La otra mitad consiste en destruir las distinciones de una forma saludable y empoderadora, algo que hacemos al meditar sobre el Fluir en general y sobre el Fluir vibratorio sutil en particular.

El Fluir vibratorio sutil es un gran nivelador que destruye las distinciones. Un nivelador más grande incluso es el Fluir expansión-contracción. El Fluir suave de la expansión y la contracción crea el tiempo y el espacio. El Fluir abrupto que contrae –*lo que acaba de pasar*– destruye el tiempo y el espacio. No se pueden hacer distinciones si no están presentes el tiempo y el espacio. Con las vibraciones sutiles todavía eres capaz, en teoría, de distinguir las ubicaciones de ese Fluir. Pero el Fluir vibratorio sutil puede llegar a ser tan omnipresente que no sabes qué es ni dónde está, ni quién eres tú ni dónde estás. Cuando sucede esto, significa que estás acercándote a una importante inversión de la relación figura-fondo. Estás a punto de *convertirte* en ese Fluir vibratorio sutil. Bien, adelante con ello.

Sucede lo mismo con *lo que acaba de pasar*. También en este caso puedes alcanzar un punto en el que no sabes qué es lo que está desapareciendo; ni siquiera sabes si es grande o pequeño, agradable o desagradable, simple o complejo. Olvidas todo ello; sencillamente, estás dominado por el carácter evanescente de las cosas, que van pasando, una tras otra... Esto, una vez más, lleva a una inversión de la relación figura-fondo. Estás a punto de *convertirte* en *lo que acaba de pasar*. Bien, adelante con ello.

Conforme te vuelves más sensible y capaz de detectar *lo que acaba de pasar*, puedes llegar a percibirlo tan frecuentemente que el hecho mismo de que las cosas van pasando se convierte en un objeto de alta concentración. Los espacios existentes entre cada elemento *que acaba de pasar* se vuelven cada vez más breves, hasta que tiene lugar una inversión de la relación figura-fondo. El yo y el mundo se convierten en figuras fugaces, y la desaparición de lo que va aconteciendo, en el fondo permanente. Ni que decir tiene que experimentar esto tendrá un enorme impacto en la forma en que te relacionas con el envejecimiento y la muerte.

Disolución

El hecho de trabajar con el desvanecimiento de las cosas y los temas relacionados con la vacuidad y el no yo tiene un posible efecto negativo: en casos extremos, la sensación del «todo pasa», de la vacuidad y el no yo puede ser tan intensa que produzca desorientación, terror, parálisis, aversión o desesperanza. Reacciones desagradables como estas se hallan bien documentadas en la literatura clásica de la contemplación, tanto en Oriente como en Occidente. En Occidente, a veces se las denomina *la noche oscura del alma*. En Oriente, se las conoce a veces como *el agujero del vacío* o *dukkhañana* ('el aspecto desagradable de la disolución'). Esto no sucede muy a menudo, pero si te ocurre debes recordar tres intervenciones para cambiar la situación y transformarla de problemática en gozosa.

En primer lugar, *acentúa las partes positivas* de la noche oscura, aunque puedan parecer muy sutiles en comparación con las partes negativas. Por ejemplo, puedes «cosechar» cierta sensación de tranquilidad dentro de la nada. Puede ser que experimentes, en alguna medida, la sensación de que lo interior y lo exterior se hacen uno, y que ello resulte en una expansión de tu identidad. Puede ser que percibas algo reconfortante, una energía vibratoria que te masajea. Tal vez sientas una energía mullida, de expansión y contracción, que te estimule. Utiliza tu poder de concentración para enfocarte en estos aspectos positivos de la experiencia, y tal vez te aportarán algún alivio e incluso cierto gozo.

En segundo lugar, *niega las partes negativas* de la noche oscura deconstruyéndolas tomando nota de ellas con una conciencia atenta. Recuerda la estrategia del *vipassana* del *divide y conquista*. Las experiencias que son abrumadoras lo son mucho menos cuando se descomponen en sus partes constituyentes. Sencillamente, observa qué parte del desánimo desencadenado por el vacío son sensaciones corporales emocionales, qué parte son imágenes mentales y qué parte es parloteo mental. Mantenlas claramente delimitadas. Otro modo de expresarlo es el siguiente: si todo es vacío y esto te deprime, recuérdate constantemente que la depresión está vacía. Pero tú dices: «Eso me dejará sin un lugar en el que estar». Es cierto. De esto se trata. Te convertirás en lo que el maestro zen Rinzai llamaba «una persona auténtica sin una posición fija».

Finalmente, intenta *afirmar las emociones, las conductas y las cogniciones positivas* de una manera sistemática. Gradualmente, pacientemente, reconstruye un nuevo yo habitual basado en la bondad amorosa y prácticas similares. Ten pensamientos positivos, amorosos; ve imágenes positivas, amorosas y siente amor y positividad. Todo esto te ayudará a paliar *dukkhañana* ('las percepciones desagradables provocadas por la disolución').

En la mayoría de los casos, las tres intervenciones han de practicarse y mantenerse a lo largo de toda la noche oscura. En los casos más extremos, puede ser necesaria la atención permanente y el apoyo intensivo por parte de maestros u otros practicantes para que te recuerden que sigas aplicando estas intervenciones. El resultado final será una profundidad de gozo y libertad que estará más allá de lo que puedas llegar a imaginar. (Encontrarás una concepción cristiana poética de la disolución, y sus retos y recompensas en el capítulo diez).

EL SENTIR PRIMORDIAL

En mi experiencia como maestro, no me encuentro muy a menudo con serios problemas relacionados con la noche oscura. En general, dejar que todo se vaya esfumando en la nada una y otra vez es tremendamente tranquilizador y relajante.

Pero en algunos casos o en ciertos momentos, la experiencia puede percibirse como lo opuesto a tranquilizadora y relajante. Puede provocar agitación emocional. Aunque esto pueda ser desagradable, en realidad indica que está ocurriendo algo muy potente en la meditación. Esta agitación emocional no es la espectacular noche oscura que se describe en el apartado anterior, en absoluto. Pero presenta sus propios retos y recompensas.

El desvanecimiento nos encamina hacia la experiencia más primaria y primordial que un ser humano puede tener: el fundamento último, un fundamento carente de fondo —el Cero, la Fuente—. Es tan profundo en nuestro interior que ya no es humano, ya no es personal. Se trata de una experiencia inhumana que paradójicamente nutre, llena y purifica todas nuestras partes humanas.

Si *lo que acaba de pasar* nos lleva a la experiencia primordial última que cualquier ser humano puede tener, tan primordial que ni siquiera es humana, tiene que haber también una *segunda* experiencia más primordial. La hay, y es definitivamente una experiencia humana: la experiencia de las emociones caóticas del bebé.

Lo que acaba de pasar puede llevarnos a establecer contacto con este estado en el que las emociones corporales son primordiales, caóticas. Cada desvanecimiento es como una pequeña muerte. Cuando vuelves, es como si volvieses a nacer. Regresas como un recién nacido, con un cuerpo de bebé, lleno de emociones caóticas, como cuando *eras* un bebé.

Y esto está muy bien. Porque ahora estás trabajando con lo primero que te separó de tu Fuente espiritual, con aquello que te escindió de la Fuente en las primeras horas, días y semanas de tu vida. Estás trabajando con la experiencia de la corriente subterránea del sistema límbico, que normalmente es subliminal.

Pero entonces eras un niño indefenso, y ahora eres un adulto meditador. Como meditador adulto, puedes manejarte mucho mejor que un adulto ordinario; eres un superadulto, porque cuentas con técnicas que puedes aplicar a la situación. Esto te permite superar este nivel primordial de temor infantil. El temor infantil original, primigenio, se halla en el centro de todas las experiencias siguientes de miedo que tendrá el individuo como niño, adolescente, adulto y anciano. Todo temor emocional se basa en este miedo original, primigenio, del bebé, y puedes superarlo amándolo hasta la muerte, conociéndolo hasta la muerte. Es como el paso por el purgatorio; desata algunos de los nudos más profundos del alma.

Lo primero que ocurre después de que el Cero se haga añicos es ese tirón de expansión y contracción en direcciones opuestas. Esta separación produce una grieta de espacio puro. Pero como la expansión empuja hacia fuera y la contracción presiona hacia dentro, ese espacio vibra. Y vibra en el puro calor del *sentir*. Este calor puro de la emoción corporal es el penúltimo elemento primordial del yo.

El elemento primordial del yo definitivo es el propio espacio, nacido de la grieta que hay entre la expansión y la contracción. Y la fuente de este espacio es inespacial; es el Cero. Pero lo primero que es, en cierto sentido, personal, es el calor puro de las emociones corporales. Si puedes detectarlo y completarlo, la parte que proviene de la expansión vuelve a ella, y la parte que procede de la contracción vuelve a la contracción. El bebé desorientado y temeroso *se convierte en* la actividad de expansión y contracción. Y cuando la expansión y la contracción se reúnen, se cancelan mutuamente y se desvanecen, tú *eres* ese desvanecimiento, ese Cero, ese pasar. Si practicas lo bastante la detección de *lo que acaba de pasar*, volverás a «criarte» a ti mismo y surgirás como un auténtico superadulto, un adulto iluminado.

10

El retorno a la Fuente

Hay un famoso relato perteneciente a los comienzos de la historia del zen en China. El maestro Joshu estaba debatiendo con un monje cuando apareció un perrito jugueteando. El monje le preguntó a Joshu: «¿Tiene el perro naturaleza búdica?».

El zen es una variante del budismo *mahayana*, y según la filosofía del *mahayana* todos los seres tienen naturaleza búdica. De modo que la respuesta académica correcta es sencilla: «Sí, un perro tiene naturaleza búdica». Pero en el original chino, la pregunta del monje se formula de un modo muy dualista; dice algo así como: «¿El perro tiene naturaleza búdica o no tiene naturaleza búdica, sí o no?». ¿Estaba el monje verdaderamente haciendo una pregunta filosófica sobre la naturaleza búdica? Creo que no. Sospecho que lo que estaba preguntando en realidad era: ¿cómo se puede trascender la dualidad de la existencia y la no existencia?; o, de manera más general, ¿cómo se puede trascender toda dualidad, todo conflicto (el placer versus el dolor, lo interior versus lo exterior, lo bueno frente a lo malo, lo que tiene sentido frente a lo absurdo)?

De manera que formuló la pregunta con una forma gramatical que exigía una respuesta dualista; requería tomar partido: ¿sí o no? El astuto monje le estaba tendiendo una trampa al maestro; lo estaba provocando al estilo zen. ¿Era el maestro merecedor de su *mala*? ¿Cómo iba a gestionar la astuta trampa del monje? Joshu estaba familiarizado con las costumbres del zen, de modo que, sin duda, inmediatamente vio la pregunta como lo que era, una trampa.

El zen surgió en China. En la lengua china moderna, el carácter correspondiente a *zen* se pronuncia *chan*. El *chan* es el hijo híbrido del budismo *mahayana* indio y la cultura china. Del confucianismo tomó su ética y su programa diario ritualizado. Del taoísmo heredó un modelo de la naturaleza basado en el juego dialéctico del yin y el yang, un paradigma de la iluminación basado en la unidad y la costumbre de dialogar desde un espacio de sabiduría.

Los taoístas llamaron a esta costumbre *conversación pura*. Una conversación pura era una interacción en la que la gente hablaba desde la comprensión de la naturaleza de la naturaleza. En la formulación taoísta, esto significaba comprender la interacción que tenía lugar entre el yin y el yang. Quienes participaban en estas conversaciones puras hablaban desde la sabiduría de la mente. Hablaban acerca de la naturaleza de la naturaleza *desde* la naturaleza de la naturaleza. Posteriormente, los maestros zen adoptaron esta tradición taoísta, y se convirtió en un estilo de diálogo específico conocido como *mondo* en japonés. El *mondo* del perrito es uno de los más famosos. En la tradición zen *rinzai*, suele ser el primer *koan* (acertijo que estimula la sabiduría) que se le da a un estudiante.

Un diálogo zen de este estilo es básicamente una competición, pero en realidad es una anticompetición, una especie de competición inversa o paradójica. Funciona así: dos personas hablan, y la primera que habla desde el ego pierde. No cabe duda de que la que quiere ganar va a perder. Por eso es una antibatalla. El primero que se obsesiona con el yo, pierde. Los maestros zen sostenían estos diálogos como un juego. Quienes han visto la naturaleza búdica pueden jugar y hablar desde la naturaleza búdica.

¿Qué harías tú si fueses el maestro en esta situación? Tienes que devolver la pelota, lo cual significa que, según las reglas del juego, tienes que manifestar la naturaleza búdica en tu respuesta. Si fallas en la devolución de la pelota, has perdido, y el juego se termina. Recuerda que según el budismo *mahayana* todos los seres tienen naturaleza búdica. Así que la respuesta académica a la pregunta es: «Sí, el perro tiene naturaleza búdica». Originalmente, la expresión *naturaleza búdica* hacía referencia a un potencial: todos los seres tienen el potencial de llegar a la liberación. Pero más tarde pasó a indicar el hecho de que, en un nivel profundo y sutil, todos los seres, tal como son, ya están operando como liberados. En otras palabras, justamente porque ya estamos allí (subliminalmente) podemos llegar allí (explícitamente). De modo que el monje está lanzando un reto valioso e interesante: *maestro Joshu, muéstreme algo respecto a cómo nuestra perfección innata permite trascender la dualidad, y hágalo de tal manera que muestre dicha perfección innata.*

Lo que el monje esperaba, probablemente, era que Joshu expresase la naturaleza búdica como naturaleza del perro de una manera juguetona; quizá iba a emitir un ladrido desinhibido: *¡guau, guau, guau!* Pero Joshu no hizo eso. Dio una respuesta muy diferente. En lugar de expresar la actividad del perro, dio una respuesta aparentemente incorrecta y, por tanto, inescrutable. Dijo: «Noooo».

En mi opinión, Joshu aceptó brillantemente el reto que se le había presentado. Mi propósito en este capítulo es plantear un reto distinto. Mi reto será explicar la respuesta de Joshu de una manera conceptualmente clara. (A veces, bromeando, sugiero que algunos maestros zen no dicen bastante y algunos maestros de mindfulness dicen demasiado. *Mea culpa*).

En el zen, la iluminación inicial se llama *kensho*. *Ken* significa 'ver' y *sho*, 'naturaleza'. La naturaleza que se ve se denomina a veces *bussho* (naturaleza búdica), *shinsho* (la naturaleza de la conciencia) u *honrai no memmoku* (tu rostro original). Muchas personas que trabajan en la tradición *rinzai* del zen obtienen su primera experiencia de *kensho* trabajando con el *noooo* de Joshu. (Este *koan* se conoce a veces como *el «mu» de Joshu*. *Mu* es la palabra sinojaponesa que estoy traduciendo como 'noooo'. Literalmente significa 'no tener' o 'no existir'. En chino moderno se pronuncia *wu*).

¿Cuál es la respuesta correcta? ¿Ladrar como un perro o el *noooo*? Yo sugeriría que ambas lo son. Pero para pasar la prueba del *koan* hay que entender claramente por qué ambas respuestas son correctas. En el zen uno no puede limitarse a aventurar respuestas; cualquiera puede entonar *muuuu*.

Es importante comprender la relación que hay entre el *guau, guau, guau* y el *noooo*. Cada una de estas opciones representa un modo de trascender la dualidad y, por tanto, una manera de liberarse del sufrimiento. Cada una de estas respuestas es correcta si se comprende claramente por qué responde a la pregunta, y la respuesta puede expresarse con confianza. Entregarse totalmente al *guau, guau, guau* es una manera de trascender la dualidad; así, se afirma completamente el perro, tan completamente que uno se convierte en la actividad llamada *perro*. Como veremos, esto es un ¡sí! *que contiene tanto el sí como no* y, por ello, está más allá del sí *o* el no). Pero ¿qué ocurre con el *noooo* de Joshu? Bien, se trata de un *no* que no es ni un sí *ni* un no (y por tanto está también más allá del sí *o* no).

¿Cómo se puede llegar a la experiencia del ¡sí! que contiene tanto el sí como el no, y del *noooo* que no es ni un sí ni un no? ¡De muchas maneras! En la escuela *rinzai* del zen, generalmente se logra esto mediante una ecuanimidad sostenida ante el estado de confusión inducido por una pregunta que no puede responderse: ¿cuál es el sonido de una sola mano al aplaudir? ¿Cuál es tu rostro original? ¿Qué es *mu?* Los *koans* son preguntas como estas. Pueden utilizarse con varios objetivos, pero inicialmente se suelen usar para desconcertar a la mente conceptual. Esto induce un estado de no saber. Aprende a morar cómodamente en este no saber durante un buen tiempo y pasarás a experimentar una nueva forma de conocer: *prajña* ('sabiduría intuitiva').

Este es un enfoque. Pero, personalmente, prefiero trabajar en el marco del mindfulness. De manera que ¿hay un modo de utilizar las técnicas mindfulness de observación para alcanzar la misma meta? Claro que sí. De hecho, ya he descrito parte de ello en el capítulo anterior cuando he explicado cómo advertir *lo que acaba de pasar.* El *mu* de Joshu no es más que la experiencia muy clara de *lo que acaba de pasar.* El *noooo* que no es ni un sí ni un no, que trasciende toda dualidad, está presente en cada desvanecimiento ordinario, aunque puede costar un tiempo apreciar plenamente este hecho.

> No conocido, por no ser buscado
> pero oído, semioído, en el silencio,
> entre dos olas del mar.
>
> **T. S. ELIOT, «LITTLE GIDDING»**

Pero ¿qué sucede con la otra mitad del cuadro, con la emanación y la reunión del espacio, con el amor puro que moldea la actividad llamada *perro*, que moldea la actividad llamada *yo*, que moldea la actividad llamada *mundo*? Para verlo, presta mucha atención al instante mismo en el que surgen las cosas y etiquétalo como *comienzo*. En cuanto cualquier suceso sensorial interno o externo empieza a surgir, la activación se propaga. Pero justo detrás de esta activación, siguiendo su ritmo a la perfección, hay una sucesión de pequeños *eventos que acaban de pasar* que, juntos, constituyen la percepción del espacio que colapsa sin esfuerzo alguno. Es como si estuviésemos arrastrando un borrador detrás de nosotros todo el día.

En una ocasión le oí decir a un maestro zen que un buen médico puede curar tu enfermedad, pero que solo un gran médico puede mostrarte que nunca estuviste enfermo. Paradójicamente, la gran perfección de las cosas, que acaece sin esfuerzo, a veces puede mostrarse en ocasiones en las que menos lo esperaríamos, ocasiones en las que nos encontramos en medio de una gran dificultad. Hay dos expresiones habituales que utilizamos para describir la experiencia del agobio. Una de ellas es *esto me sobrepasa*: ocurren demasiadas cosas en demasiados lugares al mismo tiempo. Las imágenes mentales, el parloteo mental, las sensaciones físicas y emocionales, y quizá también las visiones y los sonidos, tiran de uno en muchas direcciones a la vez. La otra expresión es *estoy perdiendo el norte*, que significa que uno se ha visto separado de su centro, que se ha descentrado. Pero mira con cuidado. El descentramiento produce una serie de microdesvanecimientos; el espacio del yo colapsa de instante en instante. Metafóricamente hablando, nos sentimos pequeños, desamparados, vulnerables. Pero no es solo que nos sintamos pequeños, sino que estamos literalmente encogiéndonos, contrayéndonos. Mira cuidadosamente, con verdadera atención. No estás desamparado; antes al contrario. Este descentramiento, este encogimiento de la identidad, puede convertirse en algo agradable; es como si te vieses suavemente exprimido. El desbordamiento no es sino tu conciencia que está siendo estirada en el espacio, en muchas direcciones al mismo tiempo. Es expansión, es afirmación, es sí. Pero cada extensión genera un colapso interior. Es contracción, es negación, es no. La naturaleza está constantemente señalándonos el camino hacia la libertad. La perfección primordial está siempre ahí. Tan solo necesitamos mirar de un modo diferente.

Aporta concentración, claridad y ecuanimidad a tu experiencia. Hazlo de manera constante durante un buen tiempo. En algún momento descubrirás un principio ordenador que es tan primordial que nunca puede desordenarse.

Más allá de lo incómodo que tu cuerpo pueda sentirse, más allá de lo confusa o negativa que tu mente pueda volverse, esa incomodidad, confusión o negatividad está siempre rodeada de una espontaneidad carente de esfuerzo. Una vez que te percatas de esto, te das cuenta de que nunca necesitaste ejercitarte, ni buscar, ni mejorar. Pero —y en esto no hay atajos— tal vez necesites un entrenamiento considerable antes de que puedas darte cuenta de esto, y el hecho de percatarte de ello debería proporcionarte un lugar óptimo desde el que mejorar.

En términos de tiempo, una absoluta tranquilidad precede y sigue a todo aquello que vemos, oímos o sentimos, y a todo aquello que hacemos, decimos o pensamos. En términos de espacio, hay una propagación y un colapso, carente de esfuerzo, que se expande y se contrae en el interior de todo aquello que vemos, oímos o sentimos y todo aquello que hacemos, decimos o pensamos. Ciertamente, cada suceso sensorial o motor no es más que una nube de espuma efervescente batida en la grieta que surge entre el movimiento interior y el movimiento exterior (piensa en la estampa *La gran ola de Kanagawa* de Hokusai). Cada momento de la vida nace de las fuerzas contrarias que surgen entre esos haceres dirigidos en dirección opuesta: cada momento está moldeado por el puro amor y por la tensión del amor. La tranquilidad absoluta se polariza en la expansión y la contracción simultáneas, que de manera fugaz moldean un instante de tiempo, de espacio, de yo y del mundo. Cuando esa expansión y esa contracción se cancelan en *lo que acaba de pasar*, llevan consigo toda la riqueza de ese momento sensorial, lo cual conduce a un estado más rico incluso, de absoluta tranquilidad.

Podríamos tener la tentación de identificar el surgimiento con la expansión y el desvanecimiento con la contracción, y ciertamente, desde un punto de vista superficial, es algo muy razonable. Pero la perspectiva no rígida del zen pide una formulación más profunda. En cuanto algo comienza a surgir, ha empezado *ya* a pasar. Como dijo T. S. Eliot parafraseando el lema de María Estuardo, reina de Escocia: «En mi comienzo está mi fin». Darse cuenta de que el surgimiento implica simultáneamente expansión *y* contracción es la visión más profunda que nos permite mantenernos en el filo de la navaja del absoluto ahora; es lo que nos permite cabalgar el toro del zen hacia atrás, hacia el absoluto descanso de *lo que acaba de pasar*. La experiencia de *lo que acaba de pasar* acontece cuando la expansión y la contracción cesan a la vez, cuando se cancelan mutuamente. *Lo que acaba de pasar* es el *noooo* que no es ni sí ni no, ni bueno ni malo, ni significativo ni absurdo.

Pero ¡*lo que acaba de pasar* no es una cosa! Es lo que sucede cuando todos los sí o los no necesarios para moldear este mundo se cancelan simultáneamente, de manera que es una experiencia increíblemente rica, quizá interminablemente rica. Los místicos cristianos medievales la denominaron *nihil per excellentiam* ('la nada por excelencia').

¿Cuál es la diferencia entre el *nihil* del místico, el practicante que tiene éxito, y el *nihil* del nihilista, el cínico cascarrabias? Ambos son formas de la nada, pero su significado humano no podría ser más distinto. La diferencia está en el *sendero* tomado para llegar ahí. El nihilista ha sido herido por el mundo, una y otra vez, y, como resultado, ha llegado a una vaciedad que es sombría y paralizadora. El místico ha visto el mundo surgir de la Nada, una y otra vez. Pero, lo que es igualmente importante, el místico ha visto cómo la Nada se traga el mundo, una y otra vez. Para el místico, la riqueza del mundo está contenida en esa Nada. *Lo que acaba de pasar* no es solamente una fuente de tranquilidad y seguridad; es una fuente de realización, empoderamiento y amor. Para tomar prestada una metáfora de la termodinámica, la significación humana de la nada es una variable dependiente del sendero.

Dado que la expansión y la contracción impregnan todo lo que sentimos y hacemos, parece razonable pensar que constituyen nuestra propia naturaleza. Pero ¿qué ocurre con la naturaleza de un perro? Observa un perro (o cualquier otro animal). Es obvio que todo lo que siente o hace tiene la exuberante cualidad del mero suceder. Por eso nos encanta tener mascotas. De manera que, claramente, el perro tiene naturaleza búdica. Y ¿qué sucede con una planta o una roca? ¿También la tienen? ¿Es la naturaleza búdica, tal como se ha descrito antes, la naturaleza de todas las cosas, la naturaleza de la naturaleza?

Casi todos los maestros místicos del pasado han afirmado que las experiencias que tienen en contemplación revelan directamente la naturaleza del mundo real. Pero ¿están justificadas tales pretensiones? Bertrand Russell, filósofo británico del siglo XX, escribió un ensayo clásico, *Misticismo y lógica*. En su concepción, esas afirmaciones basadas en la experiencia mística resultan filosóficamente injustificadas. El místico puede aprender cosas acerca de la naturaleza de la experiencia que sean útiles, importantes y desconocidas para la mayoría de la gente, pero la naturaleza de la realidad objetiva es el campo de la ciencia y solo de la ciencia. En general, tiendo a estar de acuerdo con Russell.

Por otra parte, la naturaleza tal como la describen los místicos y la naturaleza investigada por los científicos tienen *algún* tipo de relación. No creo que sea posible en este momento de la historia de nuestra especie afirmar con seguridad cuál es esta relación. Ciertamente, llegar a un consenso respecto a este asunto es la misión central de la ciencia de la iluminación. Pero si tengo que decir algo de manera rápida y especulando, sería que la gran perfección primordial descubierta por los místicos es lo que ocurre cuando el sistema nervioso humano saborea directamente el principio de energía libre que subyace a su funcionamiento. Pero eso no es más que una conjetura. Lo que sí *puedo* decir con confianza es que esta gran perfección primordial no es solamente algo esotérico, sino que es algo que resulta útil conocer. La ventana podría abrirse ante ti en cualquier momento, quizá cuando menos lo esperes o más lo necesites. Los tibetanos tienen una exclamación reservada solo para cuando esa ventana se abre: ¡*Emaho*!, que podría traducirse libremente como: 'iOh, Dios mío! ¿Quién habría pensado que es así de simple?'.

¿Es la naturaleza búdica antes descrita también la naturaleza de todas las cosas, la naturaleza de la naturaleza? No tengo una clave, pero puede ser divertido especular al respecto, siempre que no nos lo tomemos demasiado en serio.

Para los principiantes, si la gran perfección primordial tiene algo que ver con el sistema nervioso que paladea la energía libre (y, por tanto, la entropía), la respuesta sería *sí*, porque la energía libre y la entropía son variables importantes en muchas áreas de la física. Así pues, la naturaleza búdica podría resultar ser la termodinámica tal como es experimentada directamente por las neuronas, a diferencia de hacerlo indirectamente mediante el razonamiento físico y las ecuaciones matemáticas. No es más que una idea; no hay que tomarla muy en serio en este momento.

Otra perspectiva podría ser pensar en la naturaleza en términos dialécticos. La naturaleza búdica, tal como se ha descrito antes, implica un contraste binario: expansión versus contracción. La experiencia sensorial del yo interno (las imágenes mentales, el parloteo mental y las emociones corporales) y la experiencia sensorial del paisaje exterior (lo que vemos, lo que oímos y las sensaciones corporales físicas) nacen entre estas fuerzas. Además, estas fuerzas pueden cancelarse en una rica nada.

¿Podemos decir que temas como el contraste binario, el nacer entre ambas fuerzas y la cancelación mutua revelan la naturaleza de la naturaleza? Una vez más, no tengo la clave, pero encuentro la idea estéticamente agradable. Recuerda que el zen heredó una filosofía dialéctica de la cultura china. El yang es expansión, el yin es contracción. Cuando actúan juntos, tenemos *taiji* —la gran (*tai*) polarización (*ji*)—. Cuando se cancelan mutuamente, tenemos *wuji* —la ausencia (*wu*) de polaridad (*ji*)—. Estas nociones subyacen a las artes marciales y las prácticas médicas asiáticas.

Pero esto no son solo conceptos orientales. Los filósofos occidentales, desde Heráclito hasta Hegel, han quedado fascinados por la noción de *interacción dialéctica*.

Los pares son cosas íntegras y no íntegras, lo que se junta
y lo que se separa, lo armónico y lo disonante.
El uno está hecho de todas las cosas y
todas las cosas salen del uno.

HERÁCLITO

La interacción dialéctica se halla incluso en el cristianismo; por ejemplo, en los escritos del filósofo escolástico Nicolás de Cusa, quien habló de Dios como *coincidentia oppositorum* ('la coincidencia de los opuestos').

Pero quizá lo más importante de todo sea el hecho de que el contraste binario (lo que nace en el medio) y la cancelación mutua son fundamentales para las matemáticas que generalmente utilizamos para construir un modelo del mundo natural: el sistema de números complejos. Los números complejos constituyen un intrincado entrelazamiento que implica *tres* sabores de contrastes binarios, cada uno con su propio estado neutro cancelado. El primer contraste es el paso adelante versus el paso atrás (la suma compleja). El segundo contraste es el estiramiento versus la tracción (el aspecto de la dilatación de la multiplicación compleja). El tercer contraste es el giro hacia la derecha versus el giro hacia la izquierda (el aspecto rotativo de la multiplicación compleja). La gran mayoría de las funciones que los científicos utilizan para describir el mundo físico surgen de la interacción entre estos contrastes; de manera que, en cierto sentido, han «nacido en el medio» de ellos.

Para dar otro ejemplo, observemos el código genético. Si desmenuzamos el ADN, vemos que contiene, básicamente, una secuencia de síes y noes que, cuando se expresan en un cuerpo, pueden programar genéticamente a un perro. Tu ordenador opera almacenando síes y noes como voltajes altos y bajos. El

EL RETORNO A LA FUENTE

físico John Wheeler hizo una conjetura célebre: «Él [el cosmos] [procede] a partir de bits [información binaria]». El *noooo* que está más allá del sí y el no es lo que acontece cuanto todos los síes y todos los noes se alinean y quedan cancelados. Un perro (o cualquier otra actividad específica de la conciencia) es lo que resulta cuando los síes y los noes se polarizan, cuando empujan y presionan para moldear un perro y traerlo a la existencia: empujan hacia fuera para crear el hocico, presionan hacia dentro para abrir los orificios nasales, empujan hacia fuera para crear las orejas, presionan hacia dentro para hacer la boca, estiran hacia abajo y hacia atrás para formar las patas y la cola, inflan para manifestar el abdomen, etc. Esta es la actividad llamada (percibir un) perro.

Cuando esta interacción de opuestos llega a un término, cuando la onda logra la completitud, muere en un momento de absoluta nada. Esto podría llamarse el Cero, o lo No Nacido. Si utilizásemos el vocabulario de los *Yoga Sutras* de Patanjali, hablaríamos de *nirodha* ('cesación'). Así comienzan los *Yoga Sutras*: «El yoga es la cesación de las fluctuaciones de la conciencia. Entonces, y solo entonces, el verdadero observador mora en su verdadera naturaleza». Esta cesación de la conciencia se denomina vacuidad, *shunyata* o cero en el budismo.

Pero la mejor manera de llegar a esta cesación es implicarse plenamente en cada experiencia ordinaria y decir rápidamente y en voz alta «¡sí!» en el momento de su surgimiento. Por ejemplo, cuando mires una flor, oigas una campana o juegues con un perro, entrega tu atención tan plenamente a ello que no tengas tiempo de que esa conciencia quede fijada en una cosa. Cuando la conciencia no se fija ni se estanca, no hay sustantivos como *flor*, *campana* o *perro*. Hay la actividad llamada *flor*, o la actividad llamada *campana*, o la actividad llamada *perro*. Cuando esa actividad se completa, observa adónde va. Todos los contrastes se reúnen y se cancelan, y hay un tiempo fuera del tiempo. Cero. Eso, lo que fuera, «pasó». Tiene lugar una cesación momentánea de las fluctuaciones de la conciencia:

En el punto inmóvil del mundo que gira,
ni carne ni ausencia de carne;
ni desde ni hacia; en el punto inmóvil,
allí está la danza,
pero ni detención ni movimiento.
Y no lo llames fijeza,
donde pasado y futuro se reúnen.
Ni movimiento desde ni hacia,
ni ascenso ni declive. Si no fuese por el punto,
el punto inmóvil,
no habría danza, y no hay más que danza.

T. S. ELIOT, «BURNT NORTON»

Ahora bien, la cesación no dura. Es inherentemente inestable porque está hecha de sí y no, expansión y contracción, yang y yin. En cualquier instante, puede volver a polarizarse espontáneamente.

Si prestas atención a tus experiencias, comenzarás a darte cuenta de cómo se moldean mediante la afirmación y la negación, empujando hacia fuera y presionando hacia dentro, mediante la expansión y la contracción. Entrégate a ese empuje y esa tracción, total y completamente, hasta que te conviertas en ello. No temas desgarrarte. No te preocupes. Puede matarte *en tanto que sustantivo*, pero te dará la vida en tanto que verbo. Te conviertes en tu hacer, en la actividad llamada *tú*.

Cuando no eres más que la actividad tú, todo lo que recibiste de Dios Padre lo retornas graciosamente a Dios Padre. Todo lo que recibiste de la Diosa Madre lo devuelves graciosamente a la Diosa Madre. Ahora no hay nada en medio para evitar que las dos mitades de Dios se reúnan. El meditador desaparece. El verdadero observador, que no existe en el espacio ni en el tiempo, aparece. Pero el verdadero observador no necesita observar ni ser observado. Es la simplicidad última, una especie de punto adimensional, no fijado en parte alguna, que constituye el fundamento sin fondo. No es un lugar en particular, porque permite el surgimiento de todo lugar específico: el lugar del perro, el lugar del árbol, el lugar de tu habitación, el lugar de este libro, y así sucesivamente.

Los dos aspectos de esta actividad constituyen las dos respuestas correctas al *koan* ¿tiene el perro naturaleza búdica? Para responder, tienes que estar en contacto con ambos aspectos de la naturaleza búdica: el lado que polariza y manifiesta la actividad perro y el lado que la neutraliza y manifiesta el Cero. El primero es el *Sí* que implica tanto el sí como el no; el segundo es el *No* que no es ni el sí ni el no.

TRANSITORIEDAD

Sé, tanto por mi propia práctica como por mi actividad como profesor, que este modelo de la naturaleza búdica encaja bien con los hechos de la experiencia y puede proporcionar un impactante sentido de libertad y plenitud. Es una especie de teoría de todas las cosas, en que *todas las cosas* significa todas las experiencias que un ser humano puede tener.

Aunque esta filosofía que ve la actividad de la Fuente como un par de acciones complementarias se halla en todo el mundo, describir la transitoriedad en términos de los dos principios que son la expansión y la contracción no era la manera de enseñar del propio Buda. No obstante, cuando se observa atentamente, se puede ver que este planteamiento está implícito en sus enseñanzas. En lugar de hablar de expansión y contracción, el budismo temprano utiliza la expresión *udaya* ('surgir') y *vyaya* ('pasar'). Y generalmente, en la tradición *vipassana*, este es el modo de comprender la transitoriedad: se observa cómo las cosas surgen y pasan, surgen y pasan.

Puesto que los términos *surgir* y *pasar* existen ya en el budismo *theravada*, puedes preguntarte por qué empleo los términos *expansión* y *contracción*. La razón es que estos últimos nos proporcionan un paradigma general más amplio con el que trabajar, porque podemos pensarlos como fuerzas o cualidades fundamentales. Esto puede ser muy útil cuando meditamos sobre fenómenos aparentemente estables, que no parecen estar surgiendo ni pasando.

Por ejemplo, cuando una sensación parece dura y sólida y, por muy minuciosamente que la investiguemos, no parece cambiar en lo más mínimo, podríamos pensar que allí no hay transitoriedad, que no hay ningún cambio, que no hay ningún surgir ni pasar, que está asentada en la quietud. Pero el modelo de la expansión y la contracción nos permite analizarla de un modo diferente.

Básicamente, encontramos dos tipos de tensiones o de solidez en la práctica de la meditación: tensiones que podemos relajar deliberadamente y tensiones que no podemos relajar deliberadamente. En el caso de las primeras, recomiendo relajarlas y, si es necesario, volver a relajarlas constantemente. La razón de que recomiende esto es que mantener una relajación global constituye una manera simple y tangible de crear ecuanimidad.

Pero ¿qué sucede con los otros tipos de tensión, los que no podemos relajar voluntariamente? Pueden ser muy incómodos, pero tienen un lado positivo, por así decirlo. Representan, de un

modo observable, fuerzas limitadoras profundamente enraizadas en nosotros. El truco es acoger las tensiones que no podemos
relajar con toda la ecuanimidad posible. Esto permitirá una purificación óptima. El paradigma de la expansión y la contracción
puede resultar útil en este caso.

Si un fenómeno es sólido, inmutable e incómodo, se debe a
que hay implicadas fuerzas que presionan. O hay una fuerza que
presiona intentando empujar hacia fuera o hay una fuerza que
presiona intentando tirar hacia dentro, o hay ambas cosas, una
fuerza que se mueve hacia fuera y una fuerza que se mueve hacia
dentro, exactamente al mismo tiempo. Aunque el fenómeno no
cambie, puedes detectar las fuerzas subyacentes que presionan,
polarizadas en su interior: la de expansión y la de contracción.

Cuando hay solidez ocurre que las dos fuerzas que presionan en sentido opuesto se lanzan la una contra la otra, produciendo coagulación y sufrimiento. ¿Qué hacer? ¡Llevar la ecuanimidad a todo ello! Pero ¿cómo? Piensa en la ecuanimidad como
dándole a la expansión permiso para que se expanda y dándole
a la contracción permiso para contraerse, *aunque eso pueda hacer que la incomodidad empeore durante un tiempo.* La expansión y la
contracción chocan entre sí una y otra vez, pero si le das a cada
una de ellas permiso para «hacer lo suyo», en algún momento se
atraviesan mutuamente, se entrelazan. Y la presión dolorosa se
convierte en sensación gozosa.

Cuando las cosas se solidifican, cuando hay presión, cuando
hay tensión en el cuerpo, la mente, la visión o el sonido, la gente tiene tendencia a culparse a sí misma: «*Me estoy* resistiendo»,
«No *puedo* soltar». La expansión y la contracción nos proporcionan un modo distinto de pensar en la tensión y la solidez. El
fenómeno no tiene por qué deberse a tu actitud; probablemente tiene que ver con dos fuerzas impersonales que finalmente

aprenderán cómo entrelazarse mutuamente, sin interferir entre sí. Relacionarte de este modo con la solidez que no puede relajarse puede ayudarte a desarrollar la ecuanimidad.

Este paradigma te permite establecer contacto con la transitoriedad incluso en relación con fenómenos que parecen permanentes. Aquello que no se mueve también nos muestra *anicca*, pero bajo un disfraz. Si miramos muy atentamente, veremos que los dos elementos de la transitoriedad –la expansión y la concentración– están ahí, pero más como *fuerzas* que como movimientos.

Así pues, trabajar con la solidez es una aplicación práctica del paradigma de la expansión y la contracción. Ahora bien, mucho más importante es cómo este paradigma nos ayuda a evitar un clásico obstáculo potencial en la práctica del mindfulness: la *trampa del observador*.

Cuando hablamos de observar el surgimiento y la desaparición, podría suponerse que hay un observador separado que está observándolos. Tú, el observador fijo sentado aquí, observas el surgimiento y la desaparición que acontecen allí, ante ti. Esta sensación de ser un observador es conveniente al principio, porque, inicialmente, necesitas un yo meditador que aplique una técnica. Pero al final es una trampa, porque si el observador se esclerotiza, se convierte en una especie de identidad egoica. El surgimiento y la desaparición pasan a ser, en cierto sentido, algo «plano» y objetivado.

Por otra parte, la expansión y la contracción son algo circular y omniabarcante. Rasgan el centro de gravedad; acaban con la sensación de que hay un observador establecido de manera fija en algún lugar específico. La expansión (el padre) se propaga hacia la derecha, hacia la izquierda, hacia delante y hacia atrás, hacia arriba y hacia abajo. Allí donde intentemos establecer nuestro sentido del yo, va a ser desplazado. La contracción (la madre) tira hacia dentro desde la derecha, desde la izquierda, desde delante y desde atrás, desde arriba y desde abajo, pero no hacia un lugar específico. El centro de gravedad sin punto fijo se convierte en un nuevo principio ordenador que nos mantiene a salvo en el abrazo materno.

Nuestro sentido habitual del orden implica establecer algún punto como centro de nuestro ser y establecer un límite para crear una frontera en nuestro ser. Pero como la expansión y la contracción son omnipresentes, no nos dejarán establecer un centro ni mantener una frontera. Tenemos que abandonarnos completamente, ser atraídos hacia ese Fluir y convertirnos en ese Fluir. Nos convertimos en padre y madre.

De la sensación a la Fuente

Veamos ahora cómo utilizar este concepto en la práctica de meditación. La única manera de superar el *koan* es experimentarlo por uno mismo; solo así se comprende el *noooo* de Joshu.

Digamos que estás meditando y te haces consciente de que tienes un dolor en la pierna. Le prestas atención, consigues tener una sensación muy clara de su forma, observas cómo puede variar su intensidad, dejas que tu conciencia flote y circule en su interior. En algún momento, te das cuenta de que la sensación comienza a suavizarse un poco y se vuelve más como una medusa, una especie de inflarse ahí y retraerse allá, como una superficie bidimensional que ondula hacia dentro y hacia fuera.

Y al penetrar más profundamente en eso, te das cuenta de que cada vez que algo se hincha o emerge hay pequeñas vibraciones en ese brotar. El surgimiento no es más que un conjunto de pequeñas vibraciones. Luego, esas vibraciones cesan, toda esa zona en la que notabas las sensaciones se tranquiliza, y esto da lugar a una comprensión. Tienes la percepción muy clara de que la transitoriedad acontece a dos escalas: hay un movimiento ondulatorio majestuoso, y en cada ondulación un movimiento vibratorio más rápido.

Al prestar todavía más atención, comienzas a percibir algo que es muy sutil. Cuando se produce el surgimiento, en realidad hay dos movimientos en dirección opuesta, uno que empuja hacia fuera y otro que tira hacia dentro, y se producen exactamente al mismo tiempo y con una fuerza más o menos igual: tienen lugar una expansión y una contracción *simultáneas* e *iguales*. Al moverse estas fuerzas directamente opuestas, una en el centro del surgimiento tirando hacia dentro y otra en el perímetro empujando hacia fuera, producen vibraciones entre ellas. Estas vibraciones tienen lugar a causa de la polarización de estas dos fuerzas.

Esto se puede experimentar de manera muy tangible en algo tan ordinario como el acto de sonreír. Si prestas atención a lo que sientes cuando sonríes, puedes percibir cómo los músculos se contraen, a la vez que la cualidad del placer que hay alrededor de la sonrisa se expande y propaga. Puedes sentir un núcleo que se contrae en la sonrisa y un perímetro expansivo simultáneamente.

Puedes detectar también la expansión y la contracción simultáneas en tu respiración. Cuando inspiras, el pecho se expande, pero al mismo tiempo los músculos intercostales se contraen. Puedes sentir la expansión de tu pecho en su volumen, mientras a su alrededor hay una contracción de los músculos. Cuando espiras, el pecho se contrae en su volumen, pero puedes percibir que se está expandiendo en el sentido de que todos los músculos se relajan y se estiran. Realmente puedes percibir esas polarizaciones de la expansión y la contracción en experiencias cotidianas como la respiración y la sonrisa. No es algo esotérico o remoto; está en todas partes y en todas las cosas.

Puedes observarlo también en tu pensamiento. Cuando tu mente está dispersa, percibes cómo tus pensamientos van en muchas direcciones simultáneamente. Esta dispersión es expansiva. Al mismo tiempo, sientes un impulso a reunirlos de algún modo, a hallar el punto central de estos pensamientos. Este impulso a definir el punto central es contractivo. De manera que el pensamiento nace entre el surgimiento y la reunión del espacio.

Los practicantes del zen dicen que la mente ordinaria es el camino, que la mente ordinaria es el Tao. ¿Qué es la mente ordinaria? La mente ordinaria se halla constantemente dispersa en muchas direcciones y no puede mantener un centro. Creemos que esta experiencia de la mente de mono es terrible. Las personas se sienten atormentadas por este girar de la mente incesante. Pero cuando se mira debajo de las apariencias superficiales, la dispersión puede interpretarse como espacio que se propaga sin esfuerzo, y la incapacidad de mantener un centro podría considerarse como la contracción que está engullendo el fundamento sólido que tenemos debajo.

Estamos tan preocupados por determinar el significado específico del pensamiento que sufrimos porque no podemos mirarlo desde el punto de vista de su movimiento universal. Sufrimos porque de algún modo sentimos que tenemos que extraer un significado de este movimiento. Pero si estamos dispuestos a dejar que la mente se disperse y tire hacia dentro al mismo tiempo, abandonando cualquier necesidad de encontrarle un sentido, contextualizamos la situación de otro modo. No es más que otro espacio espontáneo en el que algo brota, mana y se recoge. Esto nos pone en contacto con el significado universal que subyace al significado de todo pensamiento. Es el significado de una flor, el significado de una galaxia.

Si permaneces con esta experiencia, percibirás que, en algún momento, la parte que empujaba hacia fuera ya no lo hace y que la que tiraba hacia dentro tampoco lo hace. Es como si se mezclasen —y, al hacerlo, es como si se mezclasen lo positivo y lo negativo, el más y el menos, lo expansivo y lo contractivo— y se cancelasen mutuamente, y es entonces cuando todas las ondas, grandes y pequeñas, llegan a su fin. Mueren, y en ese cancelarse hay una experiencia de descanso absoluto (*nirodha*, un momento de nirvana, la paz celestial).

De pronto, te haces consciente de que las fuerzas están operando cada una en su dirección otra vez. La expansión empuja hacia fuera; la contracción tira hacia dentro. Una vez más, la vibración nace entre ambas. Esta vibración procede del fin del reposo. El estado de cancelación del universo se ha polarizado de nuevo en un contraste de expansión y contracción, y el descanso absoluto desapareció por un momento; se abrió en sus dos mitades: el más y el menos, el flujo y el reflujo.

Sigue observando. Nuevamente, la mitad que empuja hacia fuera deja de hacerlo y la mitad que tira hacia dentro deja de hacerlo. Ambas se unen, y hay otro momento de impresionante tranquilidad, lo que en la tradición cristiana se llama *la paz que trasciende toda comprensión*.

Y llegas a darte cuenta de que toda experiencia no es más que otro ciclo de gozo. Incluso el sentido de un cuerpo material que está experimentando dolor desaparece y es sustituido por este ritmo de polarización, vibración, paz neutralizadora, polarización, vibración, paz neutralizadora..., una y otra vez. La efervescencia espontánea va alternando con la impresionante paz. ¡Esto es lo que era el dolor todo el tiempo en realidad! Esto lleva a un cambio de comprensión fundamental. Finalmente, dejas de identificarte con el *contenido* de la experiencia y pasas a identificarte con el *contorno* de la experiencia.

Cuando empiezas a meditar, parece que tu mente y tu cuerpo constituyen el fundamento permanente, y que dentro de ellos estás teniendo distintas experiencias sensoriales. Pero en algún momento tiene lugar una inversión sorprendente en la relación figura-fondo. Tu mente y tu cuerpo se convierten en una figura fugaz, y el campo de la transitoriedad se transforma en el fundamento que permanece. Durante un momento, pasas de identificarte con la mente y el cuerpo, que son los productos de ese campo, a identificarte con el campo mismo. Durante un período dejas de convertirte en el producto de la transitoriedad y te reidentificas con la propia transitoriedad. Esta, vista de este modo, podría llamarse también *espíritu* o incluso *alma*.

Este es un cambio profundo en cuanto a la perspectiva básica de las cosas. Parece como si participaras en la actividad de la Fuente. Te conviertes en la Fuente; te das cuenta de que eres la Fuente. Descubres que no eres tu mente y tu cuerpo, sino que eres la Fuente de tu mente y tu cuerpo, que es también la Fuente de todas las mentes y todos los cuerpos.

Probablemente comenzaste la práctica de la meditación aprendiendo a mantener algo, por ejemplo la inspiración y la espiración de tu cuerpo. Cabe esperar que, en algún momento, experimentes el ser sostenido por la Fuente de todas las cosas, la inspiración y la espiración del universo.

Cuando tienes un pensamiento completo, es decir, cuando le prestas total atención desde el principio hasta el final, permitiendo que muestre las cualidades propias del Fluir, dicho pensamiento contiene todos los significados del universo. Esta afirmación puede parecer radical, pero como todo procede de una polarización de la expansión y la contracción, cualquier cosa en particular que experimentes desde este punto de vista se halla unida a todas las demás cosas. La expansión y la contracción que acontecen en tu pensamiento no son distintas de la expansión y la contracción que hacen vibrar los átomos y que las estrellas titilen. Hay dos fuerzas operando en una estrella: la fuerza de la propia gravedad que tira de ella hacia dentro y la fuerza de la presión térmica que empuja hacia fuera. En medio de estas dos fuerzas, la estrella vive su vida; funde nuevos elementos atómicos y los trae a la existencia con cada ciclo de expansión y contracción.

Mientras las estrellas se expandan y se contraigan, también tú te expandirás y contraerás, porque también tú consistes en este movimiento fundamental del universo. El universo entero —y, por tanto, tu experiencia sensorial interna y externa— procede de la Fuente y a ella retorna, de instante en instante. Aunque tu mente y tu cuerpo terminen algún día, una vez que has tenido esta experiencia de volver a la Fuente, te identificarás algo menos con esa mente y ese cuerpo. Aunque seas solo un individuo separado —que tiene ciertos pensamientos y sentimientos, determinados objetivos, algunos malos hábitos y ciertos deseos—, descubres que también eres la propia actividad del universo entero.

Mientras las fuerzas fundamentales del universo actúen, mientras haya afirmación y negación, mientras todo respire, mientras el Cero se polarice y se neutralice, mientras la materia y la antimateria procedan de la nada y vuelvan a la nada, el verdadero tú sigue viviendo.

EL CERO

Los antiguos taoístas estaban en lo cierto en cuanto al yin y el yang, pero les faltaba una pieza importante, porque la antigua civilización china no tenía el concepto de número cero. Se introdujo posteriormente desde la India. El único modo en que Joshu podía expresar la cancelación de lo positivo y lo negativo, la mutua aniquilación del sí y el no, era decir *noooo*. Pero con las matemáticas modernas, podemos llamarlo cero.

Del mismo modo que la expansión y la contracción tienen otros muchos nombres, como *más-menos* o *yin-yang*, *lo que acaba de pasar* también puede denominarse de otras formas: *lo No Nacido*, *el testigo*, *el verdadero yo*, *no yo*, *vacuidad* o *la paz celestial*. Algunas de estas denominaciones parecen contradecirse entre sí, pero todas hacen referencia a la misma experiencia: la nada plena y abundante de la que cualquier cosa brota y a la que todo retorna. El budismo convencional lo llama *vacuidad*, pero otro nombre posible es *cero*. Ambos términos están más relacionados de lo que parece. En sánscrito, el número matemático cero es *shunya*, y en la filosofía *mahayana*, la palabra traducida como 'vacuidad' es *shunyata* (literalmente, 'la cualidad de ser cero').

Muchas personas se desalientan ante la filosofía budista de la vacuidad, pero la vacuidad no está vacía; es abundante y elástica. Contiene el universo entero colapsado en el estado de cancelación, cero. Dado que el cero está constituido por todas las cosas, tiene la posibilidad de crear cualquier cosa.

Se puede llegar al cero de muchas maneras distintas, lo que a su vez proporciona experiencias diferentes. La experiencia de la nada depende del sendero, por así decirlo. El sendero que tomas hacia el cero puede ser sombrío y desalentador, o rico y vibrante. Se puede tener una experiencia de la vacuidad ignorando las cosas, pero no es una experiencia muy rica. Por otra parte, si se llega a la vacuidad por el sendero de la simplificación, se entiende por qué muchos místicos han elegido describir a Dios como un tipo especial de nada. El mindfulness es el sendero de la simplificación.

En el mindfulness, la complejidad de la experiencia sensorial se reduce mediante unificaciones cada vez más profundas.
Por más grandes, complejas o abrumadoras que puedan ser las
experiencias, en el mindfulness aprendemos a descomponerlas
en la simplicidad de los seis sentidos (experiencia visual, auditiva
y somática internas y externas). En otras palabras, analizando la
experiencia en sus componentes sensoriales, podemos reducir
los diez trillones de cosas que hay en el mundo a combinaciones
y subdivisiones de solo seis elementos sensoriales.

Pero esta no es, de ningún modo, la simplificación defini-
tiva. A continuación, simplificas los sentidos experimentándo-
los desde el punto de vista de la transitoriedad o el Fluir. Esto es
mucho más simple que los seis sentidos. La transitoriedad tiene
muchos disfraces o sabores —ondulación, vibración, pixilación,
brillo, picos, colapsos...—; no obstante, finalmente te das cuenta
de que todos ellos surgen de la interacción que tiene lugar entre
dos sabores solamente: la expansión y la contracción. De modo
que hemos reducido todo a estos dos.

Pero las cosas pueden simplificarse más todavía. A veces
eres consciente sobre todo de la expansión; a veces lo eres de la
contracción; en otras ocasiones eres consciente de que ambas
están presentes al mismo tiempo. Pero si miras con atención, te
darás cuenta de que cualquier surgimiento implica ambas. Y en
el momento de desvanecerse, estos Dos *Haceres* se funden en la
Única Nada, el estado más simple de todos: el Cero, la Fuente,
el *noooo* de Joshu.

Luego, el ciclo continúa. La Nada Única se descompone en
Dos Haceres, y los Dos Haceres dan nacimiento a los diez trillones de cosas. Pero tú descubres que sean cuales sean los tipos
de cosas que surgen entre las dos manos de Dios, siempre están
directamente tocadas por esas dos manos. Los Dos Haceres son

una especie de cordón umbilical que conecta los diez trillones de cosas del mundo con la Única Nada que es la Fuente del mundo. Para una persona liberada, el cordón umbilical nunca se corta totalmente. Esta es la verdadera conciencia no dual. No es solo la unidad de lo interior y lo exterior; es la unidad de la forma y lo que no tiene forma, el contacto directo de la creación con el creador. Experimentar esto durante el día es lograr lo que algunos llaman la práctica de la presencia de Dios, y lo que la tradición judía denomina *shiviti Hashem l'negdi tamid*, que podría traducirse de manera libre como 'estar frente a Dios todo el día'.

Pero hay una sutileza más acerca del cero. De hecho, nunca experimentarás realmente el cero. Nunca experimentas la vacuidad; nunca experimentas la cancelación de la expansión y la contracción. Esto parece contradecir todo lo que acabo de escribir, pero ahí está la sutileza. En el momento real de la cancelación, no hay ningún yo que pueda conocer la Fuente. Así, no hay experiencia ahí; es *nirodha* ('extinción'). No hay nadie para tener una experiencia.

Sin embargo, en el mismísimo instante siguiente, el yo vuelve y mira hacia atrás, y ve el momento de *lo que acaba de pasar*. Crea una imagen de ese momento, y palabras para describir ese momento, y siente plenitud, seguridad, paz y amor como resultado de ese momento. Pero esa imagen, esas palabras y esos sentimientos no son el cero, sino una especie de representación posterior del cero. En realidad, la iluminación es la capacidad de formular una clara representación sensorial del estado carente de forma que precede inmediatamente a cada experiencia de la forma. Así, la sabiduría iluminada es una especie de ilusión, en el sentido de que está compuesta de pensamiento y sentimiento. No es más que otro evento condicionado, no el estado incondicionado en sí. Sin embargo, es diferente de otros eventos condicionados en el hecho de que *representa* algo que es incondicionado. A medida que tu iluminación se vuelve más profunda, adquieres cada vez mayor claridad respecto a lo que ocurre justo antes de que surjan el tiempo, el espacio, el yo y el mundo, y llegas a la asunción, cada vez más clara, de que tú *eres* eso que ocurre antes de que surjan el tiempo, el espacio, el yo y el mundo.

Es importante no identificarse con la mente de sabiduría. El verdadero momento de la disolución no es experimentado por nadie; lo que se experimenta es el resplandor posterior. Nunca se experimenta directamente a Dios. Solo se experimenta el resplandor de Dios. Esto puede parecer decepcionante, pero no lo es en absoluto. Cada día está condimentado con un brillo sagrado.

MÁS SOBRE LA DISOLUCIÓN

En la práctica de la meditación, aprendemos a invertir la dirección de los sentidos para llegar al lugar del que proceden. Con dedicación a la práctica y la guía de instructores competentes, al final la mayoría de la gente puede tener esa experiencia. Se trata de un buen proceso, pero no siempre es necesariamente agradable. A veces puede ser algo desestabilizador.

Dependiendo de varios factores, como la disposición psicológica, los condicionamientos experimentados en la niñez, la genética o el azar, algunas personas experimentan una inestabilidad significativa durante el viaje desde la superficie hasta la Fuente.

Por ejemplo, puede ser que la persona experimente un caos interno, que tenga la impresión de que está desgarrándose y pulverizándose, de que está explotando y la están aplastando al mismo tiempo. No todo el mundo pasa por esta sensación de caos total, pero algunas personas sí tienen que experimentar al menos un poco de miedo y desorientación antes de encontrar un orden primordial. Llamamos a este proceso *bhanga* (palabra sánscrita que significa 'disolución').

Si te ocurre que todo parezca desmoronarse, si tienes la impresión de que estás desgarrándote, esto es precisamente lo que está sucediendo. Tus padres te están despedazando. Suena horrible, lo sé; mi modo de hablar no es muy políticamente correcto. Pero por muy ofensivas e impenetrables que te parezcan mis palabras, cuando te encuentres fastidiado y aplastado, inundado y descentrado, tal vez te sea útil saber que estas fuerzas, en realidad, son tus padres disfrazados. Es Dios, no el demonio, quien te está desgarrando. Puedes tener confianza.

Bhanga presenta dos aspectos: el agradable y el desagradable. El lado agradable es como burbujas y vibraciones gozosas que se extienden por todo nuestro ser. Es algo parecido al «subidón» del corredor, pero más intenso y satisfactorio. Después de haber hecho ejercicio, puedes sentir el «subidón» del corredor, en el que se tiene la sensación de que todo el cuerpo brilla. Si tienes poder de concentración y una gran resolución somática, y sintonizas con esta experiencia, verás que el «subidón» del corredor es, en realidad, una especie de Fluir burbujeante sutil, que es tu cuerpo mostrándote su naturaleza transitoria. La mayoría de la gente experimenta el «subidón» del corredor como un estado general de euforia. Esto se debe a que no tienen la capacidad de observar las sensaciones somáticas de alta resolución. Pero si sintonizas realmente, puedes ver que es la transitoriedad en forma de Fluir vibratorio resplandeciente. Algunas personas atraviesan un estado meditativo en el que el Fluir vibratorio inunda completamente no solo su cuerpo, sino también su mente. Y se propaga hacia la visión y el sonido externos, y todo se convierte en este campo de energía brillante y burbujeante.

Cuando tiene lugar de esta manera, la disolución es una experiencia muy gozosa.

Por otra parte, la disolución puede ser una experiencia muy dura y perturbadora, en la que parece que la mente no puede darle sentido a nada. El intelecto se ve separado de la persona. El centro de gravedad del individuo se está desgarrando. Las propias fronteras están siendo violadas. No hay manera de sentirse a gusto ni en la mente ni en el cuerpo. Solo hay dos formas de sentirse cómodo: una es la ecuanimidad, es decir, aceptar la situación de alguna manera; la otra es establecer contacto con las fuerzas subyacentes que nos están despedazando. Nos estamos viendo arrastrados y machacados. *Arrastrados* implica expansión; *machacados* implica contracción. Si te ocurre esto y sabes qué buscar y puedes entregarte simultáneamente al padre y a la madre, ríndete a las fuerzas del desgarro y el vapuleo. Finalmente, estas fuerzas se transformarán en una suave, y hasta placentera, secuencia de elongación y estrechamiento.

Si tienes la impresión de que estás cayendo en temibles estados de caos mientras meditas, comprende que es una etapa por la que tienen que pasar algunas personas. Toma la ecuanimidad y la transitoriedad como tu refugio e intenta seguir adelante con tu programa. Comprende que tu principio ordenador ordinario es verte desgarrado: el cuerpo no puede sentirse cómodo, la mente no puede obtener respuestas, pero en el proceso se está revelando un nuevo principio ordenador, mucho más profundo.

Insisto en que no todo el mundo atraviesa por dramáticas experiencias *bhanga*. Algunas personas recorren el camino en medio de disoluciones gozosas. En el caso de otras, el camino está compuesto por una mezcla de disoluciones gozosas y otras no tan gozosas. Y muchas no pasan nunca por una etapa *bhanga*; sencillamente, saltan a la libertad.

En 1948, el angloamericano T. S. Eliot recibió el Premio Nobel de Literatura por su contribución a la poesía del momento. Su obra incluye un libro relativamente breve titulado *Cuatro cuartetos*. Aunque abarca varios temas, el principal de ellos es lo que yo llamo la *embarazosa zona intermedia*.

La embarazosa zona intermedia es una etapa por la que transitan algunos meditadores, en la que el viejo mecanismo de supervivencia (entrar en tensión y alejarse) está siendo sustituido por el nuevo mecanismo de superación (abrirse y hacer frente), si bien este último no es todavía lo bastante fuerte como para proporcionar una seguridad y una satisfacción duraderas. He aquí una descripción poética de este proceso, extraída del poema «Little Gidding» de Eliot:

La primavera en pleno invierno es su propia estación
sempiterna aunque empapada al ocaso,
suspendida en el tiempo, entre polo y trópico.
Cuando el corto día más brilla, con escarcha y fuego,
el sol breve inflama el hielo en estanque y acequias,
en el frío sin viento que es el calor del corazón,
reflejando en un espejo de agua
un rayo que es ceguera al principio de la tarde.
Y un brillo más intenso que fuego de rama, o brasero,
remueve el espíritu mudo: no viento, sino fuego de Pentecostés
en la época oscura del año. Entre fundirse y helarse
la savia del alma tiembla. [...]

¿Dónde está el verano, el inimaginable
verano Cero?

«Entre fundirse y helarse/la savia del alma tiembla» describe de una hermosa manera el ciclo alternante de solidificación y fluidez que algunas personas atraviesan en las etapas intermedias de su práctica. Cuando ocurre esto, se anima al estudiante a acoger tanto la tensión rocosa como la gozosa dicha con la misma respuesta: la ecuanimidad. Esto optimiza el progreso.

Aunque influenciado por el budismo y el hinduismo, la lealtad fundamental de Eliot era hacia el cristianismo. En *Cuatro cuartetos*, describe la disolución mediante un simbolismo cristiano conmovedor: la compara con estar en un hospital cuyo equipo es la Santa Trinidad. Las Tres Personas operan el alma del paciente y le extirpan el pecado, aquello que le impide alcanzar la beatitud. La concepción que Eliot tenía del cristianismo era esencialmente medieval, y la comparto: un místico es alguien que está dispuesto a experimentar el purgatorio en esta vida. La recompensa es un vislumbre directo y duradero del cielo en esta vida. Así describe el hospital de Dios:

El cirujano herido aplica el acero
que cuestiona la parte enferma;
bajo las manos sangrantes sentimos
la afilada compasión del arte del sanador
resolviendo el enigma del gráfico de fiebre.

Nuestra única salud es la enfermedad
si obedecemos a la enfermera moribunda
cuyo constante cuidado no es para agradar
sino para recordarnos nuestra maldición y la de Adán
y que, para ser curados, nuestra enfermedad debe empeorar.

La tierra entera es nuestro hospital
donado por el millonario arruinado
donde, si nos va bien,
moriremos del absoluto cuidado paternal
que no nos abandonará, pero nos evita en todas partes.

El escalofrío asciende de pies a rodillas,
la fiebre canta en hilos mentales.
Para ser calentado, entonces debo helarme
y temblar en frígidos fuegos purificadores
de los que la llama son rosas, y el humo son zarzas.

«La llama son rosas, y el humo son zarzas» resume de una manera bella la mezcla de agonía y éxtasis que algunos practicantes experimentan durante el proceso de disolución.

LA FUENTE DE TODOS NOSOTROS

¿Tiene un perro naturaleza búdica? ¿Cuál es tu respuesta a este *koan*? La respuesta es participar en la actividad de tu Fuente. Pero tu Fuente es también la Fuente de todos los demás. En la medida en que estableces contacto con tu Fuente, estableces contacto con la Fuente de todos los demás, la matriz sin forma que se expande y se contrae, amando al yo y al otro dentro y fuera del ser.

¿Cómo llamamos a alguien con quien hemos compartido matriz? Lo llamamos hermano. En griego, la palabra equivalente a *hermano* es *adelphos*, que significa literalmente 'de la misma matriz'. Todos hemos venido a la existencia a partir de la misma matriz sin forma y, por tanto, somos todos hermanos. Cuando te permites abrirte a la Fuente, dejarte caer en el fundamento sin

fondo, tu felicidad no depende ya de los caprichos de las circunstancias. Pero no regresamos a la Fuente *solo* por eso. No es algo
que hagamos solo para nosotros mismos. Cuando descubres tu
Fuente, no tienes otra posibilidad que ver a todo el mundo como
a un familiar cercano. Cada vez que interactúas con otra persona,
experimentas que tanto ella como tú sois traídos amorosamente
a la existencia por la Fuente. No es una creencia ni una emoción,
sino una experiencia sensorial directa que siempre está ahí. De
modo que es fácil y natural cuidar de los demás. Al final, el *noooo*
del Maestro Joshu nos llama a una vida de servicio espontáneo.

||

MI PENSAMIENTO MÁS INSPIRADO

Es muy posible que en contacto con la ciencia occidental,
e inspirada por el espíritu de la historia,
la enseñanza original de Gautama, revivida y purificada,
pueda desempeñar todavía un papel importante
en la dirección del destino humano.

H. G. WELLS

H. G. Wells escribió estas palabras en 1920 en su obra clásica *The Outline of History* (publicado en castellano por Edi-
ciones Anaconda con el título *Esquema de la historia universal*).
Ochenta y cinco años más tarde, en el 2005, la Sociedad para la
Neurociencia hizo una invitación sin precedentes: le pidió al Dalái Lama que fuese el conferenciante principal de su encuentro
anual. La participación del Dalái Lama provocó una tormenta
de polémicas, algunas de las cuales estaban motivadas por preocupaciones políticas que no tenían que ver con la ciencia, pero
otras estaban relacionadas con el cuestionamiento legítimo de
si alguien que representa una filosofía espiritual debía ser un-
gido con un aura de credibilidad por una institución científica.
Aunque yo no estuve, me dijeron que el Dalái Lama encantó

a muchos de los miles de científicos que participaron. Durante una de las sesiones de preguntas y respuestas, uno de ellos le preguntó: «Si yo desarrollase un procedimiento quirúrgico puramente físico que produjese un despertar espiritual, como portavoz budista, ¿cuál sería su posición?». El Dalái Lama respondió: «¡Me gustaría ser la primera persona en someterme a esa operación!».

Cuando volví de Japón a los Estados Unidos, me propuse una serie de tres objetivos, cada uno más ambicioso que el anterior, para el resto de mi vida. El objetivo número uno era reformular el sendero de la iluminación en un vocabulario moderno, secular y basado en la ciencia. Quería crear un sistema completamente libre de los enredos culturales y los preconceptos doctrinales del budismo tradicional, pero que fuera capaz de llevar a la gente a la iluminación clásica. En mi opinión, he dado pasos importantes hacia la creación de dicho sistema (puedes hallar una descripción detallada al respecto en unifiedmindfulness.com). Lo que has leído aquí *refleja* este sistema, pero sigue estando enmarcado, en cierta medida, en el lenguaje tradicional del budismo.

Mi segundo objetivo era desarrollar un sistema de liberación plenamente moderno que pusiera la práctica de ese sendero a disposición de cualquier persona del mundo, independientemente de dónde pueda residir, cuáles sean su trabajo o sus responsabilidades familiares, el estado de su salud o su situación económica. Creo que mi conferencia mensual por Skype sobre el programa de práctica lo ha hecho posible (también puede encontrarse en unifiedmindfulness.com).

Mi tercer objetivo era ayudar a desarrollar una tecnología de la iluminación: una intervención basada en la ciencia y que fuese lo suficientemente potente como para permitir que la iluminación estuviese disponible para la mayoría de la humanidad. Esta tecnología basada en la ciencia todavía no se ha desarrollado y lo más probable es que no se desarrolle en el curso de mi vida. Mi *pensamiento más inspirado* es el concepto clave que hace que este objetivo sea factible.

Tomé la denominación *pensamiento más inspirado* de Albert Einstein. Su pensamiento más inspirado fue un descubrimiento conceptual que le permitió desarrollar la teoría de la relatividad general. El pensamiento era este: los campos gravitatorios y los marcos de referencia de la aceleración son esencialmente lo mismo. Un ejemplo de un marco de referencia de la aceleración sería un ascensor al comenzar a subir contigo dentro. Cuando gana velocidad, durante unos instantes sientes como si te volvieras más pesado, como si la fuerza de gravedad de la Tierra estuviera aumentando. Este efecto desaparece cuando el ascensor alcanza una velocidad constante –cuando el marco de referencia no está ya acelerándose–. El efecto opuesto tiene lugar en el momento en que sientes una cierta sensación de ausencia de peso cuando el ascensor empieza a descender.

La significación de esta intuición –que los campos gravitatorios son equivalentes a los marcos de referencia de la aceleración– tal vez no sea inmediatamente evidente para el no especialista, pero para Einstein las implicaciones fueron extraordinarias. Le permitieron aplicar los resultados de la relatividad especial a temas referentes a la naturaleza de la gravedad. Por ejemplo, pudo predecir correctamente que la presencia de un campo gravitatorio afectará a la frecuencia con la que un reloj haga tictac. Este paradigma general se conoce como relatividad general. Según esta, la materia y el espacio están unidos en una danza no lineal: el espacio está curvado por la materia, pero la materia fluye siguiendo la curvatura del espacio. El *pensamiento más inspirado* de

Einstein le permitió crear una nueva ciencia revolucionaria que cambió de manera fundamental la perspectiva de la humanidad sobre la naturaleza de la realidad física. Si es correcto, mi *pensamiento más inspirado* cambiará de manera importante la perspectiva de la humanidad sobre la naturaleza de la realidad espiritual.

He aquí mi pensamiento más inspirado: *muy probablemente, hay cosas que son ciertas e importantes acerca de la iluminación que ni el Buda ni ninguno de los grandes maestros del pasado supieron, porque saberlas requiere una comprensión de la ciencia moderna.*

Iluminación e innovación

La tradición budista ha mantenido desde hace mucho tiempo que el príncipe Siddharta Gautama no fue el único buda. Antes de él, hubo otros budas, y en épocas futuras también los habrá. La mitología budista señala que el próximo buda será llamado Maitreya. Se dice que actualmente mora en uno de los ámbitos celestiales conocido como el Cielo Tushita, desde el que contempla el mundo e intenta averiguar el mejor modo de iluminar a todos los seres.

Es interesante el hecho de que Maitreya sea el único arquetipo budista que refleja lo que podría considerarse un lenguaje corporal más o menos occidental. Tradicionalmente, se lo representa sentado en una silla con un codo en la rodilla y una pierna cruzada sobre la otra, que cuelga de la silla, y la mejilla sostenida por una mano, como si estuviera envuelto en un pensar discursivo. Sus ojos miran hacia abajo, como examinando el estado del mundo bajo el cielo en el que reside. Esta iconografía contrasta notablemente con la típica representación yóguica de los arquetipos budistas, que están sentados en la postura de loto o de semiloto, con las manos unidas en un gesto simétrico y la conciencia recogida en estados no discursivos, carentes de forma. En todo caso, la iconografía tradicional de Maitreya trae a la mente *El pensador*, la famosa escultura de Rodin. La diferencia es que Maitreya adopta una postura más adecuada y sus ojos están abiertos hacia el mundo, porque está pensando en la manera de aportar iluminación a la humanidad.

Podría pensarse en Maitreya como en el próximo amigo de la humanidad, como su nombre indica. *Maitreya* significa literalmente 'el amigo' (el que es amable, amistoso), derivado de la raíz sánscrita *mitra* (amigo). Esta palabra es también la base del término *metta*, que generalmente se traduce como 'bondad amorosa', pero que literalmente significa 'amigabilidad'.

La tradición budista afirma también que hay individuos cuya iluminación es igual a la de un buda desde el punto de vista de la profundidad de la sabiduría (*prajña*), la profundidad de la purificación (*vishuddhi*) y la conducta impecable (*sila*). Un individuo que es igual que un buda en cuanto a sabiduría, purificación y conducta se llama *merecedor* (digno, respetable); el término sánscrito que designa este concepto es *arhat* (en el caso de un hombre) o *arhati* (en el caso de una mujer). Entre los discípulos del Buda histórico había muchos *arhats* y *arhatis*. Diríase, por tanto, que un buda es alguien *merecedor*, en un sentido específico del término. Y de aquí surge esta pregunta: dado que la iluminación, la purificación y la conducta de un buda y un «simple» *arhat* se hallan en el mismo nivel, ¿cuál es la diferencia entre ambos?

Según la tradición budista, el Buda era un *arhat creativo*, un *arhat* cuya creatividad era tan potente y relevante que el mundo entero cambió como resultado de sus descubrimientos espirituales. Dicho de otro modo, un buda es un ser profundamente iluminado que descubre algo nuevo sobre la naturaleza de la iluminación y cuyo descubrimiento lleva a un aumento espectacular de la iluminación en el mundo.

Ciertamente, esto fue cierto en el caso del príncipe Siddharta Gautama, la persona histórica que llegó a ser conocida como el Buda. Antes de su época, en la India, la gente había llegado a la iluminación a través de alguna combinación de prácticas de concentración elevada y prácticas ascéticas. El Buda tomó la tecnología espiritual que existía en su tiempo, la reformuló, la refinó y le añadió elementos nuevos. Descubrió que se podía utilizar la claridad sensorial para analizar la identidad personal en sus componentes y que esto llevaba a la libertad respecto a la identidad limitada. Decididamente, esta era una noción innovadora y constituyó la base de la práctica del mindfulness. Reformuló también el paradigma ascético de *cuanto más duele, más purifica* como *cuanta más ecuanimidad aplicas, más te purificas*. Este enfoque distintivo fue el que denominó *camino del medio*. Estas y otras innovaciones del Buda se propagaron por la India y el resto de Asia, y cambiaron profundamente el curso de la historia humana.

La idea de que en el futuro, en algún momento, alguien como Maitreya aparecerá en el ámbito humano y revitalizará el *dharma* me parece razonable. *Sin embargo, mi concepción de cómo puede ocurrir difiere de la visión tradicional en varios aspectos significativos.* La visión tradicional es que las enseñanzas de cada buda son nuevas, pero no revolucionarias. Son esencialmente similares a las enseñanzas del último buda y de todos los budas precedentes, porque hay una sola verdad perenne que necesita ser redescubierta de vez en cuando. Pero mi concepción es algo diferente: opino que las enseñanzas del próximo buda serán coherentes con las de los budas y maestros del pasado, desde luego, pero que tal vez serán radicalmente innovadoras.

Fundamento esta visión en la forma en que la ciencia se desarrolla con el tiempo. La formulación que efectúa Einstein de la física es coherente con la de Newton, pero enmarca los descubrimientos de este en un paradigma más amplio, más profundo y más preciso. El salto de la física newtoniana a la física moderna es enorme. Si imaginamos un diálogo entre Newton y Einstein, no cabe duda de que, al principio, Newton se quedaría sorprendido por las afirmaciones de Einstein, pero después de un diálogo lo suficientemente profundo y paciente se daría cuenta de que la visión de este último armonizaba con la suya propia y se construía sobre ella.

Imagino que el buda del futuro, Maitreya, acaso descubra un paradigma que en la superficie parezca ser muy diferente de las enseñanzas budistas tradicionales pero que, del mismo modo, tras un diálogo lo suficientemente profundo y paciente, se revelaría que ambos son compatibles y que el de Maitreya se construye sobre los descubrimientos de Siddharta Gautama. Las enseñanzas del próximo buda probablemente se basarán no solo en la mirada desde dentro (la perspectiva de la primera persona), sino en alguna combinación de la mirada desde dentro y la mirada desde fuera (es decir, la perspectiva de la primera y la tercera persona combinadas). En otras palabras, el próximo buda tendrá una práctica interna, pero utilizará también los descubrimientos de la ciencia externa, objetiva.

Finalmente, hay un tercer aspecto en el que mi concepto de Maitreya difiere del tradicional. Tradicionalmente, se da por supuesto que el Buda que ha de venir será un individuo. Yo imagino que Maitreya no será un ser individual iluminado, sino un *equipo* de seres iluminados, la mayoría de los cuales serán científicos, específicamente neurocientíficos. Este equipo utilizará el poder de la ciencia posterior al siglo XX, combinada con la profundidad de sus experiencias personales, para formular un paradigma radicalmente innovador respecto a qué es la iluminación y cómo llegar a ella.

El nuevo paradigma debería tener dos características. En primer lugar, tendría que ser coherente con los descubrimientos del Buda y otros maestros del pasado. En segundo lugar, la parte innovadora debería ser lo suficientemente potente como para cambiar el curso de la historia humana. Lo que quiero decir es lo siguiente: junto a un modelo de la iluminación nuevo, basado en la neurociencia, llegarían nuevas tecnologías, también basadas en la neurociencia, que podrían acelerar la práctica de la meditación, lo cual haría que la iluminación clásica pasase a estar a disposición de un porcentaje significativo de la población mundial.

OBJECIONES

A veces, mi *pensamiento más inspirado* asusta a la gente. No es raro que abunden las objeciones de quienes dicen «sí, pero...».

Una objeción que tal vez formularán los budistas muy tradicionales es recordarme que el papel de Maitreya no es crear una nueva versión del *dharma*, sino revivir la verdad olvidada de los budas anteriores. Esta objeción es interesante y merece ser examinada con atención. Se basa en un supuesto acerca de cómo opera la historia. El supuesto es que el estado del mundo no hace sino deteriorarse a medida que el tiempo transcurre. Las circunstancias empezaron siendo muy buenas, con el tiempo han empeorado lentamente y en el futuro todavía empeorarán más. Esta idea impregna el pensamiento indio tradicional e impacta también sobre las culturas influenciadas por la India a través del budismo.

La idea de que el proceso histórico es esencialmente un proceso involutivo no es, desde luego, exclusiva de la India. También fue mantenida por algunos pensadores de la Grecia clásica. En China, Confucio defendió la misma idea. En el contexto del hinduismo, esta noción toma la forma de una creencia en que la historia pasa por cuatro *yugas* (eones) sucesivos, cada uno caracterizado por el deterioro en la calidad de la vida humana. Como el budismo procede de la India, hereda la visión índica tradicional de la historia: el único *dharma* verdadero es entregado por un maestro completo y perfecto. Luego, a medida que la situación mundial se deteriora a lo largo de los siglos y los milenios, el *dharma* se deteriora en tres etapas. Durante la última etapa, la naturaleza humana se vuelve tan degenerada que nadie puede alcanzar ya la iluminación, y el *dharma* finalmente se olvida, hasta que aparece el siguiente exponente perfecto.

El supuesto de que la marcha de la historia solo puede ser descendente no se ve apoyado por la evidencia. Desde luego, a veces las cosas empeoran –por ejemplo, Europa en la Edad Media–. Pero los historiógrafos modernos reconocen que las cosas también pueden mejorar. Puede haber evolución, igual que involución. De hecho, los futuristas suponen exactamente lo opuesto de lo que afirma la visión india tradicional; según ellos, y hablando en general, la situación general no puede sino ir cada vez mejor. Personalmente, tampoco veo pruebas consistentes que apoyen este punto de vista, pero me inclino más a creer el horizonte futurista que el horizonte en el que «las cosas no pueden sino ir a peor». Basándonos en la historia, podemos decir con certeza que a veces la calidad de la vida humana progresa y otras veces retrocede. (¡Nos encontramos de nuevo con nuestras viejas amigas la expansión y la contracción!).

Es cierto que hacia el siglo IX la civilización europea había experimentado un declive catastrófico respecto al período clásico. No obstante, también es cierto que mientras eso sucedía en

Europa, la civilización islámica florecía. Además, tras mil años de retroceso, la civilización europea experimentó un renacimiento como el mundo nunca había visto anteriormente. Y aunque en el momento actual hay una disparidad inaceptable en lo relativo a la calidad de vida entre los seres humanos de diferentes partes del mundo, también es cierto que gracias a los avances posteriores al Renacimiento en los ámbitos de la ciencia, la medicina, la sanidad, la agricultura, etc., cientos de millones de seres humanos pueden disfrutar de un nivel de conocimiento, poder y comodidades que habrían sido la envidia de los reyes y emperadores del pasado. Desde este punto de vista, parece que estamos en un período de progreso expansivo. Dicho claramente, la calidad de la vida humana no está empeorando.

De modo que si consideramos al Buda un innovador en cuanto a la tecnología de la iluminación, ciertamente es razonable creer que los budas futuros podrían hacer lo mismo: tomar todo lo conocido del pasado, los enfoques de la iluminación que han llegado a nosotros de las tradiciones contemplativas del mundo, además de lo que la ciencia moderna sabe acerca del cerebro, y elaborar algo radicalmente nuevo y potente. Esperemos que sea algo lo suficientemente potente como para *democratizar* la iluminación, como para ponerla a disposición de cientos de millones de seres humanos en lugar de que siga restringida al ámbito de un puñado de adeptos entregados.

Cuando formulo mi *pensamiento más inspirado*, la gente suele creer que estoy proponiendo un proceso que nos catapulte a la iluminación de forma automática, sin que tengamos ninguna necesidad de acudir al estudio o a la práctica. No hay nada en mi *pensamiento más inspirado* que implique esto. Incluso si se desarrollase un sendero hacia la iluminación asistido por la tecnología, es altamente probable que el estudio y la práctica siguiesen siendo necesarios. Pero la cantidad de estudio y práctica puede reducirse a un nivel asumible por todo el mundo; tal vez equivaldrá, aproximadamente, a un curso de un año de duración de los que se están impartiendo en cualquier universidad. Durante ese tiempo, una persona estudiaría y practicaría técnicas de concentración, además de recibir algún tipo de ayuda para su práctica, basada en la tecnología. La experiencia de la liberación, tecnológicamente estimulada, se integraría cuidadosamente en la vida de esa persona.

Pero incluso si fuera posible lograr lo que estoy propugnando, ¿no degradaría eso la experiencia de la iluminación? ¿No es mejor hacerlo al estilo antiguo? Ciertamente, es concebible que una práctica espiritual tecnológicamente asistida pueda desvalorizar la iluminación y convertirla en un producto secular, como si se tratase de cirugía láser para la conciencia. Ahora bien, tenemos que comparar estos efectos indeseables con algunas consideraciones importantes. Si cientos de millones de personas pudieran vivir su vida de manera diez veces más amplia, creo que valdría la pena pagar el precio de un pequeño abaratamiento y secularización, o incluso de cierta trivialización. Volar en un avión no es, ni por asomo, tan grácil, espiritual ni natural como el vuelo de un pájaro. Hace que perdamos el encanto de la distancia y la riqueza del paisaje... En cierto sentido, el viaje resulta trivializado. Pero la mayoría de la gente estaría de acuerdo en que sus consecuencias prácticas compensan con creces estos inconvenientes.

Encuentro que muchas personas son demasiado pesimistas respecto al futuro: la degradación del medioambiente, los actos de violencia absurda, el agotamiento de los recursos naturales y el caos económico..., todo parece augurar grandes males para la humanidad en este siglo. Es imposible predecir el futuro, pero si las fuerzas de la negatividad son tan profundas y generalizadas como muchos creen, bien podría ser cierto que la principal esperanza de la humanidad se encuentre en algo nuevo y fundamentalmente diferente, como un modo de democratizar la iluminación. Si el estado de salud del paciente es extremo, los médicos deben tener en cuenta posibles intervenciones radicales.

Otra objeción a mi *pensamiento más inspirado* es que propongo algo antinatural. Pero lo que concebimos como antinatural depende de lo que consideramos que es natural. Hay una corriente de pensamiento en el budismo, y en muchas otras tradiciones contemplativas, que tiende a considerar que el estado de iluminación es el natural. Esto significa que el estado de ausencia de iluminación es el antinatural. Lo que impide que el estado natural de la iluminación sea evidente son las *impurezas adventicias* (*agantukakilesa*). La palabra *adventicias* significa literalmente 'procedentes del exterior', lo cual hace referencia a algo que no es intrínseco al propio sistema.

Si tuviera que hacer una conjetura sobre la naturaleza de una tecnología que pudiera facilitar el logro de la iluminación clásica, esta sería que la tecnología *no* catapultará hacia la iluminación, sino que nos ayudará con lo que *se interpone* en el camino hacia la iluminación, la cual ya está aquí. Ciertamente, si la iluminación es natural y está esperando acontecer, utilizar una intervención tecnológica para restablecer un estado natural es una solución natural. Una tecnología que elimina lo que es antinatural está, por definición, en armonía con la naturaleza.

Direcciones posibles

Cuando le describo mi *pensamiento más inspirado* a la gente, a menudo me preguntan si imagino qué tipos de intervenciones

podrían surgir de la interfecundación de la ciencia y la meditación. Desde luego, nunca pretendería hacer predicciones en este
sentido. No obstante, hay unas cuantas direcciones en la investigación que creo que podrían ser prometedoras.

Cuando los científicos empezaron a investigar la correlación entre las partes del cerebro y las funciones de este órgano,
lo hicieron en gran medida estudiando los efectos de las lesiones
cerebrales. El campo de la neuroanatomía funcional experimentó un enorme salto hacia delante después de la Primera Guerra
Mundial, porque había mucha gente con lesiones cerebrales trá-
gicas desde un punto de vista personal, pero útiles desde un punto de vista científico. En algunos casos, los científicos pudieron
establecer qué parte del cerebro realiza tal función estudiando
qué funciones quedaron afectadas cuando una determinada área
cerebral había resultado dañada.

Resulta que algunos tipos muy específicos de lesión cerebral
parecen eliminar el sentido del *yo como cosa*. Investigar el mecanismo por el que ocurre esto podría permitirnos comprender la
naturaleza de la iluminación. No me malinterpretes. Estos traumas son patologías. Estos estados disfuncionales ciertamente *no*
constituyen un estado de iluminación. Sin embargo, algunos de
sus aspectos parecen imitar o emular aspectos de la iluminación.
Dado que estos estados pueden estudiarse desde los ámbitos de
la neuroanatomía y la neuroquímica, quizá puedan ofrecernos
alguna pista acerca de la dirección en la que deberíamos mirar
para hallar los neurocorrelatos del no yo.

En su libro *Un ataque de lucidez*, la neurocientífica Jill Bol-
te Taylor proporciona una descripción vívida y conmovedora de
cómo una hemorragia que tuvo en el hemisferio izquierdo de
su cerebro le provocó un cambio radical y permanente en su
estado de conciencia. Su descripción de dicho cambio suena

notablemente similar a la clásica experiencia mística en la que lo interior y lo exterior se funden, dando lugar a un sentido de libertad respecto de la perspectiva egoica, limitada. Tras su derrame, la doctora Taylor se halló frente a dos retos. El primero fue restablecer su capacidad de manejarse: andar, hablar, pensar, etc. Su segundo reto fue intentar entender, como científica, cómo esa forma concreta de trauma cerebral podía producir esos efectos positivos. Algunas personas creen que al reducirse el funcionamiento del hemisferio izquierdo, el derecho se libera y puede presentarnos su perspectiva sobre la realidad. Aunque esto podría ser cierto, sospecho que la situación real es más compleja. Lo que es importante en el caso de la doctora Taylor es que representa un claro ejemplo de una experiencia similar a la iluminación surgida debido a la *pérdida* de algo en el nivel neuroanatómico.

Recuerda mi observación acerca de la naturalidad de la iluminación artificial. Lo que señalaba era que la iluminación tendría lugar espontáneamente en cuanto eliminásemos lo que se interpone en su camino. De modo que si dejásemos fuera de juego justo el área cerebral adecuada tal vez eliminaríamos, anatómicamente, algo que está impidiendo la iluminación. En el caso de la doctora Taylor estaba implicado el hemisferio izquierdo. El estado descrito por ella parecería emular, en algunos aspectos, *la entrada en la corriente* (también conocida como *kensho*, o experiencia inicial del no yo). Hay un acontecimiento posderrame que se produce en una parte distinta del cerebro y da lugar a una versión más asombrosa, incluso, de la pseudoiluminación: ¡la persona entra en un estado muy similar al de la ausencia completa del yo característica del *arhat*! Como maestro de meditación, puedo decirte que la experiencia de *entrar en la corriente* es relativamente habitual. Probablemente conoces o has encontrado a alguien que ha entrado en la corriente. Por otra parte, los *arhats* –aquellos que han superado *completamente* la perspectiva egoica– son extremadamente raros. En toda mi carrera, he conocido tres o cuatro maestros que *quizá* eran *arhats*. Estoy totalmente fascinado por el hecho de que haya un tipo de derrame cerebral, relativamente bien comprendido, que induce una especie de extraña caricatura de ese logro.

El estado al que me refiero se conoce como *atimormia*. Desde el punto de vista médico se produce debido a pequeñas lesiones bilaterales, situadas de manera muy precisa en los ganglios basales del cerebro; por ejemplo, en el extremo frontal del núcleo caudado. Los efectos de este estado son tan espectaculares como extraños. Básicamente, los pacientes pierden la capacidad de poner en funcionamiento su identidad desde dentro. Se limitan a sentarse hora tras hora, día tras día, con los ojos abiertos, plenamente conscientes de su entorno, aparentemente sin pensamientos, ni deseos, ni sensación de sufrimiento. Si se activa su sentido del yo *desde fuera* y se implica a estos individuos en una conversación, a menudo pueden responder normalmente, sin manifestar disfunciones cognitivas. Además, si se les pide que realicen alguna tarea pueden hacerla sin dificultad, al menos durante un rato. Pero si no se los estimula constantemente desde el exterior, pronto vuelven a ese «estado predeterminado» de pseudoausencia del yo. Los médicos consideran que se trata de un estado desconcertante. Cuando les preguntan a los pacientes en qué piensan durante todo el día, la respuesta es «nada». Su mente está en blanco todo el tiempo, aunque sus ojos permanezcan abiertos. Otro factor curioso es que, generalmente, no se quejan de su situación, ni de nada. No perciben su evidente disfunción como problemática. Si no hay yo, no hay problema.

Originalmente leí acerca de este estado en *Scientific American*, en un artículo de abril del 2005 titulado «El señor M. se ahoga». El artículo contiene algunas historias destacables. Comienza con la descripción de un hombre que está nadando en su piscina y de pronto pierde toda motivación para seguir haciéndolo. Es consciente de que se está hundiendo y cayendo hasta el fondo de la piscina, consciente de estar tragando agua, pero no tiene la sensación de que haya ningún problema. En ese momento oye a su hija gritar su nombre, y la idea de autopreservación surte efecto y logra nadar hacia la superficie. Una segunda historia presente en ese artículo describe a una mujer francesa que fue una mañana a la playa y, mientras estaba sentada al sol, perdió todo deseo de trasladarse a la sombra. Se quedó sentada en un sitio mientras el sol quemaba poco a poco varias capas de su piel, provocándole profundas quemaduras. Cuando se le preguntó si sentía el dolor de las quemaduras, dijo que lo sentía de forma muy aguda e intensa, pero ¡que no lo percibía como un problema!

Evidentemente, ocurrió algo muy impresionante con el mecanismo perceptivo de estos pacientes. Un par de zonas de tejido dañado, minúsculas pero estratégicamente situadas, dieron como resultado la eliminación de toda impulsividad y todo sufrimiento, físico o emocional. Una vez más, no me malinterpretes. No estoy diciendo que estas personas estén iluminadas en algún sentido de esta palabra. Los iluminados son seres humanos que rigen perfectamente y pueden activar el yo desde el interior. El estado de *arhat* no es una patología. Pero el hecho de que una pequeña lesión cerebral pueda provocar un estado que, de algún modo, imite el estado del *arhat* me parece completamente fascinante.

No es difícil imaginar que hay muchas zonas en el cerebro que desempeñan un papel crucial en el mantenimiento de la perspectiva limitada que tenemos sobre la identidad. El derrame cerebral de la doctora Taylor y los derrames que subyacen a la atimormia suponen un trauma irreversible para el tejido cerebral y, por consiguiente, provocan distintos grados de disfunción. Ahora bien, quizá sea posible suspender, *de manera temporal* y no invasiva, la función de esas regiones, tal vez durante unas horas o unos cuantos días, para que se pueda tener un vislumbre de lo que es la perspectiva no egoica. Si una intervención de estas características estuviese precedida por una cierta cantidad de ejercitación en habilidades relacionadas con la concentración, es concebible que la persona pudiese mantenerse en el estado no egoico incluso después del fin de la suspensión temporal. Pero, preguntarás, ¿cómo sería posible, de manera segura y reversible, suspender la función de una determinada zona del cerebro durante un período de tiempo? En la actualidad, los científicos están elaborando un amplio espectro de enfoques que harán posible justamente eso.

Hace muchos años, un participante en un retiro me dejó una nota en la que me solicitaba un encuentro privado. Cuando nos vimos, me explicó que era neurocientífico jubilado y que había formado parte del primer equipo que había logrado registrar la actividad eléctrica del interior de las neuronas individuales. Su nombre era David Stoney y había construido los microelectrodos de cristal que se insertaron por primera vez en una neurona viva. Cuando le pregunté por qué había solicitado un momento especial para hablar, me indicó un artículo que se había publicado recientemente sobre lo que era, en ese momento, un proceso poco conocido: la estimulación magnética transcraneal (EMT).

La EMT implica colocar un dispositivo magnético, más bien pequeño, de unos dos centímetros aproximadamente, lejos de la cabeza de una persona, y luego producir una corriente de alto amperaje para cambiar la dirección muy rápidamente dentro del dispositivo. Un resultado bien conocido en física básica es que una corriente eléctrica que cambie rápidamente producirá un potente campo magnético alrededor de su conductor. Este campo magnético, a su vez, puede generar una corriente en cualquier otro conductor que se halle cerca. Este es el principio que se encuentra detrás de los micrófonos, los altavoces y los adaptadores. De manera que un cambio del campo magnético situado con precisión puede crear un impulso de corriente en el cerebro de una persona y provocar que el funcionamiento de esa zona del cerebro quede temporalmente obstruida. Así es como funciona la EMT.

El artículo científico que me mostró el doctor Stoney versaba sobre el tratamiento de la esquizofrenia con el uso de la EMT. Un síntoma habitual en esta enfermedad es «oír voces». Hay varios medicamentos que se utilizan habitualmente para mitigar este síntoma, pero en el caso de un cierto porcentaje de pacientes esquizofrénicos, esta medicación no funciona. El artículo analizaba una estimulación EMT extremadamente breve que se llevaba a cabo sobre la parte del hemisferio izquierdo que se sabe que controla el parloteo externo e interno. Los experimentadores afirmaban que la estimulación tuvo como resultado la suspensión, de una semana de duración, del fenómeno de la «voz en la cabeza» en los pacientes esquizofrénicos. Una investigación única, aislada, como esa, significa relativamente poco, a menos que pueda reproducirse, pero era intrigante como resultado preliminar.

El doctor Stoney me recordó que una de las principales dificultades de los meditadores principiantes era que se ven constantemente bombardeados por las conversaciones internas y perdidos en ellas. Se preguntaba si podría utilizarse una EMT para suspender temporalmente el centro del habla de las personas que no tuviesen problemas de tipo psiquiátrico, que les permitiese experimentar cómo se siente uno al meditar sin toda esa algarabía interna. A mí se me ocurrió que algo como la EMT podría usarse no solo para aligerar temporalmente el parloteo mental, sino también para reducir el sentido del *yo como cosa*. Quizá existen uno o varios puntos óptimos en el cerebro que funcionan como interruptores para encender la identidad limitada. Si es así, una estimulación física cuidadosamente practicada podría apagar el interruptor temporalmente. Otra posibilidad sería contar con tres estímulos simultáneos: uno para suspender la actividad de las imágenes mentales, otro para suspender la actividad del parloteo mental y un tercero para apaciguar el cuerpo emocional. Estas son algunas de las ideas que se me ocurrieron al principio durante mis conversaciones con el doctor Stoney.

Con los años, he observado con fascinación cómo el interés en la investigación sobre la EMT ha crecido exponencialmente. El problema que presenta esta estimulación es que resulta muy difícil concentrar el campo magnético con la suficiente precisión como para apuntar exactamente a las estructuras cruciales. Pero tal vez en algún momento, en el futuro, será posible inducir efectos como los descritos por la doctora Taylor o las víctimas de atimormia, de manera temporal y reversible, utilizando otras modalidades más fácilmente aplicables: la estimulación transcraneal con corriente directa, el ultrasonido focalizado, la neurorretroalimentación precisa, etc.

El Buda formuló su sendero hacia la iluminación desde el punto de vista de las cuatro nobles verdades. El sufrimiento tiene necesariamente una causa, lo cual significa que hay un factor cuya eliminación lo erradicará. Él denominó a este factor *trishna*, término que se traduce generalmente como 'apego'. Afirmó que había encontrado un procedimiento que eliminaría *trishna*, y lo llamó el Sendero. El Sendero consta de *sila* ('ética'), *samadhi* ('poder de concentración') y *prajña* ('sabiduría intuitiva'). Dicho de otro modo, dado que el Sendero es *suficiente* para la eliminación del apego, y como el apego *es necesario* para que haya sufrimiento, el Sendero es suficiente para la eliminación del sufrimiento. *Trishna* es una característica de la conciencia, pero esta surge en la matriz física cerebral. ¿Hay un estado físico necesario en el cerebro que a su vez sea una condición necesaria para la existencia de *trishna* en la conciencia? Si es así, puede ser que exista un procedimiento tecnológico capaz de eliminar el estado fisiológico del cerebro que provoca el surgimiento del estado necesario para experimentar sufrimiento en general —todo tipo de sufrimiento—.

Hace unos años, el director del Instituto Nacional sobre el Abuso de Drogas estadounidense defendió públicamente la investigación intensiva sobre una zona del cerebro conocida como corteza insular anterior. Algunos expertos creen que esta región desempeña un papel crucial en muchos procesos adictivos, si no en todos. Dicho de otro modo, puede ser que constituya un centro físico de *trishna*. El director sugería concretamente que la EMT se utilizase en esa zona como tratamiento general de las adicciones. Si resultase que, en lugar de ser un procedimiento para las adicciones, la EMT terminase siendo un procedimiento general para *trishna*, las consecuencias de esta línea de investigación podrían terminar constituyendo una validación científica de las cuatro nobles verdades budistas.

Las cuatro nobles verdades son la pieza central de las enseñanzas del Buda histórico. Si miramos su estructura lógica, vemos que es algo así: para que tenga lugar algún tipo de sufrimiento ha de haber apego. Hay un modo de eliminar el apego; por tanto, hay un modo de eliminar el sufrimiento. Cuando se elimina el sufrimiento, surge un estado de ausencia de sufrimiento, al que el Buda denomina *nirvana*. Queda claro en la descripción del Buda que el nirvana no es solo ausencia de sufrimiento en el sentido de estar anestesiado, inconsciente o muerto. Se describe como un estado altamente positivo de profunda satisfacción, empoderamiento y libertad respecto a toda limitación. Lo que está implícito aquí es que la eliminación del apego revela un estado de bienestar primordial que siempre está presente, aunque oculto para la mayoría de la gente.

Así pues, si desarrollamos la estructura lógica de las cuatro nobles verdades, el Buda está diciendo, en esencia: hay un bienestar primordial esperando para mostrarse, pero se halla bloqueado por un hábito de la conciencia. Hay algo que uno puede hacer para cambiar este hábito de la conciencia. En cuanto lo haces, la perfección primordial se presenta automáticamente.

Encuentro que esta estructura lógica es muy interesante. Uno de los principales temas en ciencia y en matemáticas es lo que se conoce como *generalización*. En el contexto de estas disciplinas, *generalización* no significa *vaguedad*, sino más bien el proceso por el cual se pasa de un caso único relativo a una verdad a una perspectiva más amplia que contiene esa verdad como un caso especial. En el modelo del Buda histórico, lo que ha de eliminarse para que el bienestar primordial aparezca se especifica que es el *apego*. Pero para que tenga lugar el apego, es necesario que se produzcan algunos sucesos neurofisiológicos. En otras palabras, si asumimos que el apego es una condición necesaria para el sufrimiento, puede ser que haya uno o varios estados fisiológicos en el sistema nervioso que son condiciones necesarias para el apego. Si este es el caso, los procedimientos médicos o tecnológicos se vuelven relevantes para el Sendero de la Iluminación.

Viscosidad

Repasemos. En la formulación budista tradicional, se considera que *trishna* es una causa necesaria del sufrimiento. En cierto sentido, es lo contrario de la ecuanimidad. La palabra correspondiente en japonés es *shujaku*, que literalmente significa 'apego'. A veces, en el contexto del zen japonés, se oye una interesante reformulación. Algunos maestros zen sustituyen la palabra *shujaku* por el término *kotei*. *Kotei* significa 'fijación' o 'coagulación'. En esta formulación, en cuanto uno deja de fijar el yo, desaparecen el sufrimiento y la carencia. Aunque *coagulación* suena parecido a la noción budista tradicional de *apego*, no es exactamente lo mismo. Para mí, *coagulación* suena un poco más como un parámetro físico del sistema nervioso central, quizá análogo en cierto modo a la *fricción* en un sistema mecánico, a la *viscosidad* en un sistema hidrodinámico o a la *resistencia* en un circuito eléctrico.

Cuando ves a maestros zen veteranos o a algunos de los reputados *arhats* del sudeste asiático, quedas inmediatamente impactado por su característico lenguaje corporal. Sus movimientos, su mirada y sus palabras contienen una especie de gracia, una cualidad de que «simplemente están sucediendo».

Todos los grandes maestros que he encontrado tenían esta misma cualidad distintiva. Es tan distintiva que puedes incluso distinguirlos a distancia. Una vez, estaba esperando en un aeropuerto cuando me llamó la atención alguien que se encontraba en las filas de seguridad. Estaba tan lejos que no pude identificar su raza ni su sexo, pero sí detectar esa cualidad de flexibilidad en la forma de colocar su equipaje sobre la cinta del escáner. Al acercarme, me di cuenta de que era un hombre asiático, probablemente chino. No sé por qué, pero mandé a paseo el factor precaución y empecé a hablarle en mandarín. Resultó que era un veterano maestro taoísta de China.

Diríase que a estas personas les ha sucedido algo en el nivel neurofisiológico. Les ha ocurrido algo impresionante en cuanto al modo en que *toda* la información fluye hacia dentro de su sistema nervioso central y *toda* la actividad motora fluye de este sistema. Es un cambio global. Un cambio tan enorme como este debería tener correlatos neuronales. Si podemos identificarlos, seremos capaces de caracterizar el *yo no fijado* con un modelo matemático que implique algo así como un coeficiente cuantificable de fijación, análogo a los coeficientes físicos, tales como los de la turbulencia, la viscosidad o la fricción.

¿Cómo surge la microfijación en el nivel neurofisiológico? No conozco ninguna investigación pionera sobre esta cuestión, pero sospecho que la respuesta podría conducir a consecuencias prácticas significativas. Quizá la microfijación tiene algo que ver con el delicado ritmo de los mecanismos que controlan el fluir de los datos que entran y salen del sistema nervioso central. O quizá se corresponda con las relaciones de fase en los relojes del sistema talámico ubicados en el centro del cerebro. Si es así, tal vez haya formas altamente sofisticadas de biorretroalimentación que restablezcan esas relaciones de fase y, así, eliminen la fijación en su nivel más profundo y en su alcance más amplio. O puede ser que tenga algo que ver con la capacidad del cerebro de borrar rápidamente una oleada de datos para no interferir en la siguiente propagación de datos. En otras palabras, en la persona no iluminada, la «pizarra» no se borra de manera lo suficientemente rápida, y por eso el cerebro está interfiriendo constantemente y microscópicamente en el nivel de los milisegundos, lo cual da lugar a la viscosidad.

Recientemente, los neurocientíficos han llegado a identificar un parámetro físico que llaman *detención*, que esencialmente hace referencia a la cantidad de tiempo que el cerebro está pendiente de una experiencia antes de pasar a la siguiente. Esta cualidad se relaciona con un fenómeno denominado *parpadeo atencional*. Tal vez el nivel básico de detención en el sistema nervioso de una persona pueda reducirse radicalmente mediante la biorretroalimentación o a través de una intervención directa. La detención es un fenómeno físico bien definido que puede ser monitorizado analizando la señal electroencefalográfica de la persona. Quizá la detención es una condición necesaria para el apego y, por tanto, una condición necesaria para la identidad limitada y el sufrimiento.

Algunos aseguran que las cuatro nobles verdades suponen una visión pesimista de las cosas, pero yo extraigo mucho optimismo de ellas. Superficialmente, la formulación parece implicar que la vida es miserable, pero la implicación más profunda es que la iluminación, la felicidad incondicional, es el estado natural, que está esperando para hacerse presente. Todo lo que tenemos que hacer es negar aquello que la niega. En otras palabras, no tienes que alcanzar la iluminación; lo único que tienes que hacer es *liberarte* de lo que te aparta de la iluminación. Además, es totalmente posible que el estado de no iluminación requiera que se den *muchas* condiciones, y que algunas de ellas sean fisiológicas. Lo único que tenemos que hacer es eliminar una de ellas, *cualquiera* de ellas, y la iluminación se manifestará espontáneamente. Podría decirse que este punto de vista expande las cuatro nobles verdades del Buda en un paradigma más general.

Si les ofreciéramos a los científicos la tarea de producir la liberación, sería ciertamente un proyecto temible. Por otra parte, si es cierto que la liberación se produce automáticamente en el momento en que algunas condiciones necesarias, tales como la fijación, se han eliminado, el proyecto se vuelve manejable. Todo lo que los científicos necesitan hacer es identificar qué es lo que se interpone en el camino y luego idear un proceso para neutralizarlo.

Quizá un ejemplo físico sencillo servirá para hacer tangible el contraste. Construir un castillo de naipes es difícil porque hay que ir *contra* la entropía para hacerlo. Destruir un castillo de naipes es sencillo: quita *cualquiera* de las cartas de la base y caerá enseguida. Esto se debe a que la caída del castillo de naipes fluye *con* la entropía. Los sucesos naturales tienden a fluir con la entropía. Si la iluminación es natural, es razonable suponer que fluye con la entropía. Tiene más que ver con el desmoronamiento de un castillo de naipes que con la construcción de uno.

Otra razón por la que la gente se altera cuando hablo de mi *pensamiento más inspirado* es que suponen que estoy afirmando más de lo que en realidad afirmo. En el campo de los estudios sobre la conciencia, se ha vuelto común hablar de los problemas fáciles y del problema difícil. Los problemas fáciles son los que podemos resolver con los métodos convencionales de la ciencia —mapear los circuitos neuronales, monitorizar los niveles de los neurotransmisores, establecer modelos de algunos aspectos de la atención, etc.—. El problema difícil es resolver qué es la conciencia y cómo se relaciona con estos procesos biofísicos. Entre las llamadas tareas fáciles, el santo grial es crear una simulación completa de cómo el sistema nervioso humano procesa la información sensorial (incluido el pensamiento) y responde desde el punto de vista motor. En este caso, *completa* significa que la resolución de las simulaciones espacial y temporal alcanza los niveles relevantes más finos. Podríamos considerar esto «la tarea fácil más difícil». La mayoría de los neurocientíficos confían en que la tarea fácil más difícil puede afrontarse con éxito; es solo cuestión de tiempo, a la vista de la rapidez con la que progresa la tecnología relevante. Sospecho que la ciencia de la iluminación con la que sueño solo surgirá después de que la tarea fácil más difícil se haya resuelto. Probablemente exigirá ese nivel de conocimiento biofísico. En cambio, tengo la fuerte sospecha de que una vez completada la tarea fácil más difícil, los indicadores biofísicos de los cerebros iluminados resultarán claramente evidentes, y nuestra especie podrá utilizar esa información para desarrollar nuevas formas potentes de facilitar la libertad. Cuando digo *libertad*, me estoy refiriendo al aspecto del Sendero que consiste en *liberarse del cuerpo-mente*. En cuanto al aspecto del Sendero relativo a *ser una buena persona*, esta es otra cuestión muy distinta, que me lleva a efectuar mi siguiente aclaración.

Cuando describo mi *pensamiento más inspirado*, algunas personas suponen que estoy diciendo que la ciencia explicará (o incluso desechará) la iluminación: «¡Oh, no es más que electricidad y química!». Pero no es esto lo que estoy diciendo, en absoluto. La pregunta de qué *es* la iluminación es parecida a preguntas como cuál es la experiencia del azul, en qué consiste la experiencia del amor o qué es la conciencia. Todas estas forman parte del otro problema, el llamado *problema difícil*. No tengo ni idea de si la ciencia resolverá este problema. Afortunadamente, no creo que sea necesario resolver el problema difícil para crear una ciencia de la iluminación. Solucionar el más difícil de los problemas fáciles probablemente será suficiente para obtener las respuestas que necesitamos para decirle al mundo: «¡Miren! Este es su cerebro respecto al yo. Este es su cerebro respecto al no yo. ¿Comprenden?».

¿Hará esto que todos nuestros problemas globales desaparezcan? No. Pero, ciertamente, muchos de ellos se resolverán de manera más eficaz y rápida, y problemas que en este momento parecen ser totalmente irresolubles es posible que pasen a tener soluciones factibles en unas pocas generaciones, y desde luego en unos cuantos siglos, cantidad de tiempo que, según los patrones darwinianos, no es más que un guiño.

Pero ¿qué sucede con la tecnología en sí? Resolver el problema más difícil de los fáciles podría llevar a tecnologías con las que se podría esclavizar de manera efectiva a la gente, además de ofrecer la posibilidad de liberarla. Esta es una preocupación legítima, ciertamente, pero forma parte de un debate distinto. Es poco probable que alguien vaya a impedir que los científicos consumen la tarea fácil más difícil. El nuevo campo de la neuroética intenta ocuparse de las consecuencias de estos desarrollos y de otros similares. Una vida de meditación me ha vuelto optimista, así que tiendo a pensar que este poderoso conocimiento será, a fin de cuentas, bien utilizado, es más, que será utilizado de la mejor manera posible.

En el ámbito de la ciencia hay una interacción dialéctica entre las investigaciones fundamentales y las aplicaciones prácticas. Cuando los científicos buscan que los gobiernos los financien, los políticos les preguntan enseguida cuáles son las aplicaciones prácticas de su investigación. Esta puede ser una experiencia frustrante para el científico, porque puede ser que a los políticos les cueste comprender que muchas aplicaciones potentes pero impredecibles verán la luz a partir de un único descubrimiento fundamental. Me gustaría ofrecer un paralelismo. La iluminación es en relación con los asuntos específicos de la vida de una persona lo que la ciencia fundamental es en relación con las aplicaciones prácticas. Si la ciencia hiciera que la iluminación estuviese disponible para la humanidad de manera masiva, deberíamos esperar ver mejoras positivas, abundantes y asombrosas en la situación humana: una reducción notable de los conflictos y de la violencia —desde la escala interpersonal hasta la escala internacional—, una reducción de la criminalidad y de las adicciones a distintas sustancias, una amplia mejora de la salud global –tanto física como mental– y, probablemente, incluso un incremento general de la inteligencia humana.

¿Se producirá realmente una fecundación mutua entre la ciencia más rígida y la espiritualidad contemplativa para dar lugar a nuevas comprensiones y tecnologías que aceleren la iluminación clásica en este planeta? No lo sé. Pero hay muchos indicios que sugieren que esto podría ocurrir; no es un horizonte absurdamente imposible.

Algunas personas afirman que actualmente ya hay tecnologías conocidas que aceleran la iluminación de manera significativa. No estoy de acuerdo. Aunque es cierto que algunos de los artilugios actualmente disponibles parecen, ocasionalmente, ayudar a algunos a que su meditación sea mejor, están todavía muy lejos de proporcionar la fiabilidad y la efectividad que ocasiona la iluminación clásica. Los descubrimientos que estoy imaginando implican un cambio planetario. Algo menos de eso no puede afirmarse que sea una tecnología de la iluminación basada en la ciencia. ¿Hay algún proceso actualmente disponible que proporcione este potencial? Sinceramente, lo dudo. ¿Podremos desarrollar algo el siglo que viene que haga posible este potencial? Lo deseo sinceramente.

Una tecnología nueva y buena requiere una ciencia básica nueva y buena. Nuestra actual tecnología de las imágenes es, probable y desafortunadamente, insuficiente para captar la biofisiología de la iluminación, y nuestros métodos de neuromodelaje son probablemente demasiado burdos.

Mi *pensamiento más inspirado* implica dos pasos. Primero, descubrir un modelo físico de la iluminación (suponiendo que exista uno). Segundo, crear estímulos tecnológicos que lo faciliten de manera fiable (si esto es posible). Todo lo que no llegue a este punto es, a mi modo de ver, insuficiente –trivial, incluso–. Las causas tienen consecuencias. Si mi *pensamiento más inspirado* es correcto, todo el curso de la historia humana podría cambiar de manera espectacular para mejor. La iluminación podría convertirse en viral.

La neurociencia está progresando rápidamente, y gracias a organizaciones como el Instituto Mente y Vida, muchos neurocientíficos jóvenes –tal vez incluso la mayoría– han descubierto la meditación. Si podemos resistir otro siglo aproximadamente, bien podríamos crear el tipo de ciencia con el que sueño. Una persona pesimista podría argumentar que una tecnología lo suficientemente potente como para liberar el planeta sería también lo bastante potente como para esclavizarlo. Puede ser. Quizá los demonios y los ángeles de nuestra especie correrán a la par hasta el final. Mi instinto me dice que ganarán los ángeles. Este es un pensamiento feliz, desde luego.

No estoy asegurando, obviamente, que este escenario esperanzador *tendrá lugar* inevitablemente; solo insinúo que no es inverosímil o disparatado. Saber que este programa de investigación *podría* tener éxito me ayuda a hacer frente a la absurda letanía de horrores en que consisten las noticias que veo cada noche. Y saber que soy una mota de polvo en esta investigación energiza este cuerpo ya anciano cuando me levanto cada mañana.

He comenzado este capítulo con una cita de H. G. Wells, quien es célebre por su impresionante serie de predicciones acertadas. En sus obras del siglo XIX y comienzos del XX, describe cosas como Internet, Wikipedia y los juegos de rol bélicos. Predijo con precisión cuándo comenzaría la Segunda Guerra Mundial y que sería de naturaleza aérea. Y sobre todo describió un mecanismo, en ese momento imaginario, por el que la fisión nuclear propagaría una reacción en cadena que liberaría enormes cantidades de energía para uso tanto bélico como pacífico. Leo Szilard, una figura clave en el desarrollo inicial de la energía atómica, reconoció explícitamente que los escritos ficticios de Wells habían influido sobre su investigación en el mundo real.

¿Estará Wells en lo cierto en cuanto al Buda y el futuro de la humanidad? Veamos de nuevo lo que dijo hace casi un siglo:

Es muy posible que en contacto con la ciencia occidental,
e inspirada por el espíritu de la historia,
la enseñanza original de Gautama, revivida y purificada,
pueda desempeñar todavía un papel importante
en la dirección del destino humano.

H. G. WELLS, 1920

Yo reformularía ligeramente la declaración de Wells:

No es absurdo que en contacto con la ciencia moderna,
e inspirados por el espíritu de la historia,
los descubrimientos originales de Gautama, con rigor y ampliados,
desempeñen todavía un papel importante
en la dirección del destino humano.

SHINZEN YOUNG, 2015

SOBRE EL AUTOR

Shinzen Young quedó fascinado por la cultura asiática cuando era adolescente, en Los Ángeles. Más tarde se inscribió en un programa de doctorado en Estudios Budistas, en la Universidad de Wisconsin. Finalmente fue a Asia y realizó una intensa formación en cada una de las tres principales tradiciones budistas: el *vajrayana*, el zen y el *vipassana*. Al volver a los Estados Unidos, su interés académico pasó a estar centrado en el floreciente diálogo entre la meditación oriental y la ciencia occidental.

Shinzen es conocido por su innovador «enfoque interactivo, algorítmico» del mindfulness, un sistema diseñado específicamente para su uso en el tratamiento del dolor, el apoyo a la recuperación y como auxiliar en psicoterapia. Dirige retiros de meditación por toda América del Norte y ha ayudado a establecer muchos centros y programas de mindfulness. También asesora muy frecuentemente en investigaciones relacionadas con la meditación, tanto en el ámbito clínico como en el de la ciencia básica.

Shizen dice a menudo: «La pasión de mi vida consiste en explorar lo que puede surgir de la interfecundación de lo mejor de Oriente con lo mejor de Occidente».

Sobre el
Mindfulness Unificado

Mucha gente experimenta efectos positivos inmediatos con el mindfulness, pero su verdadero poder para fomentar una transformación psicoespiritual amplia y profunda solo se hace evidente mediante la práctica regular. El problema es que la mayoría de la gente no es capaz de comprometerse a llevar a cabo retiros largos con regularidad. Sin los retiros regulares, generalmente resulta difícil descubrir el posible crecimiento exponencial que aporta la práctica. La familia y las responsabilidades laborales, junto con los gastos y los viajes que implican estos retiros, evitan que la mayoría de quienes están preparados para realizar una práctica regular acaben llevándola a cabo.

Para superar estas barreras, Shinzen Young ha desarrollado un programa único de «minirretiros» mensuales con apoyo telefónico. Estos retiros incluyen prácticas guiadas, la práctica de uno consigo mismo, los debates grupales y la oportunidad de mantener entrevistas privadas con un maestro, como en el caso de los retiros presenciales.

El enfoque de Shinzen no es tanto un sistema específico de práctica como una forma general de pensar sobre cualquier sistema de práctica. En el pasado, denominó esta perspectiva Mindfulness Básico, pero también le ha dado el nombre de Mindfulness Unificado. Eligió la palabra *básico* no para indicar simpleza, sino como recordatorio de lo que considera que es el núcleo principal que subyace a la mayoría de las teorías científicas. Shinzen toma cada aspecto de la práctica y lo analiza en sus dimensiones básicas, en lo que un matemático llamaría sus *vectores básicos*.

Su esperanza es que los estudiantes utilicen esta perspectiva para apreciar todos los enfoques de la práctica y se sientan cómodos en cualquier retiro, independientemente del linaje o el estilo personal del maestro; por eso denomina *unificado* al mindfulness que enseña. Si encuentras esta perspectiva interesante y te gustaría profundizar en ella, puedes consultar las páginas web siguientes:

- shinzen.org
- unifiedmindfulness.com
- unifiedmindfulness.org